JN438873

실무를 위한 영양판정

류혜숙 · 노성윤 · 배윤정 · 윤미은 · 최은영

NUTRITIONAL ASSESSMENT

실무를 위한 영양판정

류혜숙 · 노성윤 · 배윤정 · 윤미은 · 최은영

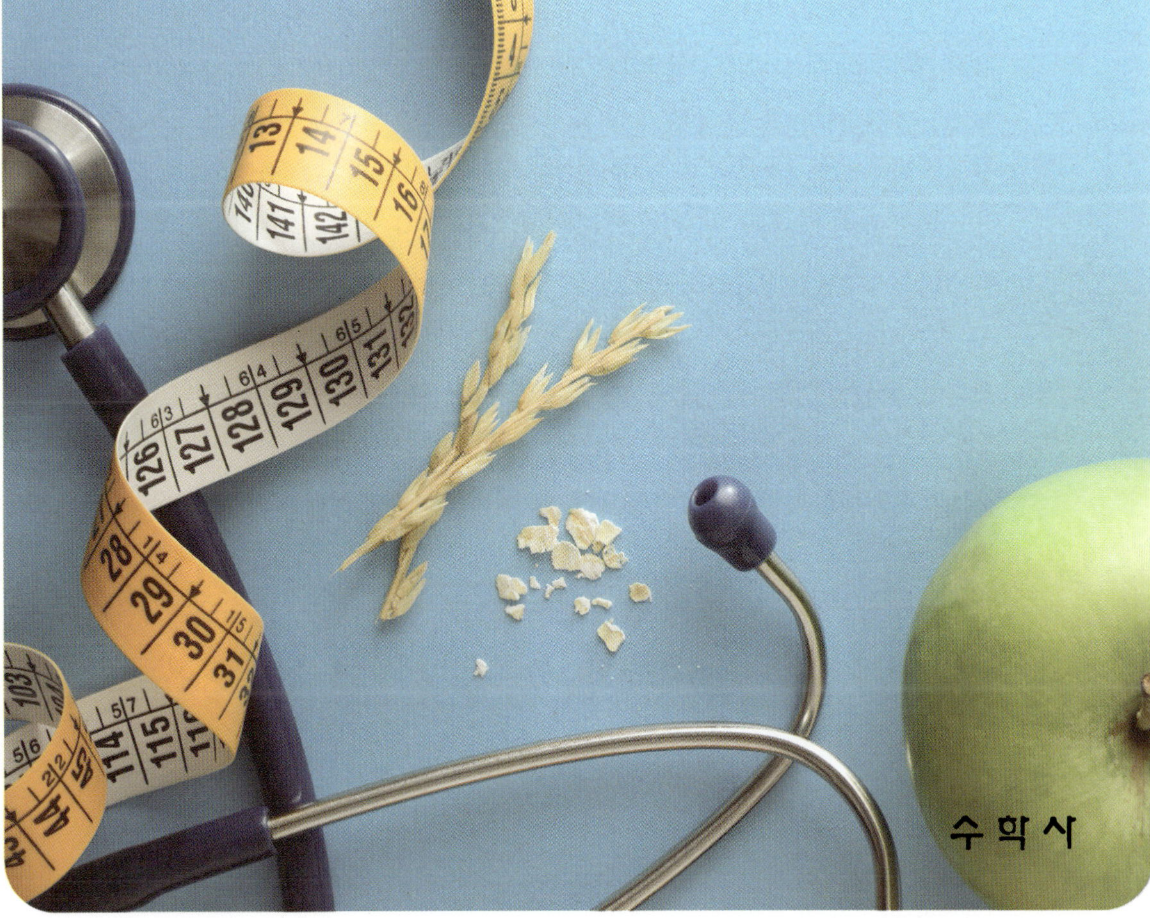

수학사

머리말

개인이나 집단의 영양 상태를 정확하게 판정하는 것은 효과적인 영양 관리로 건강 상태를 유지하는 데 무엇보다 중요하다. 영양판정은 개인이나 집단의 식사 섭취 상태, 신체계측, 생화학적인 조사, 임상 증상 조사를 통해 영양 상태를 판정하고, 영양교육 및 상담을 진행하여 건강 상태를 유지하고 개선하는 데 도움을 주는 학문이다.

이 책의 주요 내용은 영양판정의 개요, 신체계측조사, 식사섭취조사, 생화학적 조사, 임상조사, 영양판정의 활용 순으로 서술되어 있다. 특히 식사섭취조사 부분에서는 개정된 '2020년 한국인 영양소 섭취기준'을 새롭게 정리하여 수록하였으며, 영양판정의 활용 부분에서는 생애주기별 영양 상태 판정 전반을 이해하기 쉽게 정리하였다.

각 파트별 집필진 또한 학교에서 학생들을 지도하는 교수진과 실무 현장에서 영양전문가로 활동하는 다양한 전문가들이 참여하여 충실하게 집필하였다. 무엇보다 이 책은 식품영양학을 전공하는 학생들뿐 아니라 병원, 보건소, 클리닉, 학교, 산업체 현장 등에서 일하는 분들이 쉽게 이해하고 접근할 수 있도록 영양판정의 기초적인 내용을 정리하는 한편, 이 책을 통해 현장에서도 실무 중심의 영양판정이 가능할 수 있도록 하는 데 중점을 두었다.

따라서 이러한 출간 취지에 맞게 본서가 해당 분야의 전문가가 되기 위해 준비하는 학생들과 국민의 식생활 개선 및 건강증진을 위해 일하는 영양전문가, 질병 및 건강관리 전문인들에게 실질적인 도움이 되기를 기대한다.

앞으로 이 책을 대하는 많은 분들의 아낌없는 조언을 부탁드리며, 출판을 위해 애써 주신 수학사 이영호 사장님과 수고해 주신 여러분께 진심으로 감사의 말씀을 전한다.

2022년 2월

저자 일동

차례

CHAPTER 1 영양판정의 개요

1. 영양판정의 목적과 필요성 12

2. 영양판정의 체계 13

1) 영양조사 13 / 2) 영양 감시 13 / 3) 영양검색 14

3. 영양불량에 영향을 주는 요인 14

1) 부적절한 섭취 14 / 2) 부적절한 흡수 14 / 3) 영양소 이용 감소 16

4) 영양소 손실 증가 16 / 5) 영양소 요구량 증가 16

4. 영양판정 방법 17

1) 직접적인 평가 방법 17 / 2) 간접적인 평가 방법 19

5. 영양판정 기준치 20

1) 참고치 분포 20 / 2) 참고치 경계 20 / 3) 한계치 20

6. 영양불량의 분류 20

1) 일차적 또는 이차적 영양 결핍 21 / 2) 제리프(Jelliffe)의 영양불량 분류 21

3) 쉴즈(Shils)의 영양불량 분류 22

7. 영양판정의 계획과 결과의 해석 22

1) 영양판정의 계획 22 / 2) 영양판정 결과의 해석 23

CHAPTER 2 신체계측

1. 신체계측 개요 26

1) 신체계측 의의 26 / 2) 신체계측 분류 26 / 3) 신체계측의 특성 28

2. 성장 측정 및 판정 29

1) 신장 29 / 2) 체중 31 / 3) 신장과 체중지수 37 / 4) 머리둘레 43 / 5) 골격 크기 44

3. 신체 구성 성분 측정 및 판정 47

1) 체지방량 측정 48 / 2) 제지방량 측정 57 / 3) 신체 구성 성분의 기기 분석 방법 60

CHAPTER 3 식사섭취조사

1. 식사섭취조사 66

1) 식사섭취조사의 개요 66 / 2) 식사섭취조사 방법 67 / 3) 국민건강영양조사 82

4) 식사섭취조사를 활용한 역학 연구 88 / 5) 식사섭취조사 시 고려 사항 90

2. 식사 섭취 평가 94

1) 식사 섭취 평가의 개요 94 / 2) 영양소 섭취량으로의 전환 95

3) 영양소 섭취량 평가 102 / 4) 식품의 다양성 및 식사 평가 114

5) 생애주기별 식사 다양성 평가 117 / 6) 국민건강영양조사 결과 122

CHAPTER 4 생화학적 조사

1. 생화학적 조사의 의의 및 고려 사항 126

2. 생화학적 조사의 형태 및 시료 126

1) 생화학적 조사의 형태 126 / 2) 생화학적 검사의 시료 128

3. 생화학적 조사에 의한 영양 상태 판정 129

1) 단백질의 영양 상태 판정 129 / 2) 지질의 영양 상태 평가 133

3) 지용성 비타민의 영양 상태 판정 134 / 4) 수용성 비타민의 영양 상태 판정 137

5) 무기질의 영양 상태 판정 144

4. 혈액으로 보는 생화학적 임상검사 148

CHAPTER 5 임상조사

1. 임상조사의 개요 152

2. 임상조사의 장점과 제한점 152

3. 임상 진단 방법 153

1) 병력 조사 153 / 2) 식사력 조사 153 / 3) 약물과 건강기능식품 154

4) 인구학적 심리적 요인 154

4. 영양불량과 관련된 신체 증상 155

1) 단백질-에너지 영양불량 156 / 2) 비타민 영양불량 158 / 3) 무기질 영양불량 164

4) 영유아의 영양불량 165

CHAPTER 6 영양판정의 활용

1. 영유아 및 학령기 아동의 영양판정 168

1) 신체계측조사 169 / 2) 생화학적 검사 174 / 3) 임상조사 178

4) 식사섭취조사 178

2. 청소년기의 영양판정 179

1) 신체계측조사 181 / 2) 생화학적 검사 181 / 3) 임상조사 182

4) 식사섭취조사 184

3. 성인의 영양판정 186
1) 신체계측조사 188 / 2) 생화학적 검사 189 / 3) 임상조사 189
4) 식사섭취조사 190

4. 임신부의 영양판정 190
1) 신체계측조사 191 / 2) 생화학적 검사 193 / 3) 임상조사 194
4) 식사섭취조사 195

5. 노인의 영양판정 195
1) 신체계측조사 196 / 2) 생화학적 검사 198 / 3) 임상조사 198
4) 식사섭취조사 201

6. 입원환자의 영양판정 203
1) 입원환자의 영양판정 단계 203

7. 고혈압 환자의 영양판정 210

8. 심혈관계 질환의 영양판정 213

9. 당뇨병의 영양판정 215

10. 대사증후군의 영양판정 219

11. 간질환의 영양판정 220

12. 골다공증의 영양판정 223

부록

1. 소아발육표준치 : 2017 소아청소년 성장도표 230
연령별 신장 백분위수 230 / 연령별 체중 백분위수 240 / 신장별 체중 백분위수 250
연령별 머리둘레 백분위수 262

2. 2020 한국인 영양소 섭취기준 264
연령 · 체위기준 264 / 에너지적정비율 264 / 당류 264
에너지와 다량 영양소 265 / 지용성 비타민 267 / 수용성 비타민 268
다량 무기질 269 / 미량 무기질 270

3. 약물과 영양소의 상호작용 271

1) 감염성 질환 272 / 2) 감정 장애(우울증, 정서 장애, 불안 장애) 273

3) 관절염 및 통증 274 / 4) 골다공증 275 / 5) 알레르기 275 / 6) 심혈관계 질환 276

7) 위장 장애 278 / 8) 변비 278 / 9) 천식 278 / 10) 통풍 279

참고문헌 281

찾아보기 287

CHAPTER 1

영양판정의 개요

학습 목표

1. 영양판정의 목적과 필요성을 이해한다.
2. 영양판정의 체계 중 영양조사, 영양 감시, 영양검색을 이해한다.
3. 영양불량에 영향을 주는 요인을 이해한다.
4. 영양판정 방법에 대해 설명할 수 있다.
5. 영양판정 기준치인 참고치 분포, 참고치 경계, 한계치(cut-off point)를 이해한다.
6. 영양불량의 분류를 이해한다.
7. 영양판정의 계획과 결과의 해석을 이해한다.

좋은 영양 상태는 건강한 삶의 질을 유지하기 위한 필수 요인이며, 적절한 영양 관리는 질병의 예방 및 치료의 기초가 된다. 영양판정은 적절한 영양 관리를 위해 반드시 필요하며 영양판정 결과에 따라 영양 상태를 개선하기 위한 방안을 모색하게 된다. 따라서 다양한 영양판정 방법의 특성과 장단점을 잘 이해하여 대상에 맞는 영양판정을 실시하고 정확하게 진단하여 개선함으로써 개인이나 집단의 건강 및 영양 수준을 향상시킬 수 있을 것이다.

영양판정이란 개인 혹은 집단을 대상으로 영양 섭취 상태를 조사하고, 영양소 섭취에 의해 영향을 받는 관련 요소들을 종합적으로 분석하여 건강 및 영양 상태에 대하여 진단을 내리고 문제점을 분석하여 해결해 나가는 과정을 말한다. 이 과정에서 조사 대상자의 신체를 계측하고, 혈액 등을 채취하여 생화학적 분석을 하며, 식사섭취조사 및 임상조사를 통해 수집한 자료를 종합하여 영양 상태를 판정한다.

1. 영양판정의 목적과 필요성

영양판정의 목적은 영양불량 위험이 있는 개인 또는 집단을 신속히 판별하여 영양 문제를 확인하고 적절한 영양 서비스를 제공하여 영양 및 건강 상태를 증진하는 데 있다. 영양판정은 영양관리과정(nutrition care process, NCP)의 첫 단계로 식품 및 영양소와 관련된 식사력, 생화학적 자료, 신체계측, 영양 관련 신체검사 자료 그리고 환자의 과거력 등이 포함된다. 영양관리과정은 보다 전문적인 영양 치료를 제공하기 위해 영양 관리의 과정을 표준화한 것으로 환자에게 안전하고 효과적이며, 양질의 영양 관리를 제공하는 체계적 과정이다. 영양관리과정은 4단계로 이루어져 있으며, 첫 단계는 영양판정, 둘째 단계는 영양 진단, 셋째 단계는 영양 중재, 그리고 마지막 단계인 넷째 단계는 영양 모니터링 및 평가로 구성된다. 초기 영양불량 상태는 식사조사와 생화학적 조사로 확인할 수 있으나 만성적 영양불량의 경우는 신체계측과 임상조사 결과로도 확인할 수 있다.

영양판정은 현재의 영양 상태를 파악하여 영양 문제를 식별하고 영양적 위험에 처한 사람을 분류하며, 영양 문제를 해결하기 위한 정보를 얻는 데 필요하다. 또한 영양 중재의 시행 효과를 평가하거나 사후 관리와 영양 서비스 또는 건강 관리 체계의 효율성을 증대시켜 비용을 절감하는 데 필요하다.

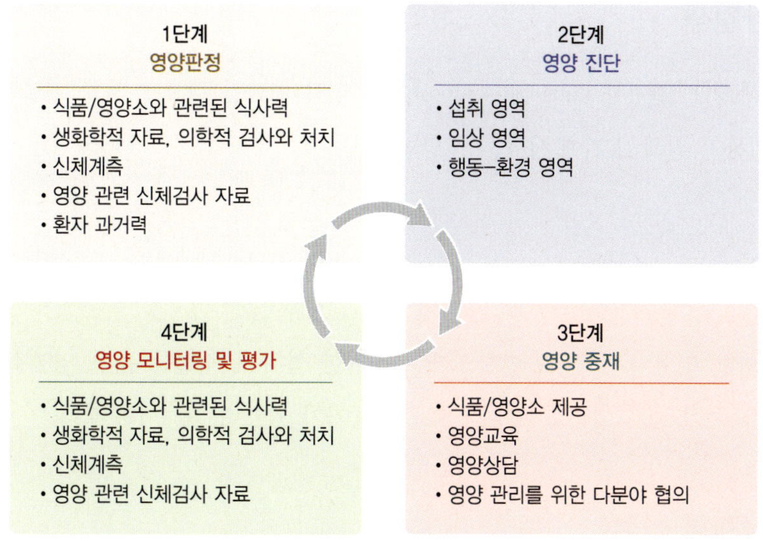

그림 1-1 영양관리과정의 단계

자료 : 대한영양사협회 옮김. 국제임상영양 표준용어 지침서(International Dietetics Nutrition Terminology Reference Mannual: Standard Language for the Nutrition Care Process, 2nd. ADA). 2011

2. 영양판정의 체계

1) 영양조사

영양조사(nutrition survey)란 횡단적 영양조사(cross-sectional nutrition survey)를 통해서 선정된 인구 집단의 기본적 영양 자료와 전반적 영양 상태를 조사하고 그 결과를 평가하는 것이다. 이 방법은 만성적인 영양불량을 파악할 수는 있으나 급성 영양불량은 확인도 어렵고 영양불량의 원인도 찾아내기 어렵다.

2) 영양 감시

영양 감시(nutrition surveillance)는 특정 인구 집단의 영양 상태를 지속적으로 감시하는 것이다. 장기간 자료를 수집하고 분석하여 영양불량의 원인을 규명하는 데 사용된다. 개인에게 적용될 경우 영양 모니터링(nutrition monitering)이라고도 한다.

3) 영양검색

영양검색(영양선별검사, nutrition screening)은 영양 치료를 필요로 하는 영양불량인 환자를 확인하기 위해 초기에 사용되는 방법이다.

3. 영양불량에 영향을 주는 요인

영양불량에 영향을 주는 요인은 크게 부적절한 섭취, 부적절한 흡수, 영양소 이용 감소, 영양소 손실 증가 그리고 영양소 요구량 증가가 있으며, 표 1-1과 같다.

1) 부적절한 섭취

부적절한 섭취(inadequate intake)로는 알코올 중독, 과일·채소·곡류를 섭취하지 않음, 육류·유제품·달걀을 섭취하지 않음, 변비·치질·게실증, 격리(isolation)·가난·치아 질환·이식증, 체중 감소 등이 있다. 알코올 중독으로 인한 섭취 불량은 에너지, 단백질, 티아민, 리보플라빈, 니아신, 비타민 B_6, 엽산의 부족을 의심할 수 있다. 과일·채소·곡류를 섭취하지 않는 경우에는 비타민 C, 티아민, 니아신, 엽산 결핍이 나타날 수 있다. 또한 육류·유제품·달걀을 섭취하지 않는 경우에는 단백질과 비타민 B_{12}가 부족할 수 있다. 변비·치질·게실증의 경우는 식이섬유 부족을 의심할 수 있다. 격리·가난·치아질환·이식증은 다양한 영양소의 결핍을 의심할 수 있다. 체중 감소는 에너지와 다른 영양소의 부족을 의심할 수 있다.

2) 부적절한 흡수

부적절한 흡수(inadequate absorption)에는 약물(변비 치료제, 알코올 등), 흡수 불량(설사, 체중 감소, 지방 변), 기생충, 악성빈혈, 수술(위절제술, 소장절제술) 등이 있다. 변비 치료제, 알코올 등 약물과 관련된 문제는 약물과 영양소의 상호작용에 의해 다양한 영양소의 결핍을 의심할 수 있다. 흡수 불량은 에너지, 단백질, 칼슘, 마그네슘, 아연의 결핍을 의심할 수 있다. 기생충은 철과 비타민 B_{12}를, 악성빈혈은 비타민 B_{12}, 그리고 회장을 절제한 경우도 비타민 B_{12}의 결핍을 의심할 수 있다.

표 1-1 영양불량에 영향을 주는 요인

영양불량에 영향을 주는 기전	관련 요인		의심되는 결핍증
부적절한 섭취	알코올 중독		에너지, 단백질, 티아민, 리보플라빈, 니아신, 비타민 B_6, 엽산
	과일·채소·곡류를 섭취하지 않음		비타민 C, 티아민, 니아신, 엽산
	육류·유제품·달걀을 섭취하지 않음		단백질, 비타민 B_{12}
	변비·치질·게실증		식이섬유
	격리·가난·치아질환·이식증		다양한 영양소
	체중 감소		에너지와 다른 영양소
부적절한 흡수	약물(변비 치료제, 알코올 등)		약물과 영양소의 상호작용에 의한 다양한 영양소의 결핍
	흡수 불량(설사, 체중 감소, 지방 변)		에너지, 단백질, 칼슘, 마그네슘, 아연의 결핍
	기생충		철, 비타민 B_{12}
	악성빈혈		비타민 B_{12}
	수술	위절제술	철, 비타민 B_{12}
		소장절제술	회장을 절제한 경우도 비타민 B_{12}의 결핍
영양소 이용 감소	약물(항경련제, 항대사물, 피임약, 결핵 치료제 이소니아지드, 알코올 등)		약물과 영양소의 상호작용에 의한 다양한 영양소의 결핍증
	가족력과 관련된 선천성 대사 장애		다양한 영양소의 결핍증
영양소 손실 증가	알코올 남용		마그네슘, 아연
	혈액 손실		철
	천자(centesis)		단백질
	조절되지 않는 당뇨		에너지
	설사		단백질, 아연, 전해질
	농양과 상처로 인한 유출		단백질, 아연
	신증후군		단백질, 아연
	복막투석		단백질, 수용성 비타민, 아연의 결핍
	혈액투석		단백질, 수용성 비타민, 아연의 결핍

(계속)

영양불량에 영향을 주는 기전	관련 요인	의심되는 결핍증
영양소 요구량 증가	발열	에너지 결핍
	갑상샘항진증	에너지 결핍
	생리적 요구(영아, 청소년, 임신, 수유)	다양한 영양소의 결핍
	수술, 외상, 화상, 감염	에너지, 단백질, 비타민 C, 아연의 결핍
	저산소증	에너지의 비효율적 이용
	흡연	비타민 C와 엽산의 결핍

자료 : Weisier, et al. *Fundamentals of clinical nutrition*. Mosby. 1993

3) 영양소 이용 감소

영양소 이용 감소(decreased utilization)는 항경련제, 항대사물, 피임약, 결핵 치료제 이소니아지드, 알코올 등 약물과 가족력과 관련된 선천성 대사 장애가 관련이 있다. 다양한 영양소의 결핍증을 의심할 수 있다.

4) 영양소 손실 증가

영양소 손실 증가(increased losses)는 알코올 남용, 혈액 손실, 천자(centesis), 조절되지 않는 당뇨, 설사, 농양과 상처로 인한 유출, 신증후군, 복막 투석, 혈액 투석 등이 관련된다. 알코올 남용은 마그네슘과 아연, 혈액 손실은 철, 천자는 단백질, 조절되지 않는 당뇨는 에너지, 설사는 단백질과 아연, 전해질, 농양과 상처로 인한 유출과 신증후군의 경우는 단백질과 아연, 복막투석과 혈액투석은 단백질과 수용성 비타민 그리고 아연의 결핍을 의심할 수 있다.

5) 영양소 요구량 증가

영양소 요구량 증가(increased requirements)는 발열, 갑상샘항진증, 생리적 요구(영아, 청소년, 임신, 수유), 수술, 외상, 화상, 감염, 저산소증, 흡연 등이 있다. 발열과 갑상샘항진증은 에너지 결핍을 의심할 수 있으며, 생리적 요구(영아, 청소년, 임신, 수유)의 경우는 다양한 영양소의 결핍을 의심할 수 있다. 그리고 수술, 외상, 화상, 감염의 경우는 에너지, 단백질, 비타민 C, 아연의 결핍을, 저산소증은 에너지의 비효율적 이용, 흡연은 비타민 C와 엽산의 결핍을 의심할 수 있다.

4. 영양판정 방법

영양판정 방법은 직접평가와 간접평가로 나눌 수 있다. 직접평가는 개인을 대상으로 하는 평가이고 간접평가는 주로 집단 전체를 대상으로 하는 평가이다. 직접평가는 신체계측조사(anthropometric method), 생화학적 검사(biochemical method), 임상조사(clinical method), 식사섭취조사(dietary method)의 네 가지가 있으며, 각 방법의 알파벳 첫 글자를 따서 '영양판정의 ABCD'라고 한다. 집단을 대상으로 하는 간접평가로는 보건통계조사, 식품공급상황조사 및 식생태조사 등이 있다.

1) 직접적인 평가 방법

영양판정의 ABCD 외에도 직접적인 평가 방법으로 환자의 주 진단명, 증상, 병력, 가족력, 약물 복용 등의 병력 정보 등이 영양 평가 시 활용되는 항목이다. 영양 평가 측정 방법은 그림 1-2와 같다.

(1) 신체계측조사

신체계측조사는 신장, 체중, 최근의 체중 감소, 피부두겹두께, 상완근육 면적 등을 조사하는 것으로 장기간의 영양 상태 판정에 유용하게 이용된다.

(2) 생화학적 조사

생화학적 조사는 주로 단백질 영양 상태 및 면역 기능과 관련된 혈청 알부민, 혈청 트랜스페린, 총림프구 수 등을 조사하는 방법이다. 가장 객관적이고 신뢰도가 높은 방법으로 장기간과 단기간의 영양 상태를 판정할 수 있는 방법이다.

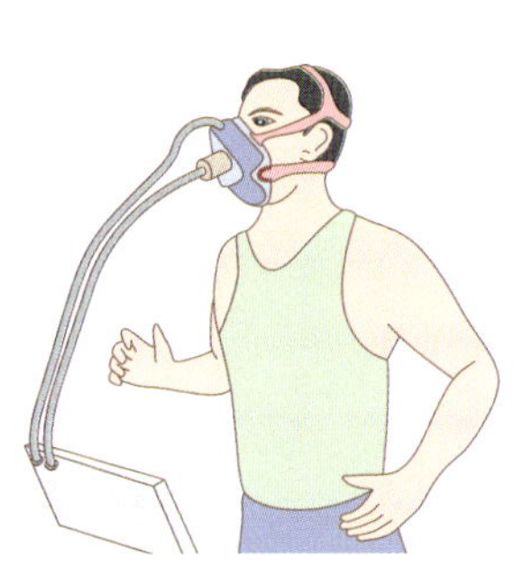
산소 소비량과 에너지 소비량의 측정

수중 체중 측정법

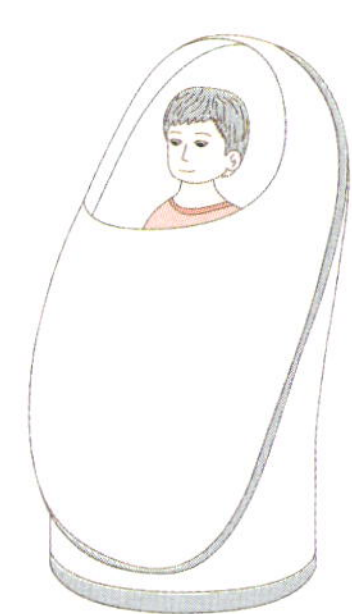
공기치환용적 측정법

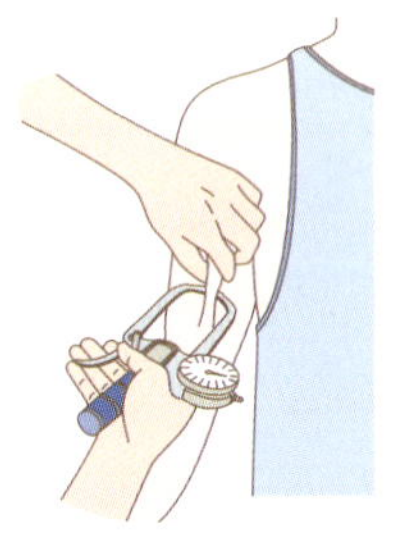
피부두겹두께 측정법

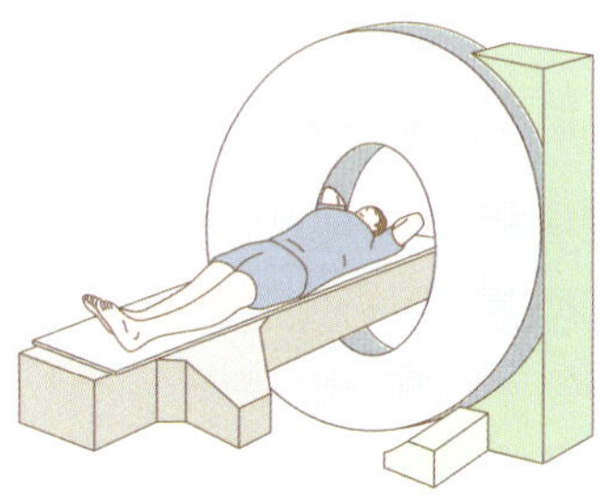
컴퓨터 단층촬영법

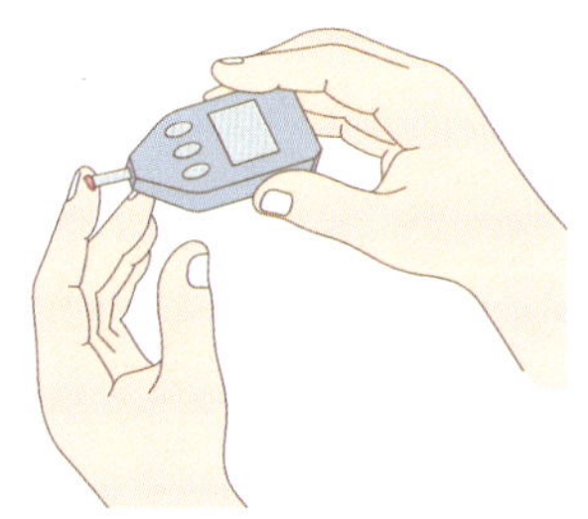
자가 혈당 측정법

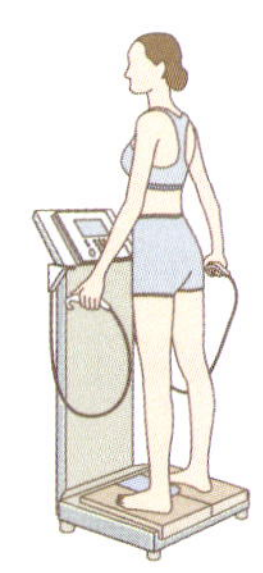
생체전기저항 측정법

그림 1-2 영양 평가 측정 방법

(3) 임상조사

임상조사는 모발, 눈, 손톱, 혀, 입술 등에 나타나는 신체 증후의 유무와 정도 그리고 조사 대상자가 호소하는 증상에 대한 해석으로 이루어진다. 임상 증상은 영양 결핍이 상당히 진행되거나 복합적인 영양소 결핍으로 나타나기 때문에 식사섭취조사, 신체계측조사 및 생화학적 조사와 함께 진행되어야 한다.

(4) 식사섭취조사

식사섭취조사는 식품 섭취량, 식사와 관련한 식품 기호도, 식품에 대한 알레르기, 저작 능력 등의 식사 정보를 조사하여 식사의 문제점을 파악하고 대상자의 영양 필요량과 비교하는 방법이다.

2) 간접적인 평가 방법

간접적인 평가 방법은 영양 상태를 직접적으로 평가하는 방법은 아니나 판정 자료의 분석과 문제 해결을 위한 원인 파악에 도움이 되는 여러 가지 관련 요인을 조사하는 방법이다. 경제, 사회, 문화, 종교, 식습관 등 개인이나 집단의 영양 상태에 영향을 미치는 모든 요인에 대해 정보를 얻는 방법도 영양판정의 한 부분이 될 수 있다. 영양 상태에 영향을 주는 요인으로는 경제 상태, 교육 수준, 식품의 구매 여건, 가족 구성원, 거주 상태, 병력, 결혼 상태 등이 있다. 식생태조사는 개인을 대상으로 하는 영양판정 방법의 하나로 포함되기도 한다.

(1) 보건통계분석조사

- 인구 동태 자료 : 연령별·성별 인구 구성, 출생률, 사망률
- 건강의학 통계 : 질병 발생률, 사망률, 영유아 사망률 등

(2) 식품공급상황조사

- 식품별 수급 실태, 식품 가격, 식품 강화, 급식 지원 프로그램

(3) 식생태조사

- 사회적 요인 : 생활 상태, 경제 상태, 거주 지역의 환경적 특성, 의료 환경, 직업적 특성, 교육 수준, 거주 지역 내의 식품 가격 수준 및 구매 여건, 정부와 사회단체의 식품 구매 지원 및 급식 프로그램 등
- 가족적 요인 : 전체 가족 구성원의 나이 및 성별, 거주 상태, 본인과 가족 구성원의 병력, 결혼 상태, 종교, 관습, 주방의 상태, 식품 저장 시설, 가족과 개인의 식생활 지식과 태도
- 지리적 요인 : 식품의 생산 및 유통과 관련된 자연 환경
- 생활의 특징적 요인 : 결혼, 배우자 사망, 실직, 이사 등 생활의 변화

알아두기 개인 대상 영양판정 방법에 포함되는 식생태조사 항목

가족 수, 가족 관계, 연령, 성별, 직업, 교육 정도, 경제(수입), 식품비, 급식 형태(식사, 사용하지 않는 식품, 모유 수유), 저장 방법, 물 공급, 화장실, 경작 상태, 축산물, 시장 형태, 조리 방법, 끼니 횟수, 주식량, 주식의 공급률, 계절, 특정 식품섭취빈도 등

5. 영양판정 기준치

1) 참고치 분포

참고치 분포(reference distribution)는 표준이 될 만한 건강한 사람들의 측정치를 말하며, 보통 백분위 값으로 표현한다. 평가 시 인종, 연령, 성, 임신, 수유 등 생리 상태의 조건이 참고치와 유사해야 신뢰성 있는 평가를 할 수 있다.

2) 참고치 경계

참고치 경계(reference limits)는 참고치 분포에서 보통 2곳을 정한 후 3개의 참고치 간격을 만들어 판정 기준으로 사용하는 방법이다. 매우 낮음, 보통, 매우 높음으로 평가할 수 있다.

3) 한계치

한계치(cut-off points)는 영양판정 지표가 체내 저장의 고갈 및 손상된 기능의 발생을 예측해 주는 것이다. 한 영양판정 지표에 1개의 한계치나 2개의 한계치를 정한 후 그 이상은 '양호', 그 미만은 '불량'으로 분류하는 방법이다.

6. 영양불량의 분류

영양불량에는 여러 가지 형태가 있는데 일반적으로 영양불량이 발생한 원인을 중심으로 다음과 같이 분류한다.

1) 일차적 또는 이차적 영양 결핍

영양 결핍의 원인을 영양 공급과 생리적인 측면으로 나누어 분류한 것이다.

(1) 일차적 영양 결핍(primary malnutrition)

식이를 통한 영양소 공급이 질적, 양적으로 신체 요구량을 충족시키지 못하여 나타나는 영양불량을 말한다.

(2) 이차적 영양 결핍(secondary malnutrition)

질병, 임신, 수유, 음주, 흡연, 약물 복용 등에 의해 이차적으로 발생한 식욕 부진, 영양소 흡수 장애, 체내 영양소 이용 저하 및 과잉 대사, 배설량 증가, 대사 항진에 의한 신체 요구량 증가, 특정 대사 장애, 장기 손상, 약물과 영양소 상호작용 등에 의한 영양불량을 말한다. 이러한 이차적 영양불량은 직접적인 원인이 제거되거나 영양소의 보충이 있어야 치료가 가능하며, 영양판정 시 영양소 섭취 상태, 생리 상태, 질병 유무 등도 함께 조사해야 판정 결과를 정확히 알 수 있다. 철을 식이로 충분히 섭취해도 기생충 감염에 의한 혈액 손실로 나타나는 철결핍성빈혈은 이차적 영양 결핍의 예이다.

2) 제리프(Jelliffe)의 영양불량 분류

제리프는 영양불량을 영양 공급 정도와 기간에 따라 다음의 4가지로 분류한다.

(1) 영양불량(undernutrition)

오랫동안 여러 가지 영양소를 공급하지 못하였거나, 체내에서 이용되지 못하여 발생하는 영양불량을 말한다. 예를 들면 저소득층에서 경제적인 문제로 인해 식이 섭취가 부족하여 열량, 단백질, 비타민, 칼슘, 철 등 전반적인 영양소의 섭취가 부족한 현상을 영양불량이라고 한다.

(2) 영양 과잉(overnutrition)

오랫동안 영양소가 과잉으로 공급되어 나타나는 영양불량을 말한다.

(3) 영양소 결핍증(specific nutrient deficiency)

특정 영양소의 공급 부족 또는 체내 이용률 감소로 인해 발생하는 영양불량을 말한다.

(4) 영양 불균형(nutritional imbalance)

영양소의 체내 요구량과 공급량이 질적, 양적인 면에서 균형을 이루지 못해 나타나는 영양불량을 말한다. 예를 들어 가공식품이나 편의식품을 주로 섭취하면 열량이나 지방은 과잉으로 섭취하지만 섬유소, 비타민, 무기질 같은 영양소는 부족하게 되어 영양적으로 불균형해지는 것을 말한다.

3) 쉴즈(Shils)의 영양불량 분류

쉴즈는 질환과 관련된 영양불량을 다음과 같이 분류한다.

- 영양소의 흡수 저하에 의한 영양불량
- 식욕 부진에 의한 영양불량
- 대사 항진에 의한 영양불량
- 특정 대사 장애에 의한 영양불량
- 장기 손상에 의한 영양불량
- 약물 또는 다른 처치에 의한 영양불량

7. 영양판정의 계획과 결과의 해석

1) 영양판정의 계획

영양판정을 위한 조사 방법이나 도구를 선정할 때에는 판정 내용이 중요한 지침이 되어야 하며, 편이성이나 선호도, 기득 이권 등을 우선적으로 고려하여서는 안 된다. 또 조사자가 좋아하는 조사 방법을 무조건 적용하려고 해서도 안 된다.

영양판정 시에는 영양 상태를 평가하는 이유, 평가할 내용의 종류와 양, 영양판정 도구의 타당도와 신뢰도, 조사 대상자의 특성, 조사에 필요한 비용, 인력, 시간, 조사 자료 분석의 용이성, 조사자의 훈련 필요성 등을 고려하여 영양판정 방법을 선택하여야 한다.

2) 영양판정 결과의 해석

(1) 타당도(validity)

타당도란 선택한 영양판정 방법이 영양 상태를 얼마나 정확하게 평가하고 있는가를 나타내는 것이다. 예를 들어 개인의 장기적인 영양 상태에 대한 정보를 위해서는 어느 특정한 하루의 식사섭취조사가 아니라 평상시 섭취하는 식사를 조사하여야 한다.

(2) 민감도(sensitivity)

민감도는 영양 상태의 변화를 얼마나 민감하게 반영하는가를 나타내는 지표이다. 예를 들어 단백질 영양 상태를 판정할 때 결핍에 가장 빨리 영향을 받는 레티놀 결합단백질은 민감도가 높고, 혈청 알부민은 반감기가 길어 민감도가 낮다.

(3) 특이성(specificity)

영양 상태의 변화가 어떤 영양소에 기인하는지를 말해 줄 수 있는지의 여부를 가리키는 것을 특이성이라 한다.

(4) 신뢰도(reliability)

신뢰도는 같은 방법으로 반복 측정할 때 일관된 결과를 나타내는 정도를 말하며, 재현성 또는 정밀도라고도 한다. 무작위 측정오차가 클수록 신뢰도는 떨어진다.

(5) 정확도(accuracy)

정확도란 측정값이 참값에 가까운 정도를 나타내는 값으로 신뢰도와는 다른 개념이다.

알아두기 영양판정 계획 시 고려하여야 할 사항

- 영양 상태를 평가하는 이유
- 영양판정 도구의 타당도
- 조사 대상자의 특성
- 인력
- 조사 자료 분석의 용이성
- 평가할 내용의 종류와 양
- 영양판정 도구의 신뢰도
- 조사에 필요한 비용
- 시간
- 조사자의 훈련 필요성

CHAPTER 2

신체계측

학습 목표

1. 영양판정에서 신체계측 의의를 설명할 수 있다.
2. 영양판정에서 사용하는 신체계측을 적용할 수 있다.
3. 신체계측 시 나타나는 오차의 원인과 교정 방법을 설명할 수 있다.
4. 비만의 판정 기준을 설명할 수 있다.
5. 체질량지수(BMI)와 판정 기준을 설명할 수 있다.
6. 피부두겹두께에 의한 체지방량 산정 방법을 설명할 수 있다.
7. 허리-엉덩이둘레비와 질환과의 상관관계에 대해 설명할 수 있다.
8. 체위계측을 통한 제지방량 측정 방법과 판정 기준을 설명할 수 있다.
9. 기기를 이용한 신체 구성 성분 측정 원리를 간략하게 설명할 수 있다.

1. 신체계측 개요

1) 신체계측 의의

신체계측(anthropometric assessment)은 신체 부위의 크기나 신체 조성을 측정, 표준치와 비교하는 것을 말한다. 여기에는 신장, 체중, 머리둘레, 허리둘레, 허리-엉덩이둘레, 피부두겹두께, 상완둘레 및 체질량지수 등이 있다. 성장이나 신체 구성 성분 측정은 유전과 환경 인자 등의 영향을 받으며, 환경 인자 중 가장 많은 영향을 주는 요인은 영양이라고 할 수 있다. 그러므로 신체 부위와 조성을 측정하여 성장과 발달 정도, 체위의 유형을 판별하고 이를 동일한 연령의 표준치와 비교함으로써 개인의 영양 상태를 판정할 수 있다. 신체계측을 통해 영양 상태를 판정하는 방법은 간편하고 재현성이 높으며 비용이 저렴하므로 널리 사용되고 있다. 신체계측을 이용하여 개인이나 집단의 영양 상태를 정확하게 평가하기 위해서는 표준화된 신체계측 방법이 필요하다.

알아두기 **신체계측 활용 사례**

- 개인 및 집단을 대상으로 성장 및 신체 구성 성분의 변화 측정
- 단백질-에너지 섭취 부족에 의한 영양불량 판정
- 과잉 영양에 의한 비만 판정
- 경기력 향상을 위한 운동선수의 신체 구성 성분 측정

2) 신체계측 분류

신체계측은 성장 측정과 신체 구성 성분 측정으로 분류할 수 있다. 성장 측정은 신장, 체중, 머리둘레 등을 측정하여 성장을 평가하고, 신체 구성 성분 측정은 체지방과 제지방의 비율을 이용하여 신체 구성 성분 조성을 평가한다. 영양판정을 위해 가장 많이 이용되는 신체계측은 신장과 체중이다. 그러나 영양판정의 목적에 따라 영양 상태를 가장 잘 반영하는 측정 항목을 선택해서 측정하도록 한다.

(1) 성장 측정

영양은 성장에 영향을 미치는 중요한 요인이기 때문에 성장을 대변할 수 있는 신체

부위를 측정하여 영양 상태를 판정하게 된다. 성장에 대한 척도로 신장, 체중, 머리둘레, 가슴둘레, 앉은키 등을 측정하여 집단의 표준치와 비교하여 영양 상태의 양호 또는 불량을 판정한다.

영양불량일 경우 신장과 체중의 발육도 불량하므로 신장과 체중은 성장의 정도 및 영양 상태를 측정하기 위해 가장 많이 이용된다. 그러나 신장은 유전적 요인도 작용하므로 영양 상태만으로 해석하기에는 어려움이 있고, 체중은 체지방량을 반영하지 못한다는 단점이 있다. 머리둘레와 가슴둘레는 영유아의 성장 및 영양판정에 유용한 지표이다. 머리둘레는 생후 24개월 이내의 영유아에게 적용되는 평가 도구로 연령별 기준치를 참고로 두뇌 성장의 이상 여부를 판정하는 데 쓰인다. 가슴둘레는 근육, 피하지방의 발달에 따라 달라지며, 가슴둘레의 증가는 체중과 평형 관계에 있다. 질병이나 영양불량이 되면 가슴둘레가 체중보다 민감하게 감소되고 회복 속도도 체중보다 빠르다.

알아두기 **성장 측정**

- 신장, 체중, 머리둘레, 가슴둘레, 팔꿈치두께, 손목둘레

(2) 신체 구성 성분 측정

체지방량(body fat)과 제지방량(lean body mass, LBM)을 측정하여 영양 상태를 측정한다. 신체 구성 성분은 상완위둘레, 피부두겹두께, 허리-엉덩이둘레비 등을 통해 측정하며, 이때 체지방량과 제지방량은 측정치를 사용한 산출식을 이용하여 추정한다. 체지방량은 에너지 섭취의 과부족을 평가할 수 있는 지표가 되고, 제지방량은 체내 단백질의 보유 상태를 알 수 있는 지표가 된다.

알아두기 **신체 구성 성분 측정**

- 피부두겹두께, 허리둘레, 허리-엉덩이둘레비
- 상완둘레, 상완근육둘레, 상완근육면적, 장딴지둘레, 허벅지둘레
- 생체전기저항 측정법, 수중 체중 측정법, 총체수분량 측정법, 총칼륨량 측정법
- 초음파 진단법, 컴퓨터 단층촬영법(CT), 자기공명영상법(MRI)

3) 신체계측의 특성

(1) 신체계측의 장단점

신체계측의 장단점은 표 2-1과 같다. 영양판정은 신체계측을 통한 측정치를 이용하여 산정한 지수들을 표준치와 비교하여 판단하는 것으로 영양판정의 목적에 따라 신체계측의 종류를 적절하게 선택해야 한다. 표준화된 방법으로 측정하면 정확한 지표가 되며 재현성이 우수하다. 또한 과거 장기간에 걸친 영양 상태에 대한 정보를 파악할 수 있다. 그리고 개개인의 영양불량 위험도를 나타내는 영양검색(영양 선별) 방법으로도 쓰일 수 있다.

표 2-1 신체계측의 장단점

구분	내용
장점	① 측정 방법이 용이하고 간단하며 안전하다. ② 많은 대상자를 측정할 수 있다. ③ 측정 기구는 가격이 저렴하고 영구적으로 사용 가능하며 운반이 용이하다. ④ 훈련을 통해 일반인도 측정이 가능하다. ⑤ 표준화된 방법으로 측정하면 정확하며 재현성이 우수하다. ⑥ 과거 장기간에 걸친 영양 상태에 대한 정보를 파악할 수 있다. ⑦ 영양 결핍 정도를 판정하는 데도 도움이 된다. ⑧ 여러 세대에 걸친 영양 상태의 변화를 평가할 수 있다. ⑨ 특정인의 영양불량 위험도를 나타내는 영양 선별 방법으로도 쓰일 수 있다.
단점	① 부정확한 측정 기구의 사용이나 측정 방법의 잘못에 의한 오류가 발생할 수 있다. ② 단기간의 영양 상태 변화를 찾아내기 어렵다. ③ 어떤 특정 영양소의 결핍에 의한 것인지 규명해 내기가 어렵다. ④ 질병이나 유전, 운동 부족 같은 비영양적 요소에 의해서도 신체계측치가 영향을 받을 수 있다.

(2) 신체계측 오차

신체계측에서의 오차는 여러 가지 측정치와 판정 지수들의 정확도 및 타당도에 영향을 준다. 이런 오차는 측정의 잘못에서 오거나 체내 조직의 성분 변화 및 잘못된 가설에 의해 발생할 수 있다.

① 측정 오차

측정 오차는 잘 훈련된 조사원이 정확한 측정 기구를 이용하여 표준화된 방법으로 여러 번 반복 측정함으로써 최소화할 수 있다. 측정 오차는 측정자의 훈련 부족, 측정

기구의 오차, 측정 방법의 어려움 등으로 발생할 수 있다.

② 신체 구성 성분 변화에 의한 오차

건강한 사람도 하루 중 언제 측정했는지에 따라 신체계측치가 달라질 수 있다. 여성의 경우 월경 주기에 따른 체조직의 수분 함량 변화가 체중에 영향을 미칠 수 있으며, 측정 부위에 따라 피부두겹두께가 다르게 나타날 수 있다.

③ 가설의 타당성 부족에 의한 오차

신체계측 시 타당하지 못한 가설을 설정하여 영양판정을 하는 경우 오차가 있을 수 있다. 예로 피부두겹두께를 이용하여 체지방량을 추정할 때 피하지방 조직의 두께는 체지방량의 일정한 비율을 반영하며, 측정 부위는 평균 피하지방 두께를 반영한다는 가설에 기초하고 있다. 그러나 실제로는 피하지방과 체지방량은 정비례 관계가 일정하지 않고, 그 관련성은 체중, 연령, 질병 상태에 따라 달라진다. 그리고 피하지방 조직의 분포 역시 연령, 종족, 성별 등에 따라 다르게 나타난다.

2. 성장 측정 및 판정

1) 신장

신장은 골격의 발달을 반영하는 지표로서 유전적 요인과 관련이 있으며, 연령별 신장의 측정치는 그 집단 내에서 개인의 영양 상태를 반영하는 간접 지표로 이용된다. 성장기 어린이가 신장이 작은 경우 일반적으로 영양불량과 관련이 있고 신장이 작은 성인의 경우 성장기의 영양 상태를 반영하기는 하나 성장이 완성된 현재의 영양 상태와는 무관하다.

(1) 측정

24개월 미만의 영유아는 누운 키를 측정하며, 측정판 위에 아기를 똑바로 눕혀 무릎을 펴게 하고 양어깨, 엉덩이가 바닥에 닿게 한 후 측정한다(그림 2-1). 24개월 이상의 어린이와 성인은 신장기를 이용하여 신발을 벗고 가벼운 복장으로 측정하는데, 발뒤꿈치를 하나로 하고 팔은 양옆으로 내린 뒤 다리를 쭉 펴고, 양어깨는 긴장을 풀고 고개

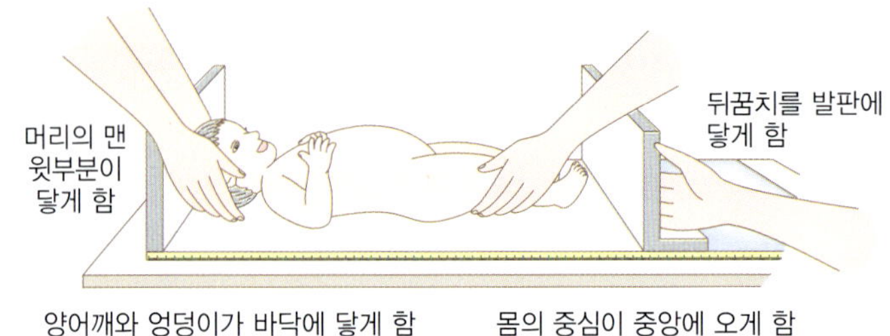

그림 2-1 누운 키 측정법

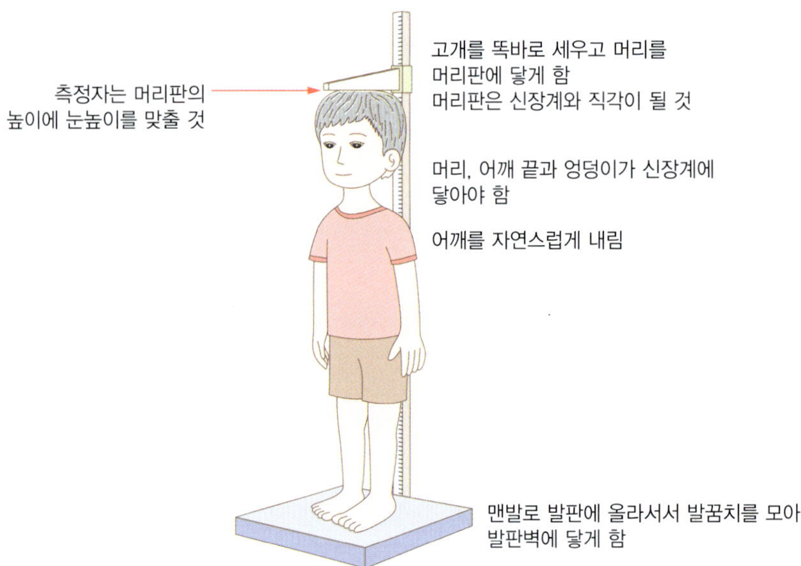

그림 2-2 신장 측정법

는 정면을 응시한다. 뒤꿈치, 엉덩이, 견갑골 부위, 머리 뒷부분의 네 부위가 신장기의 표면에 닿도록 하여 눈높이에서 0.1 cm까지 측정하도록 한다(그림 2-2).

거동이 불편하거나 일어 설 수 없는 상황에서는 일반적인 방법으로 키를 재면 부정확하다. 이때 무릎높이(knee height)는 키와의 관련성이 매우 크므로 발끝에서부터 무릎까지의 길이를 나타내는 무릎높이를 측정하고, 계산식을 이용하여 키를 추정할 수 있다. 무릎높이는 90° 각도로 측정 막대가 부착된 특수한 모양의 캘리퍼스를 이용하여 측정한다(그림 2-3).

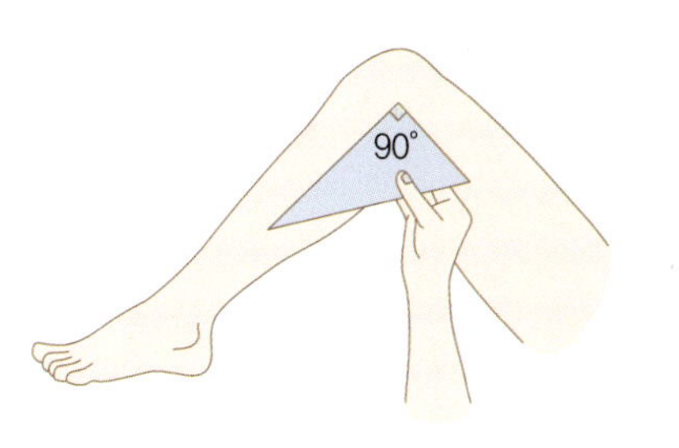

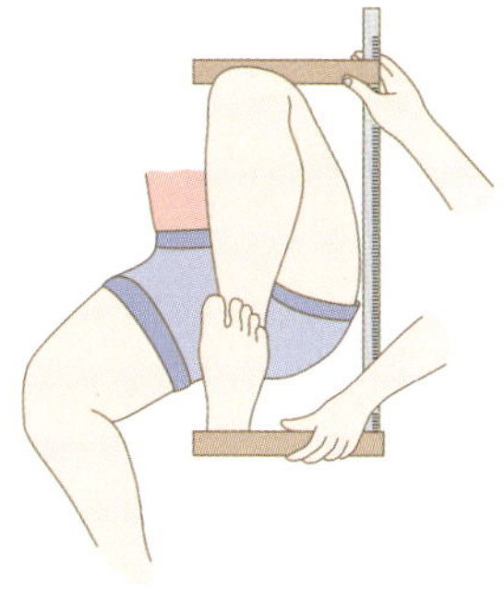

그림 2-3 무릎높이 측정 방법

남자(cm) = [2.02 × 무릎높이(cm)] − [0.04 × 연령(세)] + 64.19

여자(cm) = [1.83 × 무릎높이(cm)] − [0.24 × 연령(세)] + 84.88

(2) 판정

측정치는 성별, 연령별로 한국인 소아발육 표준치와 체위 참고치 등과 비교하여 평가한다(그림 2-4, 2-5). 즉 표준치(참고치)에 대한 백분율을 구하거나 어느 백분위수(percentile)에 속하는지 파악한다. 연령별 신장(height for age)은 과거 또는 장기간에 걸친 영양 상태를 추정해 주는 지표로 이용된다. 측정값이 5～95 백분위수에 해당되면 정상, 이 범위에서 벗어나는 경우는 영양불량으로 판정한다. 이때 일정기간(1년 정도)의 간격을 두고 신장을 측정해 성장 속도를 보면서 영양 상태를 판정하는 것이 중요하다.

2) 체중

체중은 영양 상태 판정에 가장 중요한 지표 중의 하나이다. 특히 어린이의 성장 평가에 체중은 중요한 판정 요인 중 하나이다. 골격, 근육 등을 포함하는 제지방량과 피하지방 및 내장지방 등 체지방량 등을 종합적으로 나타낸다. 체중만으로 영양 상태를 판정하기보다 연령과 신장을 고려하여 판정한다.

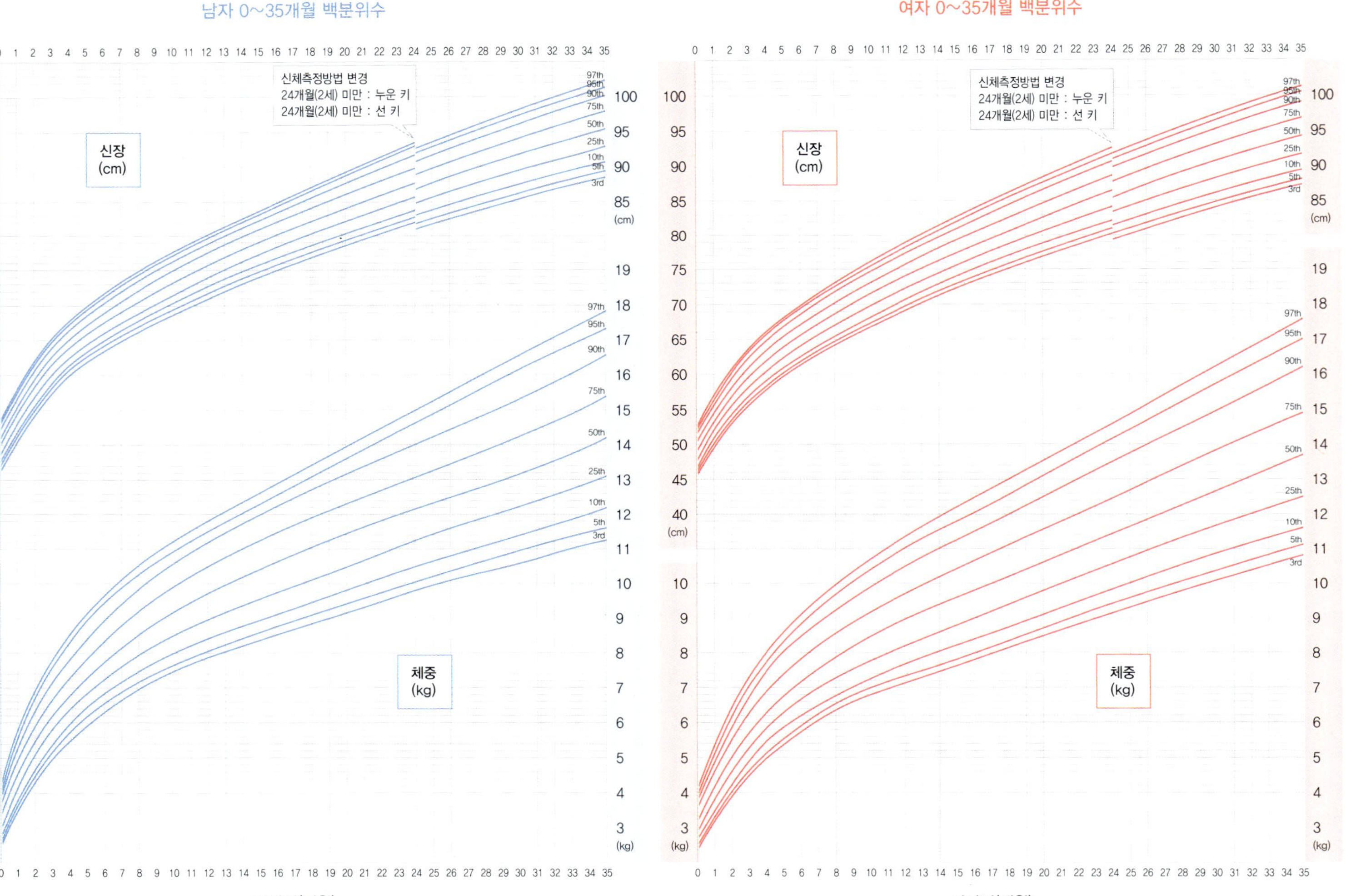

그림 2-4 연령별 신장 및 체중 백분위수 성장곡선(0～35개월)

자료 : 질병관리본부. 2017 소아청소년 성장도표. 2017

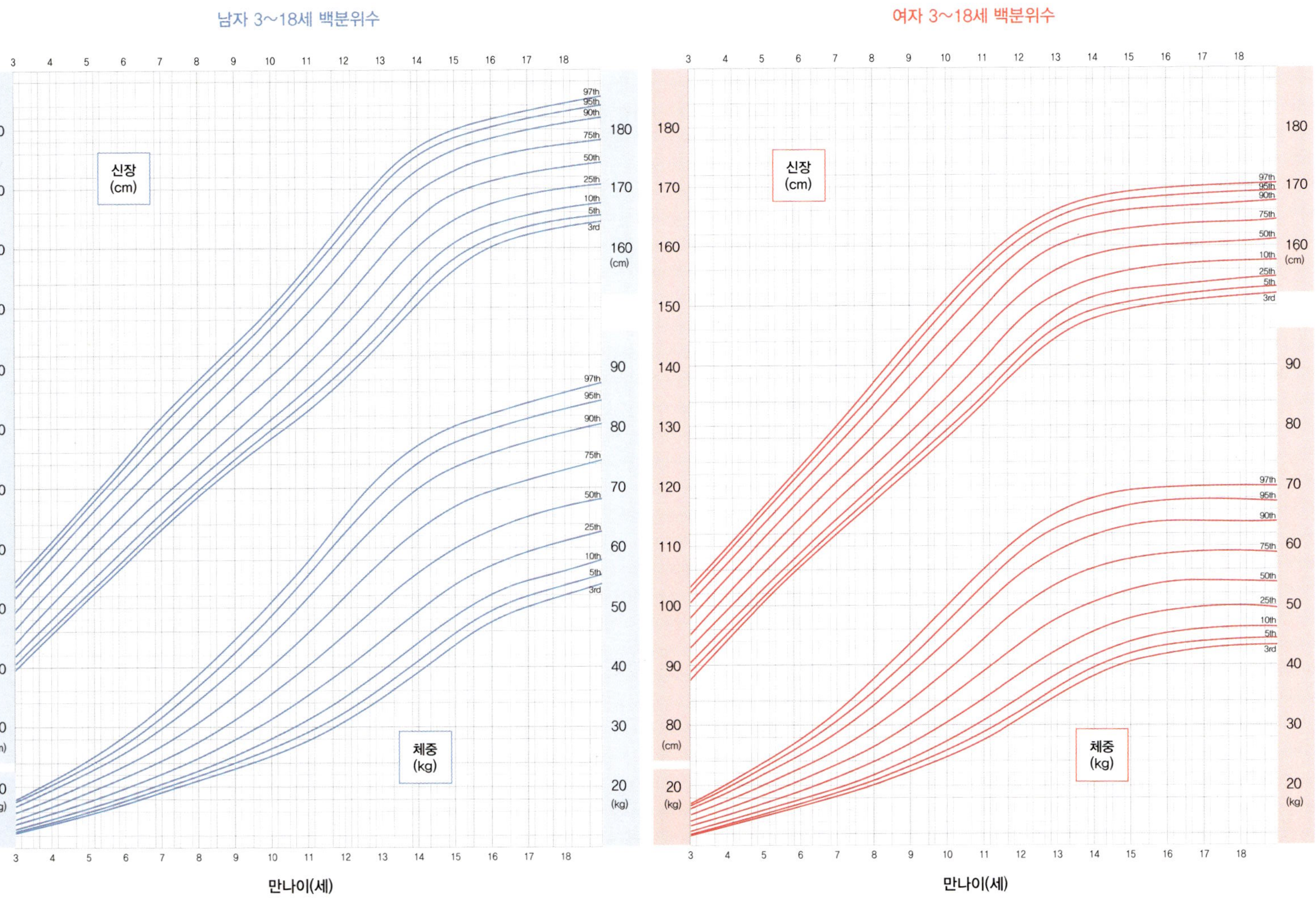

그림 2-5 연령별 신장 및 체중 백분위수 성장곡선(3~18세)

자료 : 질병관리본부. 2017 소아청소년 성장도표. 2017

(1) 측정

공복 시에 주로 일정한 시간에 최소한의 의복을 입고 측정하며, 측정하기 전 부종 여부를 파악해야 한다(그림 2-6, 2-7). 체중은 이상체중백분율, 체질량지수, 기초대사율, 크레아티닌-신장지수 등의 산출에 요구된다.

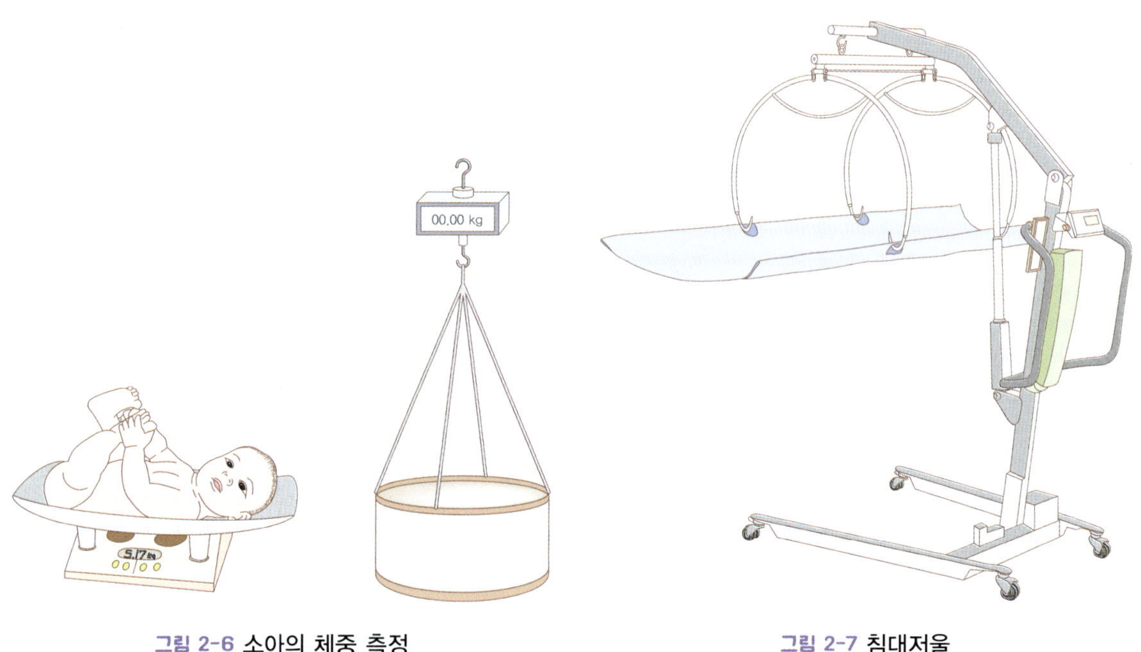

그림 2-6 소아의 체중 측정

그림 2-7 침대저울

(2) 판정

연령별, 성별로 한국인 소아발육표준치 등과 비교하여 평가한다. 즉 표준치(참고치)에 대한 백분율을 구하든지, 어느 백분위수에 속하는지를 파악하고 측정치를 기준으로 산출식에서 도출된 값으로 판정한다.

① 연령별 체중

체중은 성장도표와 비교하여 평가할 수 있으며, 주로 연령별 체중(weight for age)을 파악한다. 같은 연령군에서 체중이 5백분위수 미만으로 나타난 경우는 저체중으로 판정한다. 저체중은 어린이의 경우에는 성장 발육의 둔화나 질병 상태이며, 어린이에 있어서 체중은 신장보다 변화가 심해서 한 번 재는 것으로는 상태를 판단하기 어려운 경우도 있다. 그러므로 일정한 기간의 간격을 두고 체중을 측정하면서 체중 증가 속도를 보는 것이 더 바람직하다. 성인의 경우는 연령이 증가할수록 지방이 증가하고 근육이 감소하므로 연령별 체중의 의미가 크지 않다(그림 2-4, 2-5).

② 신장별 체중

신장별 체중(weight for height)은 현재의 영양 상태를 민감하게 반영해 준다. 따라서 신장별 체중은 어린이에게 있어서는 영양 상태를, 성인에게 있어서는 비만도를 나타내는 지표로 쓰인다. 그림 2-8에 신장별 표준체중(2세 미만)을 제시하였다(부록 1 참조).

③ 체중 변화

체중의 변화(weight change)는 체단백질, 수분, 무기질 또는 체지방량의 변화로 인해 나타난다. 건강한 사람의 하루 체중 변화는 0.5 kg 이하이다. 그러나 영양 부족 또는 급·만성 질환 시 체중이 감소하게 된다. 섭취 에너지가 소비 에너지보다 많은 경우 과잉의 에너지는 체지방으로 저장되어 체중이 증가한다.

$$\text{체중 변화율(\%)} = \frac{\text{평소 체중} - \text{현재 체중}}{\text{평소 체중}} \times 100$$

최근의 체중 변화는 영양 상태를 더 잘 반영한다. 체중 감소율이 클수록, 감소된 기간이 짧을수록 영양 결핍이 심한 것으로 판정한다. 일반적으로 6개월 내에 10% 이상의 체중 감소, 또는 1개월 내에 5% 이상의 체중 감소를 체중 손실이 심한 것으로 판정한다(표 2-2). 이러한 체중 변화 기준은 병원에 입원한 환자의 영양판정에 많이 이용된다. 또한 부종, 복수, 탈수, 이뇨, 거대 종양의 성장 및 장기 제거의 경우에도 체중의 변화가 있으므로 이때는 영양판정 도구로 채택이 어렵다.

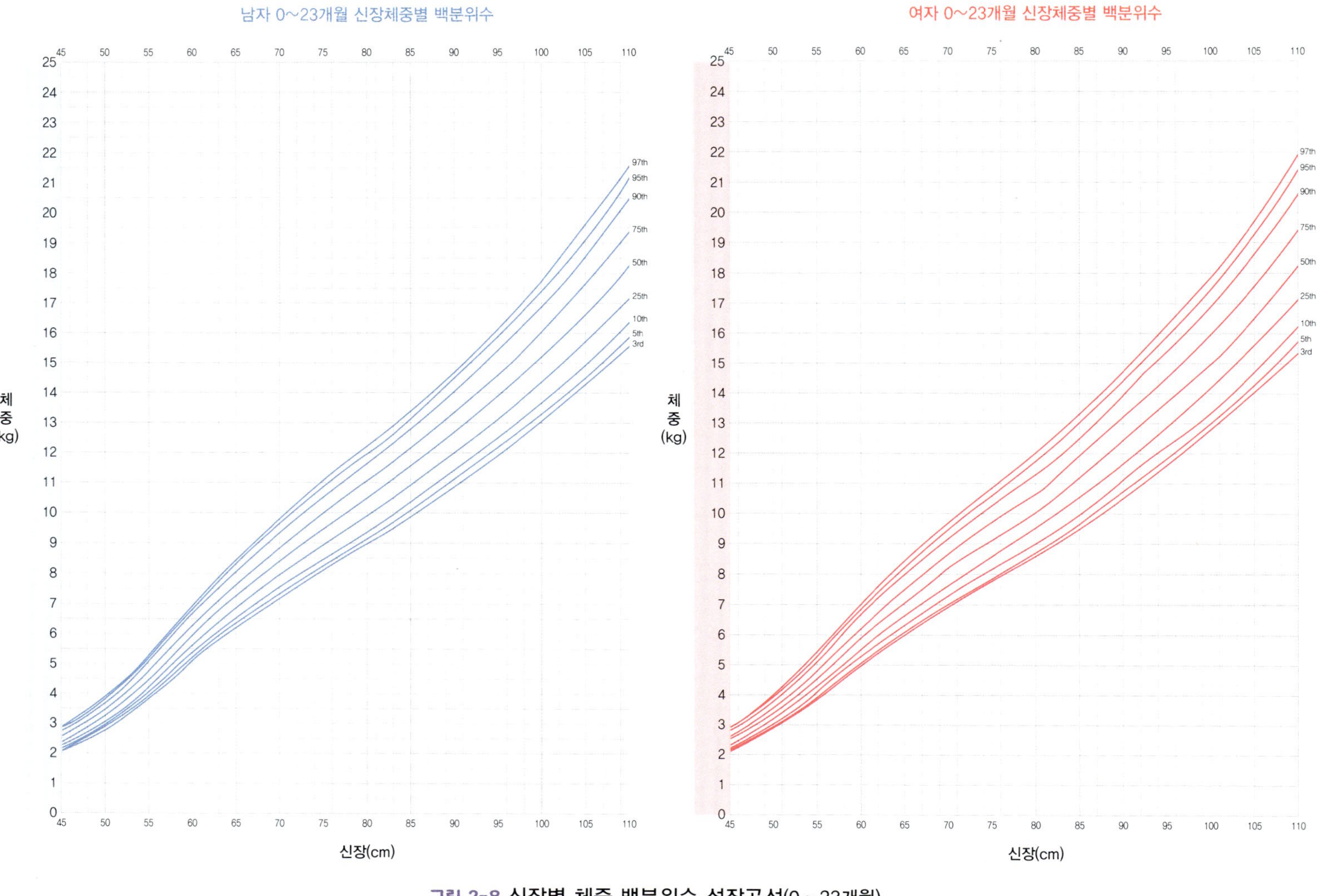

그림 2-8 신장별 체중 백분위수 성장곡선(0~23개월)

자료 : 질병관리본부. 2017 소아청소년 성장도표. 2017

표 2-2 체중 손실 비율의 판정 기준치

기간	손실 비율	현저한 체중 감소(%)	극심한 체중 감소(%)
1주일	{(평상시 체중－현재 체중)/평상시 체중}×100	1～2	>2
1개월		5	>5
3개월		7.5	>7.5
6개월		10	>10
1년		20	>20

자료 : White JV et al. *J Acad Nutr Diet.* 112(5), 730-738. 2012

3) 신장과 체중지수

신체계측을 통한 영양판정에는 한 가지 측정보다 여러 가지 측정 방법을 사용하여 측정하는 것이 바람직하다. 신장과 체중의 경우 단일지표 사용보다는 신장과 체중을 지수화하여 사용하는 방법이 영양 상태 판정에 보다 근접해 있다. 영유아와 어린이는 성장 및 영양 상태를 판정할 수 있고 성인은 비만도 판정에 사용된다.

(1) 표준성장도표를 통한 판정

신체계측 기준치는 여러 나라에서 사용되는 국제 기준치와 각 나라 지역 주민으로부터 측정된 지역 기준치가 있다. WHO(세계보건기구) 성장 표준치, 미국 CDC 성장도표 등 각국에서 조사 제공되는 영아, 어린이, 성인의 성별·연령별 체중, 신장, 머리둘레 등의 자료를 이용하여 측정치와 비교한다. 우리나라는 보건복지부와 대한소아과학회가 개발 제시한 표준성장도표를 활용한다. 연령 대비 신장 측정치나 연령 대비 체중 측정치는 어린이의 성장을 잘 나타낸다. 성장곡선은 백분위 값으로 표현하여 측정치가 95번째 백분위 값보다 높거나 5번째 백분위 값보다 낮을 때 비정상적 성장을 보인다고 해석한다.

(2) 신장과 체중지수

성인의 영양판정에는 체질량지수(BMI) 및 폰더럴지수를 이용하고, 유아 및 학령기 어린이의 비만판정에는 로러지수와 카우프지수를 이용한다.

① 체질량지수(Quetelet's index, Body Mass Index, BMI)

체질량지수(BMI)는 신장과 체중을 활용하여 계산한 값이다. 신장에 따른 판정 오류가 가장 적으며, 체질량을 잘 반영하고 간편하여 성인 비만 판정의 지표로 유용하다. 피부두겹두께, 비중법 등에 의한 체지방량과 상관관계가 높다. 사망위험률 등 건강 관련 지표와도 상관성이 높아 많이 활용된다(표 2-3, 그림 2-9).

$$\text{BMI} = \frac{\text{체중(kg)}}{[\text{신장(m)}]^2}$$

성인의 BMI 판정 기준은 표 2-3과 같다.

표 2-3 체질량지수(BMI)에 의한 성인의 비만 판정

WHO 기준		대한비만학회 기준	
BMI(kg/m²)	분류	BMI(kg/m²)	분류*
<18.5	저체중	<18.5	저체중
18.5~24.9	정상	18.5~22.9	정상
25~29.9	과체중	23~24.9	비만 전단계
30~34.9	경도 비만(1단계)	25~29.9	1단계 비만
35~39.9	중등도 비만(2단계)	30~34.9	2단계 비만
≥40	고도 비만	≥35	3단계 비만

*비만 전 단계는 과체중 또는 위험 체중으로, 3단계 비만은 고도 비만으로 부를 수 있다.

자료 : World Health Organization. Obesity: preventing and managing the global epidemic. 2000; 대한비만학회. 2018 비만진료지침. 2018

WHO(1998)의 사망률과 유병률이 가장 낮은 '건강한 체중(healthy weight)'은 BMI가 18.5~24.9가 되는 체중이라고 발표하였다(그림 2-10).

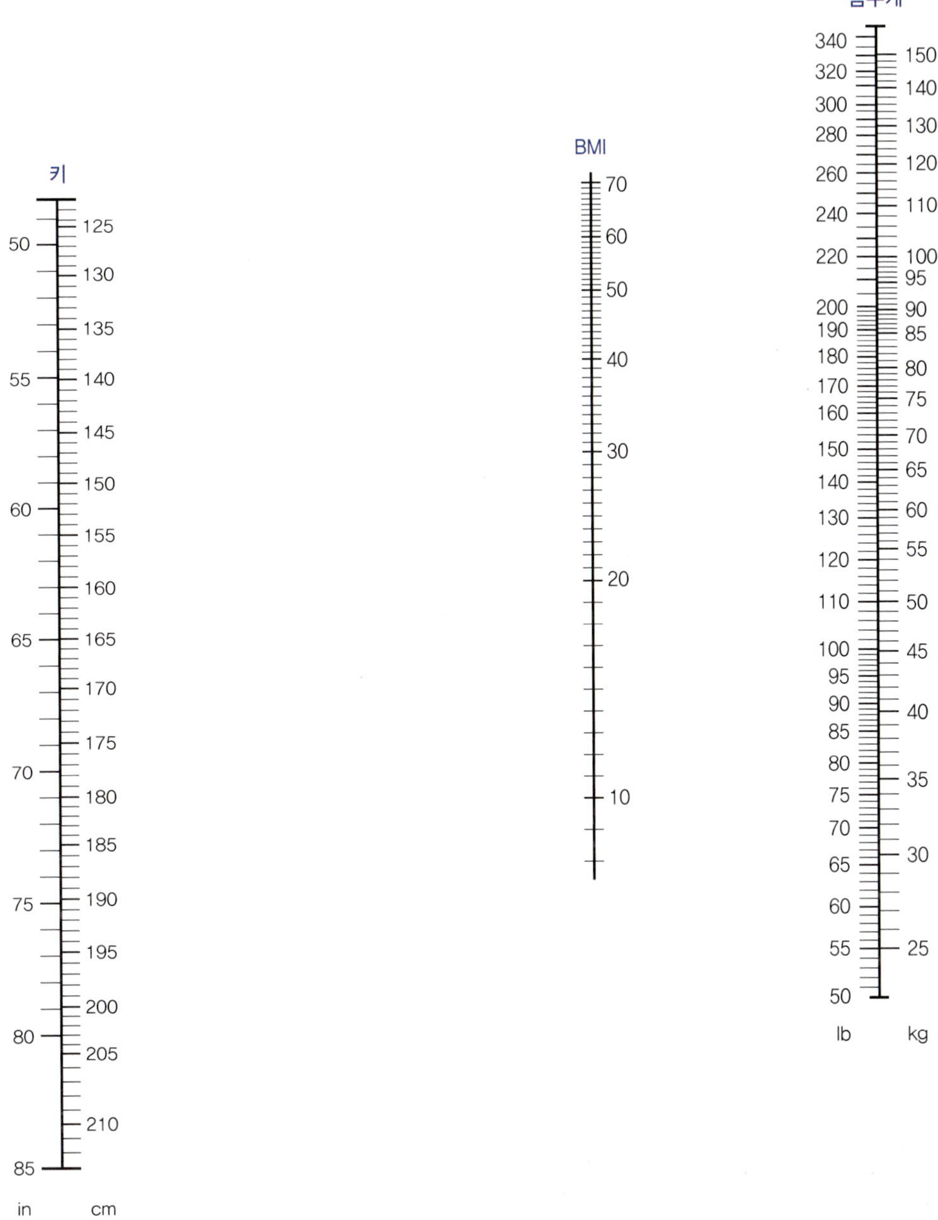

그림 2-9 신장과 체중에 의한 BMI 산정 모노그램

자료 : Nieman DC. *Fitness and sports medicine: A health-related approach*, 3rd ed. Palo Alto: Bull Publishing Co. 1995

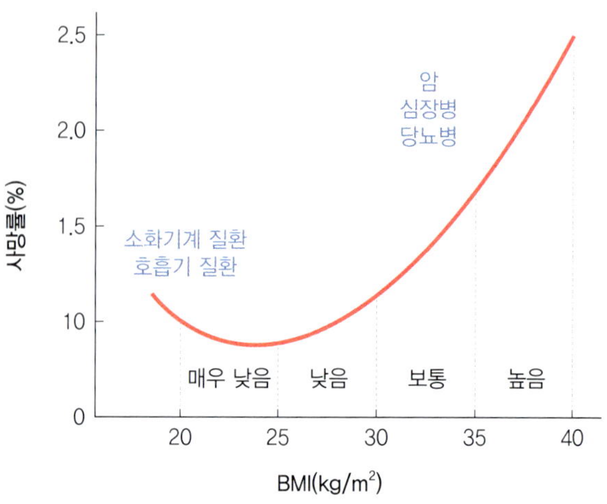

그림 2-10 BMI와 사망위험률

자료 : Lee RD, Nieman DC. *Nutritional Assessment*, 4th ed. McGraw Hill, New York. 2006

② 폰더럴지수(Ponderal index)

신장(inch)과 [체중(lb)]$^{1/3}$ 비의 값이다. 수치가 클수록 마른 것이며, 12 이하인 경우 심장순환계 질환의 위험도가 높고 13 이상이면 심혈관계 질환의 위험도가 낮다.

$$\text{폰더럴지수} = \frac{\text{신장(inch)}}{[\text{체중(lb)}]^{1/3}}$$

③ 로러지수(Róhrer index)

학령기 어린이 영양 상태 판정 시 사용되며 신체충실지수라 한다. 157 이상은 고도비만, 141～156은 비만, 110～140은 정상, 92～109는 마름, 92 미만은 매우 마름으로 판정한다(표 2-4). 신장 110～129 cm에서는 180 이상, 130～149 cm에서는 170 이상, 150 cm에서는 160 이상을 비만으로 판정한다.

$$\text{로러지수} = \frac{\text{체중(kg)}}{[\text{신장(cm)}]^3} \times 10^7$$

표 2-4 로러지수의 판정 기준

측정값	판정
92 미만	매우 마름
92~109	마름
110~140	정상
141~156	비만
157 이상	고도 비만

④ 카우프지수(Kaup index)

영유아(5세 미만의 어린이, 특히 2세 미만)의 비만 판정에 많이 쓰이는 지수로, 역시 체중(g)과 [신장(cm)]^2 비로 계산한다. 판정 기준은 표 2-5과 같다.

$$\text{카우프지수} = \frac{\text{체중(g)}}{[\text{신장(cm)}]^2} \times 10$$

표 2-5 카우프지수의 판정 기준

1세 미만	판정	1~2세
15 미만	영양불량	14 미만
15~18	정상	14~17
18~20	비만 경향	17~18.5
20 초과	비만	18.5 초과

(3) 비만 판정

① 표준체중

표준체중은 건강을 위해 가장 바람직한 체중을 의미한다. 한국에서는 브로카(Broca)법을 많이 사용한다.

브로카법

- 신장별 계산하는 경우

161 cm 이상인 경우 : [신장(cm) − 100] × 0.9

150 ~ 161 cm인 경우 : [신장(cm) − 150] ÷ 2 + 50

150 cm 미만인 경우 : [신장(cm) − 100] × 1

- 신장 고려 없이 계산하는 경우

[신장(cm) − 100] × 0.9

대한당뇨병학회 산출법

남자 : IBW(kg) = [키(m)]^2 × 22

여자 : IBW(kg) = [키(m)]^2 × 21

② 비만도

현재체중과 표준체중의 차이를 표준체중으로 나누어 백분율로 나타낸다. 판정 기준은 표 2-6에 제시하였다.

$$\text{비만도} = \frac{\text{현재체중} - \text{표준체중}}{\text{표준체중}} \times 100$$

표 2-6 비만지수에 의한 판정

비만도	평가
-20 미만	매우 마름
-20 ~ -10	저체중
-10 ~ 10	정상
10 ~ 20	과체중
20 이상	비만

③ 상대체중(% IBW)

비체중, 표준체중 백분율이라고도 한다. 현재체중 정도를 평가하는 방법으로 저체중, 정상체중, 비만 정도 등을 판단할 수 있다. 표준체중 백분율에 따른 평가 기준은 표 2-7에 제시하였다.

$$\% \text{ 표준체중} = \frac{\text{현재체중}}{\text{표준체중}} \times 100$$

표 2-7 상대체중에 의한 판정

% 표준체중	평가
<80	매우 마름
80~89	저체중
90~109	정상
110~120	과체중
≥120	비만

4) 머리둘레

출생 후 2년까지 두뇌의 정상적인 성장 상태 및 영양 상태를 반영하는 지표이다. 머리둘레는 생후 1년 사이 정상적인 성장 상태 반영 지표로 생후 12개월까지 증가 속도가 빠르며, 이후 비교적 완만하게 증가한다. 머리둘레를 통해 성장 지연, 만성적 단백질-에너지 결핍 및 정도를 판정할 수 있다. 출생 후 2년 이후부터는 머리둘레의 증가가 서서히 일어나므로 영양판정에 이용하지 않는다. 출생 초기의 심각한 영양 결핍 시 머리둘레 측정치가 표준치보다 낮게 나타난다.

(1) 측정

측정법은 부드러운 줄자를 이용하여 머리 뒷부분(후두부)의 제일 돌출된 부위와 눈썹 바로 위 이마의 돌출 부위의 둘레로 머리둘레가 최대가 되는 값을 mm 단위까지 측정한다(그림 2-11).

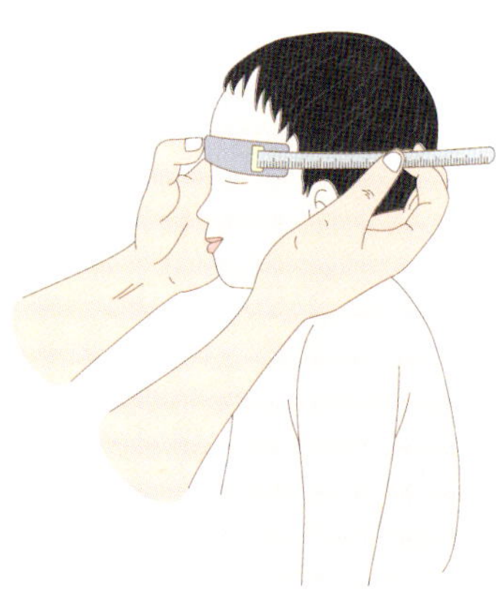

그림 2-11 머리둘레 측정법

(2) 판정

측정치는 연령별, 성별로 한국인 소아발육표준치와 체위 참고치(그림 2-12, 부록 1), WHO의 성장표준치 등과 비교하여 평가한다. 즉 표준치(참고치)에 대한 백분율을 구하거나 어느 백분위수(percentile)에 속하는지 판정한다. 출생 초기에 영양 상태가 심하게 불량하면 머리둘레가 표준치보다 낮게 나타나므로 표준치와 비교함으로써 어린이의 성장 발달 및 영양 상태를 판정할 수 있다.

5) 골격 크기

골격 크기는 신장을 고려한 표준체중을 파악할 때 사용된다. 골격의 크기를 알면 제지방량 및 체지방량을 추정할 수 있다. 표준체중을 손목둘레나 팔꿈치두께를 이용하여 체격의 크기를 결정하는 것으로 더 정확하고 바람직한 범위를 반영할 수 있다.

(1) 손목둘레를 이용한 골격 크기

손목의 가장 가는 부분의 둘레를 가는 줄자를 이용하여 측정한다. 손바닥이 위를 향하게 오른손을 펴서 손의 힘을 뺀 다음 손목의 튀어나온 뼈의 앞쪽을 mm 단위로 측정한다(그림 2-13). 신장과 손목둘레 비율을 이용한 골격의 크기 판정 기준은 표 2-8과 같다.

$$\text{신장과 손목둘레 비율을 이용한 골격 크기} = \frac{\text{신장(cm)}}{\text{손목둘레(cm)}}$$

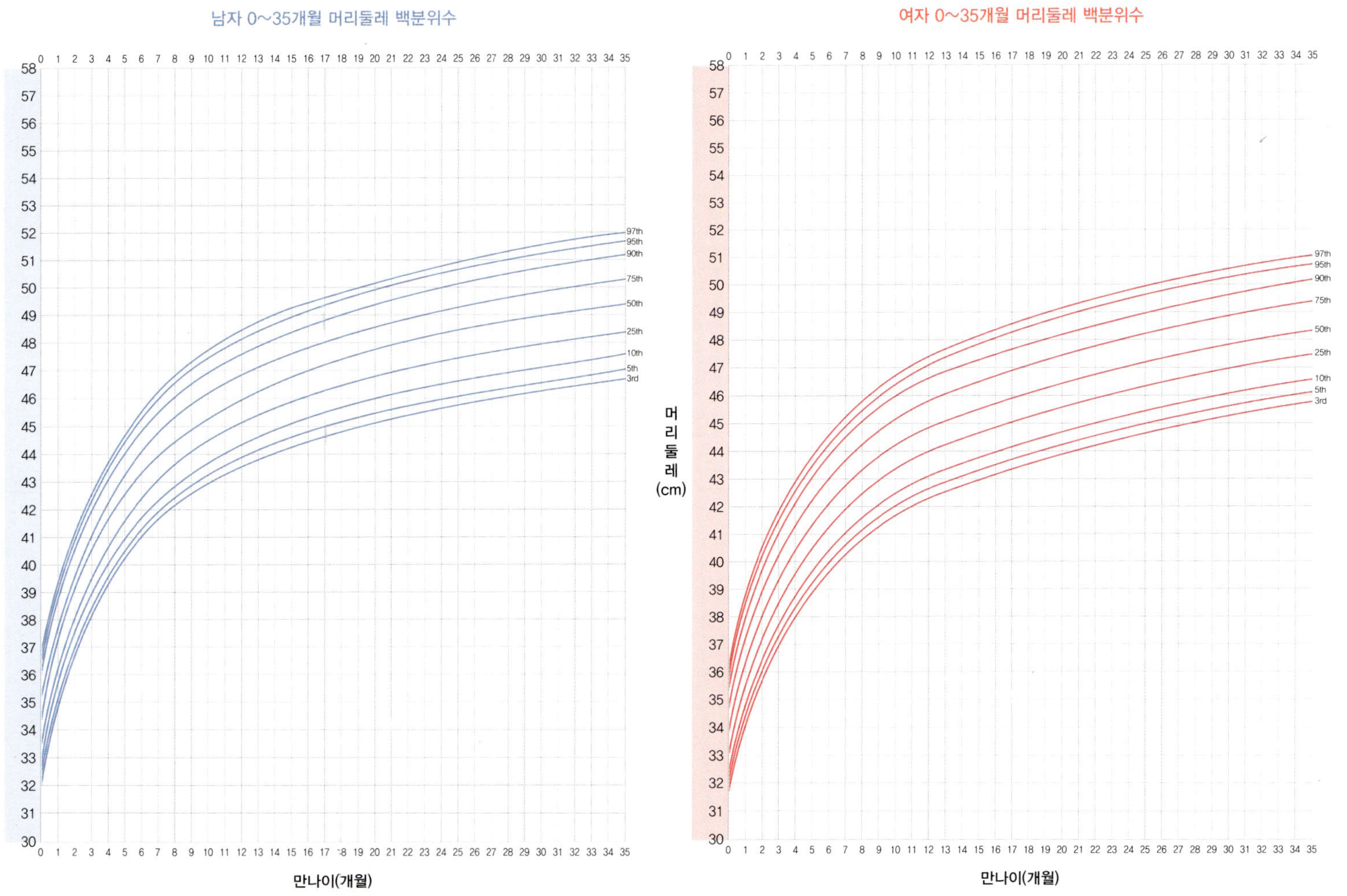

그림 2-12 연령별 머리둘레 백분위수 성장곡선(0~35개월)

자료 : 질병관리본부. 2017 소아청소년 성장도표. 2017

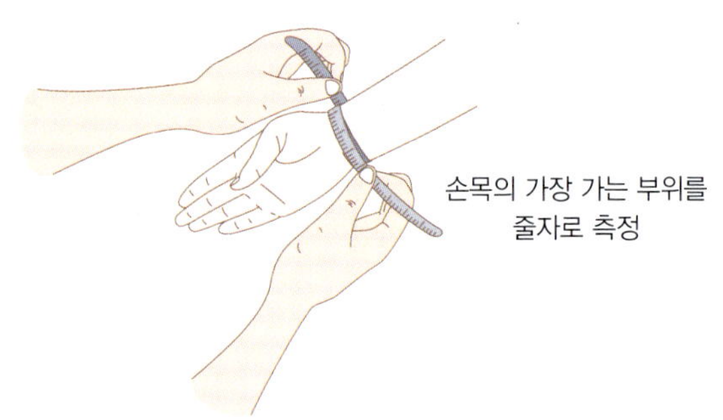

그림 2-13 손목둘레 측정법

표 2-8 신장과 손목둘레 비율을 이용한 골격의 크기

체격 크기	신장과 손목둘레 비율	
	남자	여자
대	<9.6	<9.9
중	9.6~10.4	9.9~10.9
소	>10.4	>10.9

자료 : Lee RD, Nieman DC. *Nutritional Assessment*, 4th ed. McGraw Hill, New York. 2006

신장과 손목둘레 비율을 구한 후 골격 크기를 구하고 골격 크기가 대(large)일 경우 표준체중을 구한 수치에 10%의 체중을 가산하고, 골격 크기가 소(small)일 경우 그 수치에 10%를 줄여 표준체중을 구한다.

골격 크기가 큰 경우 : 표준체중 = [(신장cm − 100) × 0.9] + 10%

골격 크기가 중간인 경우 : 표준체중 = (신장cm − 100) × 0.9

골격 크기가 작은 경우 : 표준체중 = [(신장cm − 100) × 0.9] − 10%

(2) 팔꿈치두께를 이용한 골격 크기

팔꿈치두께는 손목둘레보다 더 정확하게 골격 크기를 반영한다. 팔꿈치두께의 측정은 바로 선 자세에서 오른쪽 팔을 바닥과 평행이 되게 들어 팔꿈치를 90° 구부리고 손가락을 펴고 손바닥을 얼굴로 향하게 한 다음 캘리퍼스로 뼈 넓이를 mm 단위로 측정

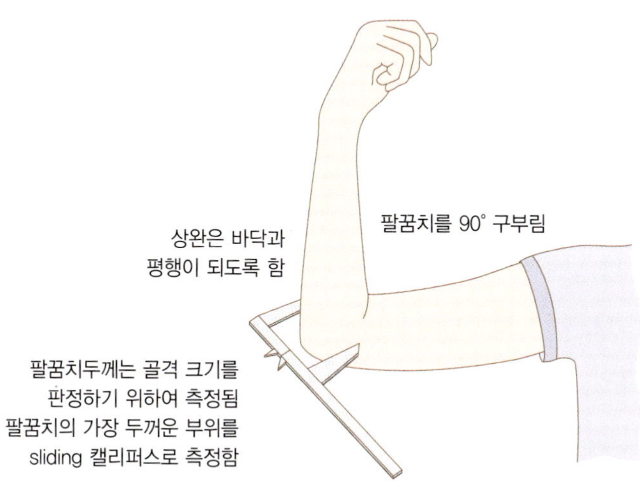

그림 2-14 팔꿈치두께 측정법

한다(그림 2-14). 팔꿈치두께를 이용한 골격의 크기 판정 기준은 표 2-9와 같다.

표 2-9 팔꿈치두께에 의한 골격의 크기

신장(cm)		대(mm)	중(mm)	소(mm)
남자	155~158	>73	64~73	<64
	159~168	>73	67~73	<67
	169~178	>76	70~76	<70
	179~188	>79	70~79	<70
	≥189	>83	73~83	<73
여자	145~148	>64	57~64	<57
	149~158	>64	57~64	<57
	159~168	>67	60~67	<60
	169~178	>67	60~67	<60
	≥179	>70	64~70	<64

자료 : The Metropolitan Life Insurance Company. Metropolitan height and weight tables. 1983

3. 신체 구성 성분 측정 및 판정

신체 구성 성분은 체지방(fat mass)과 제지방(fat free mass)으로 분류할 수 있다. 체지방은 피하지방, 내장지방 그리고 조직에서 용매로 추출되는 지질을 의미한다. 제지방은 지방을 제외한 근육, 골격, 수분 등 지방이 없는 조직으로 구성된 부분이다.

1) 체지방량 측정

체지방은 필수지방과 저장지방으로 나눌 수 있다. 필수지방은 중추신경계, 골수 유선 등의 조성에 필요한 지방으로 표준 성인 남자 체중의 약 3%, 표준 성인 여자 체중의 약 9%를 차지하며, 저장지방은 남자 체중의 12%, 여자 체중의 15% 정도를 차지한다. 체지방량 측정을 위한 신체계측 방법은 피부두겹두께, 허리-엉덩이둘레비, 신체 여러 부위의 둘레 등이 있다. 한 번에 많은 사람을 조사해야 하는 역학조사 시에는 쉽고 간편한 신체계측법을 많이 이용한다. 그러나 체지방의 적은 변화를 정확히 측정하기가 힘든 단점이 있다.

(1) 피부두겹두께

체지방을 간접적으로 측정할 때 가장 많이 사용되는 방법이다. 피부두겹두께(skinfold thickness)는 정확히 측정하면 수중 체중 측정법과 상관관계가 높다. 임상조사에서 가장 많이 쓰이는 체지방비율 산정법 중 하나이다. 그러나 개인별로 체지방 분포가 다른 경우 정밀도에 영향을 미치며, 또 측정자에 따라 측정값이 달라지고 훈련되지 않을 경우 재현도가 낮은 단점이 있다. 따라서 신체 여러 부위에서 피부두겹두께 측정을 실시하는 것이 바람직하며, 최소한 3곳 이상 측정하는 것을 권장한다(그림 2-15).

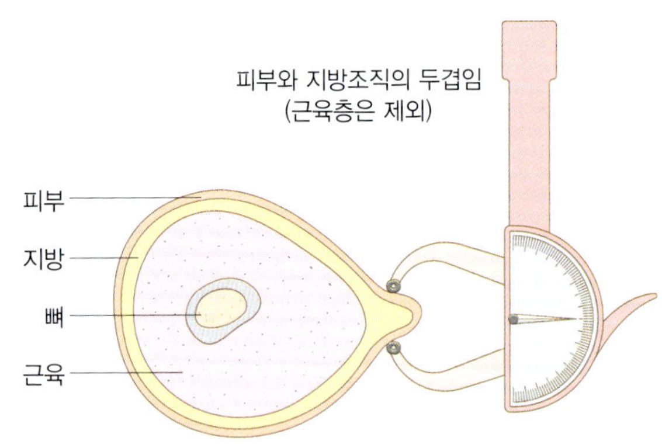

그림 2-15 캘리퍼스를 이용한 피부두겹두께 측정

알아두기 **피부두겹두께 활용 가설**

- 피부와 피하지방 조직의 두겹두께는 일정한 압축성을 가지고 있다.
- 피부의 두께는 무시할 만하거나 일정하다.
- 피하지방 조직의 두께는 개인 내 또는 개인 간에 일정하다.
- 지방조직의 지방 함량은 일정하다.
- 피하지방과 신체 내부지방의 비는 일정하다.
- 체지방은 균일하게 분포되어 있다.

① 부위별 측정

피부두겹두께를 측정하기 위해서는 측정 부위와 정확한 측정 방법이 중요하다. 캘리퍼스는 접힌 피부와 직각이 되도록 집고 숫자 면을 위쪽으로 잡는다. 0.5 mm까지 읽고 같은 부위를 적어도 2번 측정하며, 측정값의 차이가 1 mm 이하가 바람직하다. 정확한 측정을 위해 조사자는 측정 부위를 표시한 후 측정하는 것이 오차를 줄일 수 있으며 훈련과 반복을 통해 정확도를 높일 수 있다.

삼두근 피부두겹두께(triceps skinfold thickness)

오른쪽 팔 뒤 삼두근과 직각으로 측정한다. 똑바로 서서 팔을 90° 각도로 구부린 다

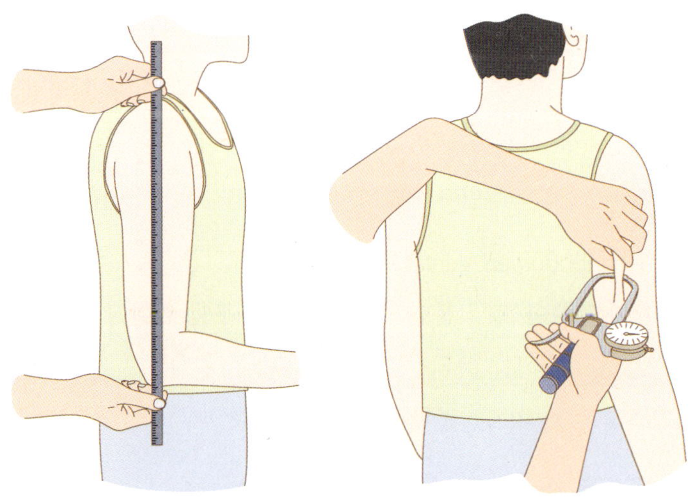

삼두근 피부두겹두께 측정 시 팔꿈치 돌기와 어깨 견봉돌기의
중간 부위를 표시한 후 측정함

그림 2-16 삼두근 피부두겹두께

음 어깨의 위쪽 꼭짓점과 팔꿈치의 중간 부위를 측정점으로 한다. 팔을 자연스럽게 늘어뜨린 상태에서 측정점의 위쪽 1 cm 떨어진 곳을 한 손으로 잡고 직각으로 측정한다(그림 2-16).

이두근 피부두겹두께(biceps skinfold thickness)

팔을 자연스럽게 내려뜨리고 손바닥을 앞으로 향하게 한다. 삼두근 측정 부위와 같은 지점의 팔 앞면을 측정점으로 한다(그림 2-17).

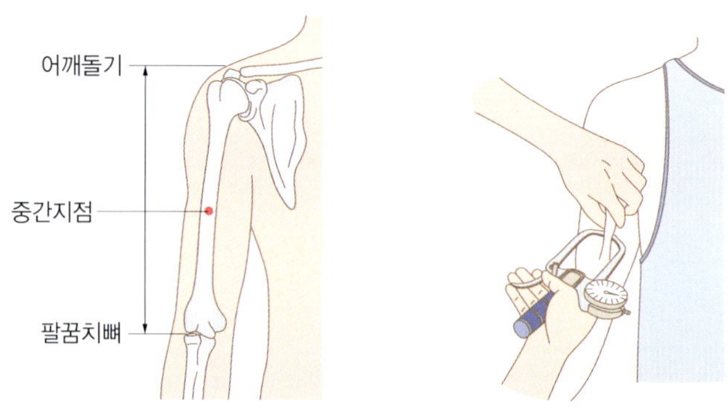

그림 2-17 이두근 피부두겹두께

견갑골 하부 피부두겹두께(subscapular skinfold thickness)

조사 대상자의 손을 등 뒤로 올려 정확한 견갑골의 위치를 확인한다. 이후 어깨와 팔을 자연스럽게 내리고 반듯하게 서 있도록 하고, 견갑골의 가장 아래 각진 곳에서 1 cm 아래 떨어진 곳을 측정점으로 한다. 측정점에서 45° 각도로 비스듬히 위쪽으로 1 cm 떨어진 부위를 잡고 측정한다(그림 2-18).

복부 피부두겹두께(abodomen skinfold thickness)

바로 서서 양발에 체중이 고루 분산되도록 한다. 복부를 이완시켜 편하게 숨 쉬게 한 다음 배꼽 중심 3 cm 떨어진 곳에서 1 cm 아래가 측정점이다. 측정점에서 위쪽으로 1 cm 떨어진 부위를 잡고 직각으로 측정한다(그림 2-19).

장골 상부 피부두겹두께(suprailiac skinfold thickness)

옆중심선에서 장골(엉덩이뼈) 상부의 바로 위의 약간 앞쪽이 측정점이다. 이 부위의 근육과 피부는 대각선으로 축을 이룬다. 조사 대상자는 발을 모은 자세로 바로 서서

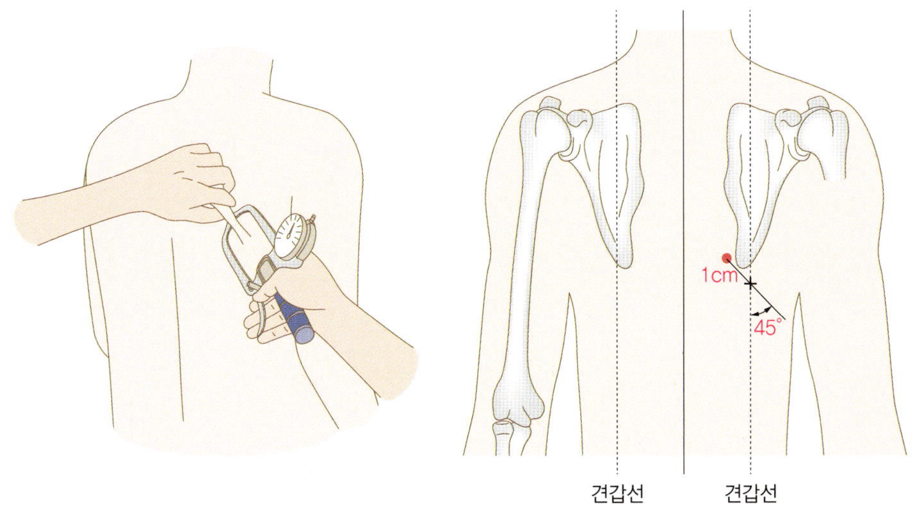

그림 2-18 견갑골 하부 피부두겹두께

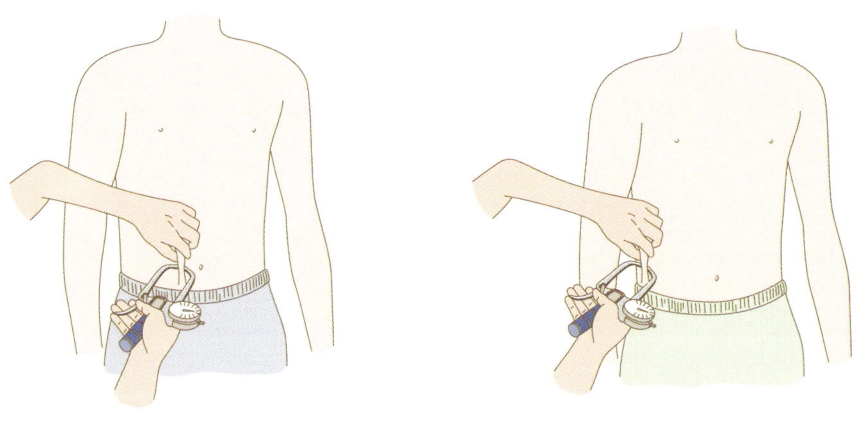

그림 2-19 복부 피부두겹두께

그림 2-20 장골 상부 피부두겹두께

팔을 옆으로 늘어뜨린다. 측정 시 측정하고자 하는 쪽의 팔을 뒤로 돌리게 한다. 측정점에서 뒤쪽으로 1 cm 떨어진 부위를 45° 각도로 비스듬히 잡고 옆중심선 위치에서 측정한다(그림 2-20).

허벅지 피부두겹두께(thigh skinfold thickness)

사타구니(서혜부) 접히는 끝 부위와 무릎뼈(슬개골)의 앞중심점 사이의 중간점이 측정점이다. 오른쪽 측정 시에는 체중이 약간 왼쪽 발에 실리게 하고, 오른쪽 발바닥은 바닥에 닿은 채로 무릎을 약간 구부려 측정한다. 측정점에서 위쪽으로 1 cm 떨어진 부위

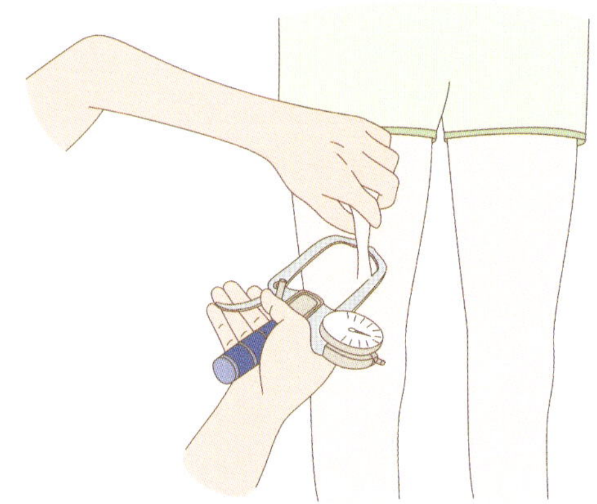

그림 2-21 허벅지 피부두겹두께

를 잡고 직각으로 측정한다(그림 2-21).

옆중심선 부분 피부두겹두께(midawilary skinfold thickness)

겨드랑이의 중심 수직선과 흉골검 결합 부위와 수평으로 만나는 곳을 측정점으로 한다. 조사 대상자는 바로 서서 팔을 약간 뒤로 젖히게 한 다음 측정한다. 측정점보다 등쪽으로 1 cm 떨어진 부위를 수평으로 잡고 직각으로 측정점을 측정한다(그림 2-22).

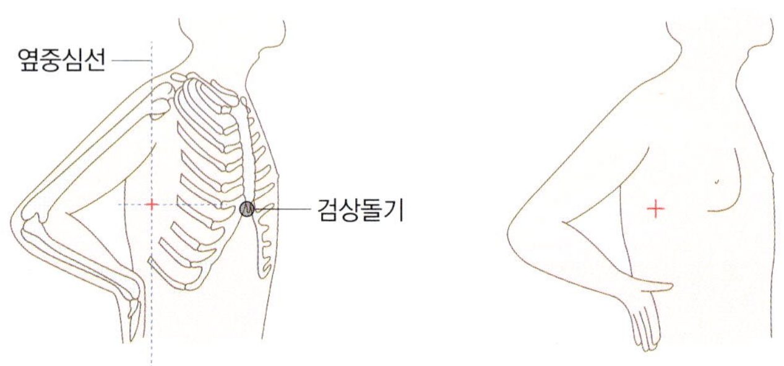

그림 2-22 옆중심선 부분 피부두겹두께

가슴 피부두겹두께(chest or pectoral skinfold thickness)

겨드랑이 앞쪽 부위 제일 위쪽에서 젖꼭지에 이르는 선상 겨드랑이 가까운 곳이 측정점이 된다. 겨드랑이 위쪽에서 피부층을 잡고 잡은 손끝에서 1 cm 떨어진 곳을 캘리퍼스로 측정한다(그림 2-23).

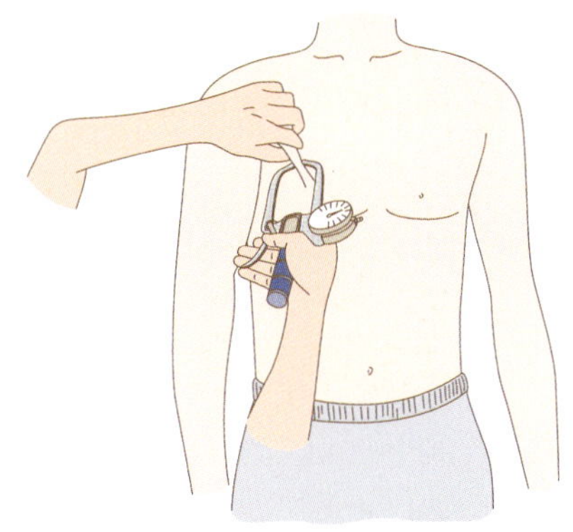

그림 2-23 가슴 피부두겹두께

장딴지 피부두겹두께(medial calf skinfold thickness)

조사 대상자는 의자에 앉은 상태에서 발바닥은 바닥에 닿게 하고 무릎은 90°가 되도록 한다. 장딴지의 안쪽 중심 부위를 측정점으로 한다. 측정점 1 cm 위쪽의 피부를 잡고 직각으로 두께를 측정한다(그림 2-24).

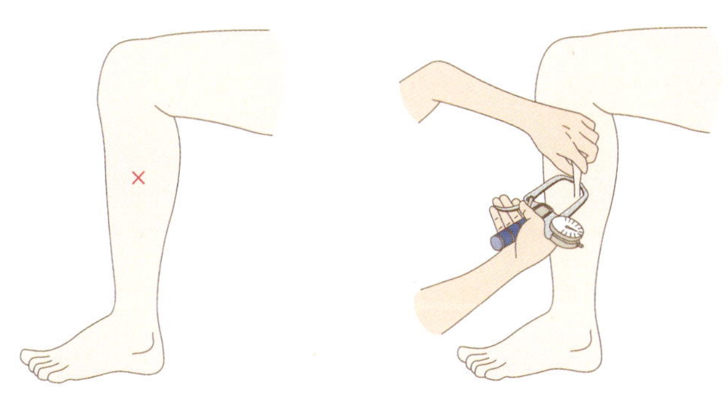

그림 2-24 장딴지 피부두겹두께

② 체지방량 추정

피부두겹두께 측정으로부터 체지방량을 추정하고자 할 때는 한 부위를 측정한 후 기준치와 비교해 보는 방법, 두 부위를 측정하여 체지방 기준표와 비교해 보는 법 또는 세 부위 이상의 측정값을 이용한 수식으로 체지방량을 구하는 방법 등을 사용한다.

한 부위 측정 방법

한 부위만 측정하여 체지방을 추정하려면 체내 총피하지방량을 대표할 수 있는 부위여야 한다. 한 부위를 측정할 때 가장 많이 측정하는 부위는 삼두근이다. 삼두근 피부두겹두께 측정은 손쉽게 측정할 수 있어서 많은 인원을 대상으로 할 때 사용한다. 그러나 피하지방은 모든 부위에 고루 분포되어 있지 않으므로, 여러 부위를 측정하는 것이 영양판정에 더 정확하다.

두 부위 측정 방법

두 부위의 피부두겹두께에 의한 체지방량의 측정에는 삼두근과 견갑골 하부의 피부두겹두께의 합을 이용하여 판정한다. 이 방법이 다른 체지방 측정법과 높은 상관관계를 보이고 신체 다른 부위보다 정확하며, 이 측정치를 비교할 수 있는 기준이 있다는 장점이 있다. 이외에 삼두근과 장딴지의 피부두겹두께의 합을 이용한 기준도 개발되었다.

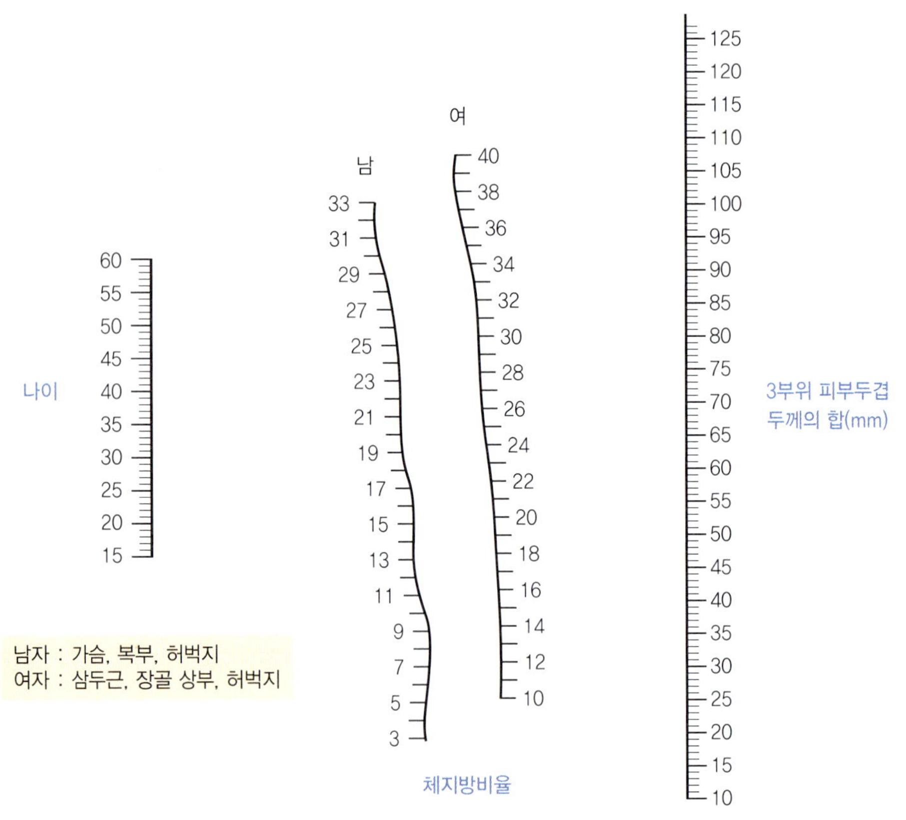

그림 2-25 피부두겹두께 3부위 합으로부터 계산된 체지방 값

여러 부위 측정 방법

세 부위 이상을 측정할 경우에는 연령, 성별, 인구 집단에 적합한 부위를 선정하여 피부두겹두께를 측정한다. 남자는 가슴, 복부, 허벅지의 합(mm)을, 여자는 삼두근, 장골상부, 허벅지의 합(mm)을 주로 측정하여 체지방률을 계산한다. 체지방률이 구해지면 이를 기준치와 비교하여 판정한다(그림 2-25).

(2) 허리-엉덩이둘레비

체지방 분포는 비만 및 건강 관련성이 크다. 체지방량이 정상이어도 복부 비만, 특히 내장지방이 많은 경우 비만 관련 질병 발생 위험이 증가한다. 허리-엉덩이둘레비(waist-hip ratio, WHR)는 체지방의 분포, 특히 피하지방과 복강 내 지방의 분포를 잘 반영하며 AGR(abdominal-gluteal ratio)이라고도 한다. 특히 허리-엉덩이둘레비는 건강상의 위험, 즉 질환의 이환율을 예견하는 유용한 지표인데 심장순환계 질환, 뇌졸중, 당뇨병, 호르몬 관련 여성암 등의 발병 위험률과 상관관계가 높다(표 2-10).

표 2-10 허리-엉덩이둘레비의 질병 발생 위험도 판정 기준

구분	연령	질병 발생 위험도			
		낮은 위험도	보통 위험도	높은 위험도	매우 높은 위험도
남자	20~29	<0.83	0.83~0.88	0.89~0.94	>0.94
	30~39	<0.84	0.84~0.91	0.92~0.96	>0.96
	40~49	<0.88	0.88~0.95	0.96~1.00	>1.00
	50~59	<0.90	0.90~0.96	0.97~1.02	>1.02
	60~69	<0.91	0.91~0.98	0.99~1.03	>1.03
여자	20~29	<0.71	0.71~0.77	0.78~0.82	>0.82
	30~39	<0.72	0.72~0.78	0.79~0.84	>0.84
	40~49	<0.73	0.73~0.79	0.80~0.87	>0.87
	50~59	<0.74	0.74~0.81	0.82~0.88	>0.88
	60~69	<0.76	0.76~0.83	0.84~0.90	>0.90

자료 : Heyward VH, Stolareyzk LM. *Anthropometric method: applied body composition assessment.* Champaign: Human Kinetics, 76-85. 1996

① 측정

허리둘레는 양발을 25~30 cm 정도 간격으로 벌려 체중을 분산한 후 선 상태에서 복부를 가볍게 이완시키고 정상 호흡 상태에서 측정 시에는 숨을 가볍게 내뱉는다. 갈비뼈 맨 아래와 장골능 사이의 중간 부위인 가장 작은 둘레를 줄자로 느슨하게 돌려 mm 단위까지 측정한다.

엉덩이둘레는 허리둘레 측정과 동일하며, 조사 대상자의 엉덩이 가장 튀어나온 부분을 중심으로 피부가 눌리지 않도록 수평이 되게 측정한다.

② 판정

체중은 감소하지 않고 허리둘레만 감소되어도 당뇨병, 고혈압, 심장순환계 질환 등 비만 관련 질환의 위험도가 유의하게 저하되기 때문에 복부 비만의 평가에는 허리-엉덩이둘레비보다도 허리둘레가 더 유용할 수도 있다. 대한비만학회(2000)에서는 아시아 성인 비만 관련 대사 질환의 위험도가 증가하는 허리둘레를 남자의 경우 90 cm, 여자의 경우 85 cm를 기준으로 제시하고 있다. 최근 대한비만학회 비만 진료지침(2018)에서는 체질량지수와 허리둘레에 따른 동반 질환의 위험도에 대해 표 2-11과 같이 발표하였다. 허리-엉덩이둘레비는 남자의 경우 0.95 이상, 여자의 경우 0.85 이상이면 복부 비만으로 판정한다(표 2-12).

표 2-11 한국인에서 체질량지수와 허리둘레에 따른 동반 질환 위험도

분류	체질량지수(kg/m^2)	허리둘레에 따른 동반 질환의 위험도	
		<90 cm(남자) <85 cm(여자)	≥90 cm(남자) ≥85 cm(여자)
저체중	<18.5	낮다	보통
정상	18.5~22.9	보통	증가
위험체중	23~24.9	증가	중등도
1단계 비만	25~29.9	중등도	고도
2단계 비만	≥30	고도	매우 고도

자료 : 대한비만학회. 2018 비만 진료지침. 2018

표 2-12 허리-엉덩이둘레비의 복부 비만 판정 기준

구분	허리둘레	허리-엉덩이둘레비
남자	90 cm 이상	0.95 이상
여자	85 cm 이상	0.85 이상

2) 제지방량 측정

제지방조직은 단백질, 무기질, 수분 복합체로 단백질이 저장되어 있는 주된 장소는 근육으로 근육단백질량을 파악하면 신체의 단백질 저장 상태를 알 수 있다. 상완둘레, 상완근육둘레, 상완근육면적이 전체 근육량과 상관관계가 높다.

상완근육둘레나 상완근육면적은 상완둘레와 삼두근 피부두겹두께 측정에 의해 계산한다. 상완근육둘레나 상완근육면적은 총근육량과 상관관계가 있어 단백질 영양 상태를 판정하는 데 이용된다. 그러나 상완근육둘레 및 상완근육면적과 제지방량과의 상관관계는 일정하지가 않아 총근육량의 작은 변화까지는 측정할 수 없는 어려움이 있다. 하지만 상완근육둘레 및 상완근육면적 측정은 만성 영양불량이나 영양 과잉의 판정, 장기적 영양 공급에 따른 신체 구성 성분의 변화, 영양 중재 프로그램의 효과 판정 등에 유용하다.

(1) 상완둘레

상완은 근육조직과 피하지방 및 골격으로 구성되어 있다. 골격은 비교적 일정하게 유지되므로 상완둘레의 변화는 근육과 피하지방량의 변화를 의미한다. 상완둘레(mid-upper arm circumference, MAC) 측정은 유연하면서도 늘어나지 않는 줄자를 사용한다.

① 측정

조사 대상자를 똑바로 서게 하고 팔을 90° 각도로 구부린 상태에서 어깨뼈와 팔꿈치 중간 지점에 중심점을 찍고 측정한다. 손바닥을 몸 쪽으로 펴서 팔을 편안히 내려뜨리게 한다. 중심점 둘레를 조이지 않고 부드럽게 수평으로 둘러서 mm 단위까지 측정한다. 특히 저개발 국가의 아동에서는 대체로 피하지방의 양이 매우 적어 상완둘레의 변화가 근육량과 비례하므로 단백질-에너지 영양불량이나 영양실조, 기아 상태 등의 진단에 유용하게 사용된다.

② 판정

연령별, 성별 한국인 소아청소년 상완둘레 백분위수 체위 참고치 등과 비교하여 판정한다. 1~5세 어린이 판정 기준은 13.5 cm 이상은 정상, 12.5~13.5 cm는 약간 저영양 상태, 12.5 cm 이하이면 영양 결핍으로 분류한다. 성인의 경우 한국인 인체치수조사의 연령별 참고치와 비교한다. 상완둘레의 백분위수는 표 2-13과 같다.

(2) 상완근육둘레

상완(위팔)은 가운데 골격, 근육과 피하지방으로 구성되어 있다. 상완근육둘레(mid-upper arm muscle circumference, MAMC)는 상완둘레(MAC)와 삼두근 피부두겹두께(TSF)에 의해 계산한다. 상완둘레에서 피하지방의 두께로 계산한 지방의 면적을 빼면 상완근육둘레가 된다. 상완근육둘레는 체단백질량을 반영하나 작은 변화를 파악하는 데는 적합하지 않다.

$$\text{MAMC} = \text{MAC} - \pi \times \text{TSF}$$

(3) 상완근육면적

상완근육면적(arm muscle area, AMA)은 상완둘레(MAC)와 삼두근 피부두겹두께(TSF)에 의해 구하는데 상완둘레보다 근육량의 변화 정도를 더 정확하게 나타내 준다. 상완근육면적은 상완의 단면이 원이고, 삼두근 피부두겹두께가 평균 지방층 두께의 두 배이며, 단백질-에너지 영양불량 시 뼈의 위축이 근육 소모량과 비례한다는 것을 전제로 계산한 것이다.

$$\text{AMA} = \frac{[\text{MAC} - (\pi \times \text{TSF})]^2}{4\pi}$$

(4) 장딴지둘레

장딴지둘레(calf circumference)와 장딴지 피부두겹두께의 측정치로부터 장딴지근육면적을 계산할 수 있다. 의자에 앉은 상태에서 발바닥은 바닥에 붙이고, 무릎이 90°가 되도록 다리를 구부린 상태에서 장딴지의 가장 큰 둘레를 줄자로 mm 단위까지 측정한다. 상완둘레와 마찬가지로 장딴지둘레와 한국인 인체치수조사 결과 보고된 백분위수는 표 2-13과 같다.

(5) 허벅지둘레

허벅지둘레(thigh circumference)는 사타구니의 접히는 끝 부위와 무릎뼈 사이의 가운데 부분을 줄자로 mm 단위까지 측정한다. 한국인 인체치수조사 결과 보고된 백분위수는 표 2-13과 같다.

표 2-13 한국인 성인의 상완둘레, 장딴지둘레, 허벅지둘레 참고치

(단위 : mm)

구분	연령(세)	백분위수													
		남자							여자						
		5th	10th	25th	50th	75th	90th	95th	5th	10th	25th	50th	75th	90th	95th
상완둘레	20～24	261	270	287	305	326	349	363	215	220	235	249	265	282	300
	25～29	270	281	296	314	334	354	369	217	221	237	253	268	289	312
	30～34	273	283	301	320	340	356	370	226	231	247	260	277	295	312
	35～39	275	285	302	320	340	355	368	230	236	250	268	285	306	325
	40～49	272	282	300	316	333	355	369	235	242	256	273	290	308	325
	50～59	271	280	292	305	325	350	360	247	253	264	280	297	316	324
	60～69	257	268	288	304	324	339	349	249	258	268	281	297	314	327
장딴지둘레	20～24	332	344	360	378	398	415	430	308	316	329	345	361	376	391
	25～29	335	348	365	384	404	425	437	307	315	328	342	359	381	399
	30～34	347	357	370	386	407	425	437	304	313	330	343	361	376	396
	35～39	333	345	363	382	402	421	429	315	321	332	347	366	384	396
	40～49	335	343	362	381	401	416	428	310	318	334	350	369	385	398

(계속)

구분	연령(세)	백분위수													
		남자							여자						
		5th	10th	25th	50th	75th	90th	95th	5th	10th	25th	50th	75th	90th	95th
	50~59	328	335	354	367	385	401	411	307	315	327	343	360	375	389
	60~69	310	323	341	360	380	399	408	307	315	327	340	358	374	383
허벅지둘레	20~24	458	471	493	525	555	591	605	431	442	464	491	520	550	575
	25~29	464	480	508	535	563	596	612	429	442	464	495	523	553	584
	30~34	472	481	508	540	568	593	605	431	444	465	496	521	549	584
	35~39	461	471	502	532	552	578	594	446	454	470	494	528	565	588
	40~49	450	473	492	514	540	568	584	441	450	465	492	517	543	566
	50~59	444	457	475	497	522	548	563	424	437	455	484	506	530	554
	60~69	417	433	461	488	510	535	552	417	429	451	478	504	528	547

자료 : 국가기술표준원. 제7차 한국인 인체치수조사 사업보고서. 2015

3) 신체 구성 성분의 기기 분석 방법

신체 구성 성분은 영양 상태의 변화에 따라 달라지므로 바람직하지 못한 영양 상태를 나타내는 조기 지표가 될 수 있다. 그러나 영양 상태가 좋은지 최적 이하의 상태인지 명확한 구별이 어려우므로 한 가지 이상의 조사를 통해 판정하는 것이 좋다.

(1) 생체전기저항 측정법

생체전기저항 측정법(bioelectrical impedance analysis, BIA)은 인체에 전류를 통과시키면 수분에 전해질이 녹아 있는 조직(대부분의 제지방조직)은 전류를 전도하나, 지방이나 세포막 같은 비전도성 조직에 의해서는 저항이 나타나는 것을 이용한 것이다. 사람에게 해가 없고 느끼지 못하는 약한 교류(50 KHz, 800IA)를 조사 대상자의 손과 발에 장치한 4개의 전극을 통해 내보낸 후 되돌아오는 저항을 측정한 다음 신장, 체중, 성별에 따라 회귀방정식을 이용하여 체수분량, 제지방량 및 %체지방을 계산한다(그림 2-26). 요즘 BIA 측정기기는 이 공식이 내장되어 있으므로 자동 계산해 준다. 측정 방법이 비교적 편리하며 기기 운반이 가능하고, 다른 기기에 비해 범위가 넓은 집단을 조사할 경우에

그림 2-26 전기저항을 이용한 측정기계

적당하다.

표준 성인의 체지방 기준치를 정확히 나타내는 것은 매우 어려우며, 체지방량을 정확히 계산하는 것도 어려운 일이다. 일반적으로 표준 성인의 %체지방량은 남자가 8～15%, 여자가 13～23%이다(표 2-14).

표 2-14 성인의 %체지방 기준표

구분	남자	여자
마름	<8%	<13%
정상	8～15%	13～23%
약간 체중 과다	16～20%	24～27%
체중 과다	21～24%	28～32%
비만	≥25%	≥33%

자료 : Lee RD, Nieman DC. *Nutritional Assessment*, 4th ed. McGraw Hill, New York. 2006

(2) 수중 체중 측정법

수중 체중 측정법(underwater weighing, hydrostatic weighing)은 밀도법에서 가장 널리 쓰는 방법이다. 물속에서 체중을 측정한 후 신체의 밀도를 계산하여 신체 조성을 측정하는 방법이다. 신체는 지방조직과 제지방조직으로 구성되어 있고 이들의 밀도가 다르다는 가정에서 실시한다. 제지방조직은 일정량의 수분을 함유하고 있고 근육에 대한 뼈의 무기질 비율이 일정하며, 체지방 밀도는 0.90 g/cm^{3}이고 제지방조직의 밀도는 1.10 g/cm^{3}라는 가정에서 측정하는 방법이다. 체지방이 적고 근육이 많은 사람은 체지방이 많은 사람보다 물속에서의 체중이 더 많이 나가게 되어 뼈와 근육의 밀도가 높은 운동선수에게는 체지방량이 낮게 산정될 수 있고, 골밀도가 낮은 노인은 체지방량이 높게 산정될 수 있는 단점이 있다. 또 한 번에 많은 사람을 측정하기도 어렵고 조사 대상자를 잘 훈련해야 하며, 측정을 위한 특수한 장비가 필요하므로 경비도 많이 들어 현재는 실험실에서 사용되고 있다.

(3) 총체수분량 측정법

총체수분량 측정법은 수분은 제지방조직에만 있고 제지방조직의 평균 수분 함량은 약 73.2%라는 가정에서 측정하는 방법이다. 체지방에는 수분이 없다. 총체수분량은 동위원소 희석법을 사용하여 측정할 수 있다. 중수소, 삼중수소, 산소와 같은 방사선 동위원소를 경구적으로 또는 비경구적으로 투여하여 동위원소가 몸의 수분 평형을 유지할 수 있는 일정 시간이 경과한 후 조사 대상자의 혈액, 소변 또는 침 등을 분석하여, 동위원소의 양이 체내 총수분량에 의해 희석된 정도로부터 총체수분량을 측정한다.

(4) 초음파 진단법

초음파 진단법은 밀도가 다른 근육조직과 지방조직의 경계면에서 초음파가 반사되는 원리를 이용하여 지방층과 근육층을 측정하는 방법이다. 방사능이 없어 안전하며 이동이 간편하다는 장점이 있으나, 비용이 많이 들고 측정 기술과 해석에 있어 숙련이 요구된다. 피부두겹두께로 측정하기 어려운 매우 비만한 사람의 신체 조성 측정을 위해 사용한다.

(5) 컴퓨터 단층촬영법

컴퓨터 단층촬영법(computed tomograph, CT)은 밀도가 다른 체조직에 x-ray beam이 통과하면서 나타나는 차이를 영상으로 만들어 내는 기법으로 의학적 진단의 목적으로 많이 사용한다. 복부를 컴퓨터 단층촬영하면 지방을 내장형과 피하형으로 구분할 수 있으며, 내장지방량을 알 수 있는 장점이 있다. 그러나 장비가 비싸고 시간과 비용이 많이 들며, 방사선 노출 위험이 있다.

(6) 자기공명영상법

자기공명영상법(magnetic resonance imaging, MRI)은 자기장을 이용한 고주파를 발생시켜 인체 내 각 조직과 구조물들의 공명 현상 차이를 계산하여 컴퓨터 영상화한 것으로 CT에 비해 영상이 좋으나 촬영 시간이 오래 걸리고 비용이 많이 드는 단점이 있다.

(7) 총칼륨량 측정법

인체에 있는 칼륨(세포 내액의 주된 양이온)의 90% 이상은 제지방조직에 존재하며, 칼륨의 0.012%는 자연적인 칼륨 동위원소(^{40}K)로 구성되어 있어 탐지 가능한 극미량의 고에너지 감마선을 방출하므로 감마선 탐지기를 이용하여 총칼륨량을 측정하면 신체 조성을 알 수 있다. 그러나 적은 양의 γ선을 측정할 수 있는 예민한 측정기기가 필요하며, 비용이 많이 들고 여러 어려움이 있어 널리 사용되지는 않는다.

CHAPTER 3

식사섭취조사

학습 목표

1. 개인을 대상으로 한 식사섭취조사법의 조사 방법, 장점 및 단점을 이해한다.
2. 집단을 대상으로 한 식사섭취조사법의 조사 방법, 장점 및 단점을 이해한다.
3. 식사섭취조사 자료로부터 영양소와 식품군의 섭취량을 구하고, 영양소, 식품 및 전체적인 식사의 측면에서 식사 섭취를 평가하는 방법을 익힌다.

1. 식사섭취조사

1) 식사섭취조사의 개요

(1) 의의 및 목적

식사섭취조사는 개인이나 특정 집단의 식품 섭취 상황을 정확히 파악하여 개인이나 집단의 영양 문제, 그로 인한 질병, 건강 문제를 판단하고, 건강 문제를 야기한 요인이 무엇인지 분석하여 그 문제 상황을 해결하기 위한 것이다. 식사섭취조사는 다른 어떤 조사 방법보다도 영양 상태를 파악하는 데는 가장 기본적인 도구라고 할 수 있다. 식사섭취조사 자료는 한 개인이나 특정 연령 집단 또는 지역별·계층별 식사 섭취 상태를 정확히 파악함으로써 국가적으로는 식량 수급 정책이나 보건 및 영양 정책을 계획하는 데 기초 자료로 활용할 수 있으며, 역학 연구의 일환으로 식사로 인한 질병의 원인을 알아내어 그 질병을 예방하거나 관리하는 데 이용할 수도 있다. 건강 증진을 위한 영양 프로그램의 결과 평가를 위해서 해당 대상에서의 식사섭취조사는 필수적이다.

또한 영양불량의 시작점은 영양소의 섭취 부족 또는 과잉과 같은 일차적 섭취 이상/영양소의 흡수 불량, 운반 장애 및 이용 장애와 같은 이차적 섭취 이상으로 볼 수 있는데, 식사섭취조사는 영양불량의 시작점을 판정할 수 있는 방법이라는 측면에서 영양판정에서 식사섭취조사가 가지는 중요성은 매우 크다.

(2) 장단점

① 장점

식사섭취조사의 장점 중 하나는 바로 특정 영양소의 상태 평가가 가능한 거의 유일한 방법이라는 것이다. 예를 들어, 칼슘은 혈중 칼슘 농도가 항상성을 유지하는 특징을 가지고 있어 생화학적 지표를 활용하는 것은 적절하지 않고, 따라서 식사섭취조사를 통하여 섭취하는 양을 산출하여 영양 상태를 평가하게 된다. 또한 식사섭취조사는 방법마다 측정할 수 있는 범위, 비용 및 정확성 등이 다를 수 있으나, 고가의 장비나 재료를 사용해야 하는 생화학적 조사에 비해서는 상대적으로 비용이 저렴할 수 있다는 장점이 있다. 그리고 식사섭취조사는 식품 데이터베이스에 존재하는 모든 영양소 섭취량을 평가할 수 있기 때문에 효율적이라는 장점도 존재한다.

② 단점

식사섭취조사를 수행할 때 많은 어려움이 생긴다. 첫 번째로는 대상자가 음식 및 식품의 섭취량에 대하여 응답 시 대상자의 인지력, 기억력 등에 따라 주관적으로 대답할 수 있다는 점이다. 두 번째로는 식사섭취조사자의 전문성에 따라 식사섭취조사의 결과에 영향을 받을 수 있는데, 식사섭취조사자가 바이어스(bias)를 가지고 조사를 하면 계통적 오류(systematic error)가 발생하기도 하고, 조사자가 음식의 조리 방법, 식재료, 분량 등 식사섭취조사에 대한 전문적인 지식이 부족한 경우 정확한 섭취량 조사가 어려울 수 있다. 세 번째로는 잘 구축된 식품 데이터베이스가 필요하다는 특징이 있다. 식사섭취조사는 섭취한 음식 및 식품을 조사한 후, 조사한 식품 내 함유한 영양소를 통해 판정하므로 식품 중 영양소 함량에 대한 정확한 데이터베이스가 요구된다. 따라서 식품 중 영양소 함량 데이터베이스의 관리 및 지속적인 보완이 매우 중요하다.

2) 식사섭취조사 방법

(1) 개인의 식사섭취조사

① 24시간 회상법

조사 방법 및 장단점

회상법은 조사 대상자의 기억에 의존하여 식품 섭취 상태를 조사하는 것으로 24시간 회상법, 3일 회상법, 7일 회상법 등이 있으나 조사 기간이 길어질수록 기억에 한계가 있어서 정확도가 떨어지기 때문에 주로 24시간 회상법을 사용하게 된다. 24시간 회상법은 개방형 조사 방법으로 조사 대상자는 면담 전날 24시간 동안 먹거나 마셨던 모든 식품에 대한 정보를 회상하여 응답한다. 이때 조사 내용은 섭취한 음식이나 식품의 종류와 양, 조리법, 식사 장소, 식사 시간 등이며, 필요한 경우 제품의 제조사, 상표명 등까지도 조사한다. 섭취한 모든 음식을 기억할 수 있도록 면접 과정을 진행해야 하며, 정규 식사 시간 외에 간식 등으로 섭취한 식품이나 음료도 답할 수 있도록 질문이 필요하다. 이때 무엇을 먹었느냐는 단순 질문보다는 하루 일과를 차례대로 질문하면서 음식 섭취와 관련된 내용에 대해 자세히 질문하는 것이 좋다. 면접 마지막 단계에서는 조사 대상자가 섭취한 모든 음식이 기록되었는지 확인하고, 다시 한 번 검토하는 것이 필요하다.

조사에 걸리는 시간은 보통 15～30분 정도이다.

24시간 회상법의 장점으로는 시간, 비용 등이 다른 방법에 비해 적게 소요되고, 훈련된 조사원이 면담을 통해 조사하므로 응답자의 교육 수준에 구애를 받지 않고, 조사 대상자의 부담도 적기 때문에 응답률이 높다는 점이 있다. 또한 무엇보다도 식사 후 회상을 통해 조사하기 때문에 조사로 인해 대상자들이 일상적인 식사 패턴을 바꿀 염려가 없다는 점이 있다.

24시간 회상법의 단점으로는 첫째, 개인의 기억에 의존하여 조사되므로 개인의 기억력의 정도에 따라 조사의 정확도가 달라질 수 있으며, 특히 대상자의 연령, 지능, 성별 등의 영향을 받게 된다. 예를 들어, 기억력이 좋지 않은 어린이나 노인의 경우 조사 결과가 정확하지 않을 수 있으며, 성별로 볼 때 여자가 남자보다 식품 재료, 섭취 분량, 조리법 등에 대한 지식이 많아 기억을 더 잘한다. 둘째, 특정 하루 24시간의 식사 섭취량을 조사하기 때문에 일상 섭취를 대표할 수 없다는 점이다. 개인의 식사는 매일 매일이 다르기 때문에 조사일이 주말이나 공휴일, 생일, 명절, 기념일 등에 해당하는 경우 섭취한 음식은 일상식을 대표할 수 없다. 셋째, 조사 결과가 조사자의 능력에 영향을 많이 받는 특징이 있다. 예를 들어, 조사 대상자는 기억에 의존하여 섭취량을 응답하기 때문에 잊고 말하지 못한 부분이 있을 수 있으므로 조사자는 대상자가 누락한 부분을 잘 회상할 수 있도록 도움을 줄 수 있는 스킬이 필요하다. 넷째, 조사 대상자가 보고하는 섭취량과 실제 섭취량이 다를 수 있다. 이는 조사 대상자가 섭취한 음식에 대해 정확히 말하지 않는 경우 나타날 수 있는데, 간혹 섭취량이 많은 경우 적게 말하고, 적게 섭

표 3-1 24시간 회상법의 장단점

구분	내용
장점	• 시간이 적게 소요된다. • 비교적 예산이 적게 소요된다. • 조사 대상자의 부담이 적다. • 조사 대상자의 식습관 변화를 가져오지 않는다. • 조사 대상자의 교육 수준에 영향을 받지 않는다.
단점	• 개인의 평상시 식품 섭취 자료를 얻기 어렵다. • 기억력에 의존한다. • 숙련된 조사자가 필요하다. • 보고된 섭취량과 실제 섭취량이 다를 수 있다(기울기 둔화 현상). • 주말, 계절별 섭취량의 차이가 크다.

취한 식품은 실제보다 많이 보고하는 경향이 나타나기도 하며, 이를 기울기 둔화 현상(flat-slope syndrome)이라고 한다. 24시간 회상법의 장단점은 표 3-1에 제시하였다.

알아두기 기울기 둔화 현상(flat-slope syndrome)

기울기 둔화 현상은 실제로 적게 섭취한 양은 높게 보고하고, 많이 섭취한 양은 낮게 보고하는 것을 의미한다. 그래프에서 실제 섭취량은 보고된 섭취량과 같은 것(Y=X)이 이상적이지만, 현실적으로는 24시간 회상법에서 많이 섭취한 사람은 적게 보고하였고(A 대상자), 적게 섭취한 사람은 많이 보고하여(B 대상자), 전체적으로 회귀곡선이 납작해지는(flat) 현상이 나타난다.

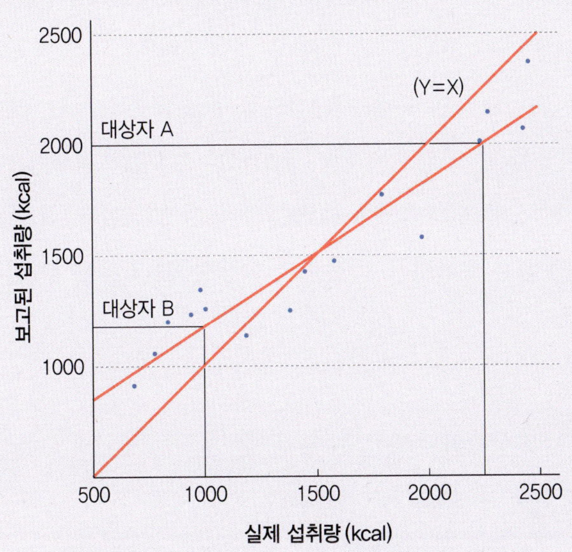

실제 열량섭취량과 보고된 열량섭취량과의 관계

자료 : Gersovitz et al. *J Am Diet Assoc.*, 73:48-55. 1978

조사 시 유의 사항

24시간 회상법 조사 시 유의 사항은 다음과 같다.

첫째, 조사자의 사전 훈련이 매우 중요하다. 24시간 회상법을 정확히 하기 위해서는 전문 지식(조리 방법, 식재료 및 분량 등)의 습득 및 면담을 자연스럽게 이끌어갈 수 있는 기술 역시 요구된다. 이때 조사자는 중립적 태도를 유지하고 회상 중 대상자 응답에 영향을 줄 수 있는 질문을 삼가야 한다. 또한 동일 조사에서 조사자가 여러 명일 경우 조사자 간 오차를 줄이기 위해서도 사전 훈련이 필요하다.

둘째, 정확한 섭취 자료를 얻기 위해서 24시간 회상법에 영향을 미치는 대상자 집단의 특성을 이해하고 이를 보완할 수 있는 도구 등을 잘 활용할 수 있어야 한다. 예를 들어, 노인의 경우 기억력의 저하로 인해 식사 섭취량을 부정확하게 응답할 수 있기 때문에 식사 모형, 사진, 그릇, 계량컵, 숟가락 등의 보조 도구를 사용하여 정확한 데이터를 얻도록 해야 한다. 반면 미취학 어린이의 경우 보호자의 도움이 필요하다.

셋째, 일상식에 근접한 데이터를 얻기 위해서는 하루(24시간)만 조사하는 경우 주말, 공휴일, 생일 등 특정한 날의 조사는 피해야 하며, 일간 변이(daily variation)를 줄이기 위해 수일간 조사하는 것도 하나의 보완 방법이 될 수 있다. 수일간 조사할 때는 비연속적으로 여러 날을 반복 조사할 수 있으며, 이때 주말과 주중의 식사 섭취는 다르기 때문에 주말과 주중이 조사일 수에 비례적으로 포함되도록 하는 것이 바람직하다. 넷째, 표준화된 조사 지침을 마련하는 것이 필요하다. 24시간 회상법은 개방형 조사이기 때문에 섭취한 음식의 양에 대해서 목측량을 다양하게 표현할 수 있다. 이때 섭취량을 목측량으로 표현할 때나 목측량을 중량으로 환산할 때 적용할 수 있는 표준화된 조사 지침이 필요하다.

알아두기 24시간 회상법의 추가 질문 예시

1. 특별한 이유로 인해 식사 조절을 하고 계십니까?

☐ ① 예 ☐ ② 아니오

1-1. (1번 문항에 '① 예'로 답한 경우) 그 이유는 무엇입니까?

☐ ① 질환이 있어서 (질환명 :) ☐ ② 체중을 조절하기 위해서

☐ ③ 기타 ( )

2. 어제 섭취하신 식사 분량은 평소의 식사에 비해서 어떨습니까?

☐ ① 평소에 비해서 많이 섭취하였다. ☐ ② 평소와 비슷하였다.

☐ ③ 평소에 비해 적게 섭취하였다.

3. 하루에 물(생수, 보리차, 결명자차, 옥수수차 등)을 얼마나 섭취하십니까?

( ) 컵(200 mL)

자료 : 보건복지부·질병관리본부. 국민건강영양조사 제8기(2019) 원시자료 이용지침서. 2021

조사 대상자 이름:
조사 날짜:
식사 섭취 날짜 및 요일:

식사 구분	시간	식사 장소	음식명	음식 섭취량 (목측량)	식품 재료명	식품 재료량
아침	8:00 am	집	쌀밥	2/3공기	백미	60 g
			쇠고기무국	1대접	쇠고기	20 g
					무	35 g
					참기름	0.5 g
			달걀 프라이	1개	달걀	60 g(1개)
					식용유	2.5 g(1/2작은술)
			오이무침	1접시	오이	35 g
					고추장	5 g
					식초	5 g
			배추김치	1접시	배추김치	40 g

(추가 질문)
회상하신 날의 식사가 평상시 식사와 비슷합니까? 예 / 아니오
만약 아니라면, 그 이유는 무엇입니까?
비타민이나 무기질 보충제를 복용하고 계십니까? 예 / 아니오
만약 드신다면, 그 종류는 무엇입니까?(가능하다면 제조회사, 상품명 등을 기입해 주세요)

그림 3-1 24시간 회상법 조사지의 예

② 식사기록법

조사 방법 및 장단점

식사기록법은 조사 대상자가 조사 기간 동안 식사를 할 때 섭취한 식품의 종류와 양을 직접 기록하는 방법으로 개방형 방법에 속한다. 그림 3-1에 제시한 24시간 회상법에 사용하는 양식을 그대로 이용하여 조사하면 된다. 조사 대상자는 섭취한 식품의 종류와 양, 상표명, 조리 방법 등 상세한 내용에 대하여 기록을 해야 하며, 조사 대상자가 식사를 준비할 때 직접 식품 종류별 분량을 측정하여 기록하는 것이 이상적이지만, 대부분의 경우에는 분량을 추정하여 기록하게 된다. 조사자는 조사 대상자가 기록한 내용들을 살펴보고 미비한 점이 없는지 확인하여야 한다.

식사기록법의 장점으로는 첫째, 기억력에 의존하지 않으므로 상세한 식사 섭취 자료를 얻을 수 있다. 조사 대상자가 식사 기록 시 식사 중 또는 식사 후 바로 섭취한 식품의 종류와 섭취량을 기록하기 때문이다. 둘째, 식사기록법은 다른 식사섭취조사 방법에 비하여 식사 섭취 상태를 비교적 정확하게 파악할 수 있다.

식사기록법의 단점으로는 첫째, 조사 대상자의 협력 및 능력이 매우 요구된다. 식사기록법에서는 조사 대상자 스스로 섭취한 식품의 종류와 양을 기록해야 하기 때문에 문맹이 아니어야 하며, 섭취한 분량에 대해 정확히 표현할 수 있는 능력이 요구된다. 둘째, 식사 섭취를 기록하는 과정이 식품의 섭취에 영향을 미칠 수 있다. 식사기록법에서는 조사 대상자에게 식사섭취조사를 한다고 알려 주고 식사 섭취를 기록하게 하기 때문에 의도적으로 평상시보다 많이, 또는 적게 섭취하거나 식품 선택을 바꿀 우려가 있다. 또한 식사를 기록하는 기간이 너무 길면 대상자의 부담이 커져 기록이 부정확해질 가능성이 있다(표 3-2).

조사 시 유의 사항

식사기록법은 섭취한 식품의 종류 및 양, 조리법 등에 대해 최대한 상세하게 조사 대상자가 직접 기록하여야 하기 때문에, 조사 대상자를 대상으로 섭취한 분량에 대해서 표현하는 방법을 사전에 상세히 교육하여야 한다. 이때 분량 사진이나 식기의 크기 등 분량을 추정하거나 기록하는 데 도움이 되는 도구를 미리 제공하는 것도 바람직하다. 또한 조사 전 조사 대상자가 식사 기록을 정확히 할 수 있는 대상자인지를 점검하는 것도 좋다. 어린이나 노인 등 스스로 기록하기 어려운 특정 대상자에게는 식사기록법을 적용하기 어려우며, 정확한 조사가 이루어지려면 조사에 참여하는 대상자의 협조가 매우 중요하다.

표 3-2 식사기록법의 장단점

구분	내용
장점	• 기억에 따른 오차를 줄일 수 있다. • 비교적 정확하고 상세한 식사 섭취 자료를 얻을 수 있다.
단점	• 조사 대상자의 교육 수준이 높고 협조가 잘 되어야 한다. • 조사 대상자의 부담이 크다. • 조사 대상자가 의도적으로 식사 형태를 바꿀 수 있다.

③ 식품섭취빈도법

조사 방법 및 장단점

식품섭취빈도법(food frequency questionnaire, FFQ)은 장기간에 걸쳐 목록에 제시된 식품(또는 음식)에 대해 얼마나 자주, 어느 정도의 양만큼 섭취하는지를 조사하는 방법으로, 보통 지난 1년간의 섭취 상태에 대해 조사한다. 따라서 장기간에 걸친 일상적인 섭취량을 파악할 수 있기 때문에 질적인 조사 방법에 해당한다. 또한 역학 연구에서 식사 섭취와 질병과의 관계를 알아보는 데 사용되기도 한다. 조사 시간은 일반적으로 15～30분가량 소요되며, 다른 식사조사 방법에 대하여 비교적 비용이 적게 드는 편이다.

식품섭취빈도법을 위해서는 우선 식품섭취빈도 조사지를 개발해야 하는데, 식품섭취빈도 조사지는 조사 대상자의 식품 섭취를 대표할 수 있는 식품 목록과 섭취 빈도, 1회 섭취 분량 등으로 구성되어 있다. 이때 식품 목록을 구성하는 일은 매우 중요하며, 연구의 목적과 조사 대상자의 특성에 부합하는 식품을 포함하여야 한다.

예를 들어, 칼슘 영양 상태를 조사하는 것이 목적이라면, 칼슘의 급원식품이거나 대상자 집단에서 칼슘 섭취에 기여도가 높은 식품이나 음식이 포함되어야 한다. 응답해야 하는 식품의 목록이 너무 길면 대상자의 부담이 커지므로, 식품섭취빈도조사의 식품 목록은 100개 내외 정도로 작성하는 것이 좋다. 또한 식품 목록을 제시할 때는 주된 영양소가 유사한 식품군이나, 섭취하는 형태가 유사한 음식군 등으로 묶어서 제시할 수 있다. 목록 중 식품의 섭취 빈도는 1일, 1주, 1개월, 1년을 기준으로 몇 회 섭취하는지를 7～10단계로 나누어 조사한다.

한편, 식품섭취빈도법을 이용하여 섭취량을 환산하기 위해 식품의 1회 섭취 분량을 제시하기도 한다. 섭취 분량의 제시 여부에 따라 식품섭취빈도법은 단순(비정량적) 식품섭취빈도법(simple, non-quantitative FFQ), 반정량 식품섭취빈도법(semi-quantitative FFQ), 정량적 식품섭취빈도법(quantitative FFQ)으로 나뉜다(그림 3-2). 단순 식품섭취빈도법은 목록에 제시된 식품의 섭취 빈도만을 조사하는 방법이며, 반정량 식품섭취빈도법은 각 식품의 1회 섭취 분량을 제시하고 섭취 빈도를 조사하는 방법이다. 정량적 식품섭취빈도법은 각 식품의 섭취 빈도, 1회 섭취 분량을 제시하고 대상자의 실제 섭취량을 대중소로 구분하여 조사하는 방법으로, 우리나라 대규모 역학 연구에서 많이 사용되고 있다(그림 3-3).

다음 각 식품 또는 각 식품을 주재료로 조리한 음식을 얼마나 자주 드시는지 응답해 주십시오.

단순 섭취빈도조사 설문지

	지난 1년간 평균 섭취 빈도									
	일			주			월		년	거의 안 먹음
	3	2	1	4-6	2-3	1	2-3	1	6-11	
쌀밥										
식빵										
두유										
귤										

반정량 섭취빈도조사 설문지

	지난 1년간 평균 섭취 빈도									
	일			주			월		년	거의 안 먹음
	3	2	1	4-6	2-3	1	2-3	1	6-11	
쌀밥(1공기)										
식빵(2장)										
두유(1컵, 200 mL)										
귤(2개)										

정량적 섭취빈도조사 설문지

	지난 1년간 평균 섭취 빈도										기준 분량	1회 평균 섭취량
	일			주			월		년	거의 안 먹음		
	3	2	1	4-6	2-3	1	2-3	1	6-11			
쌀밥											1공기	① 0.5 ② 1 ③ 1.5 ④ 2
식빵											1장	① 1 ② 2 ③ 3
두유											1컵	① 0.5 ② 1 ③ 1.5
귤											2개	① 1 ② 2 ③ 3

그림 3-2 식품섭취빈도조사 설문지의 예

식품섭취빈도법의 장점으로는 첫째, 시간과 비용이 적게 소요된다. 식품섭취빈도조사는 면접에 의하여 이루어지기도 하나, 설문에 조사할 항목이 이미 명기되어 있기 때문에 조사 대상자가 스스로 기록하게 할 수 있고 면대면이 아닌 서신 또는 온라인으로의 조사가 가능하기 때문이다. 또한 타 식사섭취조사 방법에 비해 필요한 조사자의 수가 상대적으로 적은 편이며, 코딩의 자동화가 가능하기 때문에 대규모 역학 연구에서 자주 이용된다. 둘째, 장기간에 걸친 섭취량을 조사하기 때문에 조사 대상자의 평소 식사 섭취량의 파악이 가능하며, 질병의 원인과 식생활과의 관련성 연구에 효과적으로 활용할 수 있다.

다음은 지난 1년 동안 드신 음식과 식품에 관한 질문입니다. 각 항목마다 얼마나 자주 드시는지 (지난 1년간 평균 섭취 빈도) 표시하여 주시고 드시는 음식에 대해서만 얼마만큼씩 드시는지(평균 1회 섭취 분량) 해당 칸에 표시해 주시기 바랍니다. 모든 항목에 응답을 하셔야 합니다. 거의 먹지 않는 경우는 섭취 분량을 표시하지 않습니다.

	지난 1년간 평균 섭취 빈도									평균 1회 섭취 분량
	거의	월		주			일			
	안먹음	1회	2~3회	1~2회	3~4회	5~6회	1회	2회	3회	
밥	□1	□2	□3	□4	□5	□6	□7	□8	□9	□1 사진 1-1 (1/2공기) □2 사진 1-2 (1공기) □3 사진 1-3 (1공기 반)
	주로 드시는 밥의 종류는? ① 쌀밥 ② 잡곡밥 ③ 쌀밥과 잡곡밥을 비슷하게 먹는다 잡곡밥의 종류는? ① 콩밥 ② 기타 잡곡밥 (집에서 잡수시는 것 뿐 아니라 회사나 식당에서 드시는 것도 포함하여 생각하십시오.)									
라면	□1	□2	□3	□4	□5	□6	□7	□8	□9	□1 ½그릇 □2 1그릇 □3 1그릇 반
칼국수/ 장국국수/ 우동	□1	□2	□3	□4	□5	□6	□7	□8	□9	□1 ½그릇 □2 1그릇 □3 1그릇 반
짜장면/ 짬뽕	□1	□2	□3	□4	□5	□6	□7	□8	□9	□1 ½그릇 □2 1그릇 □3 1그릇 반
냉면/ 메밀국수	□1	□2	□3	□4	□5	□6	□7	□8	□9	□1 ½그릇 □2 1그릇 □3 1그릇 반
만두/ 만두국	□1	□2	□3	□4	□5	□6	□7	□8	□9	□1 냉동만두 5개/½그릇 □2 냉동만두 10개/1그릇 □3 냉동만두 15개/1그릇 반
흰떡/ 떡국	□1	□2	□3	□4	□5	□6	□7	□8	□9	□1 ½그릇 □2 1그릇 □3 1그릇 반

그림 3-3 식품섭취빈도조사 설문지의 예(질병관리본부 한국인유전체역학조사사업)

자료 : 질병관리본부. 한국인유전체역학조사사업 활용지침서-식품섭취빈도조사. 2019

식품섭취빈도법의 단점으로 첫째, 장기간에 대한 조사를 대상자의 기억에 의존하므로 오차가 생길 가능성이 있다. 둘째, 식품섭취빈도 조사지 내 식품 목록에 따라 영향을 많이 받는다. 예를 들어, 조사 대상자가 빈번하게 섭취하는 식품이 식품 목록에 포함되지 않았다면 식품 및 영양소의 추정 섭취량이 부정확할 것이다. 또한 식품 목록의 수가 너무 적으면 영양소 섭취량이 과소평가될 수 있고, 너무 많으면 영양소 섭취량이 과대평가될 수 있다. 따라서 사전에 연구 목적에 맞고, 조사 대상자의 특성을 고려한 식품 목록을 선정하는 것이 중요하다. 셋째, 식품 목록에 포함된 음식은 대표 레시피를 사용하므로, 실제로 조사 대상자가 섭취한 구체적인 식품 재료를 반영하지 못할 수 있다(표 3-3).

조사 시 유의 사항

식품섭취빈도법은 조사 대상자가 본인이 장기간에 섭취한 식품의 종류와 양을 기억해서 응답해야 하므로, 조사 대상자가 식품이나 음식의 특성, 1회 섭취 분량에 대한 이해가 있어야 한다. 이러한 점을 보완하기 위해 1회 섭취 분량의 식품 사진이나 식품 모델을 사용하여 사전에 조사 대상자를 교육하거나, 조사 시 해당 도구를 활용하고 있다. 한편, 대상자의 일상섭취량을 정확히 추정하기 위해서 식품섭취빈도 조사지의 식품 목록 구성이 매우 중요하며, 따라서 조사지에 대한 타당도 검증이 필요하다.

알아두기 식품섭취빈도 조사지의 평가 방법

식품섭취빈도 조사지를 평가하는 데 사용되는 다양한 접근법은 다음과 같다.

1. 다른 방법의 자료와 평균의 비교(예 : 식사기록법 vs. 식품섭취빈도조사법)
2. 총섭취량에 대한 각 식품 항목의 기여분율 분석(예 : 식사기록법을 이용하여 영양소의 절대 섭취량에 중요하게 기여하는 식품을 도출함)
3. 재현성 : 서로 다른 두 시점에서 측정한 빈도 조사의 재현성
4. 타당도(예 : 식사기록법 vs. 식품섭취빈도조사법 결과치의 상관성) : 상대적으로 더 정확한 방법으로 측정한 값과 식품섭취빈도 조사지를 기반으로 한 영양소 섭취 추정량과 비교
5. 생화학 지표와 비교(예 : 식품섭취빈도조사를 통해 추정한 나트륨 섭취량과 24시간 소변 중 나트륨 배설량)
6. 생리적 반응과의 상관성(예 : 식이섬유 섭취와 변비와의 관련성)

자료 : Walter W. 한국역학회 영양역학연구회 옮김. 영양역학, 3판. 교문사. 2013

표 3-3 식품섭취빈도법의 장단점

구분	내용
장점	• 조사 대상자 스스로 기록할 수 있다. • 시간과 비용이 적게 소요된다. • 평상시 식사 섭취 경향을 파악할 수 있다. • 질병의 원인과 식생활과의 관련성 연구에 이용할 수 있다.
단점	• 기억력에 의존하므로 오차가 생길 수 있다(노인이나 어린이에게는 사용이 어렵다). • 개인이 섭취한 음식의 종류와 양을 정확히 조사하기는 어렵다. • 조사지 내 식품 목록에 따라 조사 결과가 다르게 나타날 수 있다.

④ 식사력조사법

조사 방법 및 장단점

식사력조사법(diet history method)은 비교적 장기간 개인의 식사 섭취 형태를 조사하는 방법이며, 여러 단계에 걸쳐 자세하고 광범위한 면접을 실시한다. 식사력 조사를 하는 방법은 여러 가지이며, 1947년 버크(Burke)가 고안한 식사력 조사 단계는 다음의 4단계로 구성되어 있다. 첫 번째 단계에서는 조사 대상자의 건강 관련 습관에 대한 일반적인 정보를 수집하는데, 예를 들어, 식욕, 식품 기호도, 메스꺼움이나 구토 여부, 영양 보충제 섭취 여부, 흡연, 음주 상황, 수면 및 신체 활동 정보 등이 있다. 그 다음 단계는 24시간 회상법으로 평소의 식사 섭취 상황에 대해 상세하게 조사하고, 세 번째 단계에서는 이전의 면접 결과에서 얻은 자료에 대해 교차 점검을 위해 특정 식품의 섭취 빈도를 조사하며, 마지막 단계에서 조사 대상자의 일상적인 섭취에 대한 추가적인 정보를 얻기 위해 3일간의 식사 기록을 조사 대상자에게 요청한다. 식사력조사법은 약 1시간 정도 소요되며 다른 조사 방법에 비해 소요 시간이 길어 많은 사람을 대상으로 한 집단의 식사 섭취 경향을 파악하기에는 적절하지 않다. 하지만 개인의 식사 패턴을 알고 식사와 관련된 문제를 파악하는 데 유용한 방법이다(표 3-4).

식사력조사법은 장기간의 일상적인 식사 섭취 상태를 파악할 수 있고, 계절에 따른 섭취 변화를 파악할 수 있다는 장점이 있다. 그러나 개인의 기억력에 의존해야 하고, 조사하는 데 시간이 많이 들며, 훈련된 조사자가 필요하다는 단점이 있다.

표 3-4 식사력조사법의 장단점

장점	• 일상적인 식사 섭취 자료를 얻을 수 있다. • 계절에 따른 섭취 변화를 파악할 수 있다. • 장기간의 양적인 식품 섭취를 상세히 조사할 수 있다.
단점	• 기억력에 의존하는 방법이다. • 면접 과정에 소요되는 시간이 길다. • 잘 훈련된 조사자가 필요하다. • 조사 대상자의 협력이 많이 요구된다.

조사 시 유의 사항

식사력을 조사하기 위해서는 조사 대상자가 본인의 식사 섭취에 대해 정확하게 답할 수 있도록 잘 훈련된 조사자가 면접하는 것이 중요하다. 또한 조사에 소요되는 시간이 길기 때문에, 연구의 목적에 따라 식사력 조사 단계를 다양하고 효율적으로 구성해야 한다. 예를 들어, 버크가 고안한 식사력 조사 단계에서 4단계의 3일간의 식사 기록은 타당성 검토나 영양소 산출 시에만 실시하고 일상적 평가 도구로는 생략하기도 한다.

⑤ 직접분석법

직접분석법(direct chemical analysis)은 조사 대상자가 섭취한 모든 음식과 식품의 영양소 함량을 직접 분석하는 방법으로, 영양소 필요량 설정을 위한 대사실험 등에서 사용하게 된다. 일반적으로는 대상자가 하루 동안 섭취하는 모든 음식과 음용수에 대해 섭취하는 분량과 동일한 양을 수거하여 분석하게 된다. 직접분석법은 섭취한 식사에 들어 있는 영양소의 함량을 가장 정확하게 파악할 수 있으며, 식품성분표에 제시되지 않은 영양소의 섭취량 평가가 가능한 장점이 있다. 그러나 조사 방법 자체가 조사 대상자에게 부담을 주어 대상자의 식사 패턴을 변화시킬 가능성이 있으며, 음식이나 식품 중 영양소 함량 분석 시 시간, 비용, 기술, 장비 등이 요구된다는 단점도 존재한다.

⑥ 실측법

실측법(weighed food method)은 조사 대상자가 섭취한 모든 음식과 음용수 등을 저울을 사용하여 실제로 측량하는 방법이다. 먼저 조리 전 가식 부분의 무게를 측정하고, 조리 후 완성된 음식의 무게를 측정한다. 그 다음에는 실제로 섭취한 음식의 양을 측정하고, 각 음식에 들어간 식품별로 영양소 섭취량을 조사하는 방법이다. 실측법은 섭취한 양을 정확하게 측정할 수 있다는 장점이 있으나, 조사 대상자에 대해 많은 훈련과 협력을 요구하게 되는 애로 사항이 있다. 또한 섭취한 음식을 일일이 측량한다는 점에서 조사 대상자에게 부담을 주고, 평상시 식사 섭취와는 차이가 생길 수도 있다.

표 3-5 개인 대상 식사섭취조사 방법 간 비교

특성	24시간 회상법	식사기록법	식사섭취빈도조사법
측정 방법	전날의 섭취를 회상	목측량으로 추정 또는 직접 계량	제시된 기간 내의 평균적인 섭취 수준을 회상
식품 항목	무제한	무제한	제한적(식품 목록이 정해져 있음)
일상 섭취 추정 수준	낮다*	낮다*	높다
반영된 섭취 기간	짧다	짧다	길다
조사된 섭취 기간 내 섭취 정확도	상대적으로 높다	높다	상대적으로 낮다
조사 방식	훈련된 조사원이 면접	먹거나 마시는 때마다 대상자가 기록	자가 작성 또는 면접
기억 의존도	높다	낮다	매우 높다
소요 비용	높다	높다	낮다
대상자의 부담	적다	많다	적다
식사 변경의 가능성	적다	많다	적다
적용	대규모 국가조사	식사 상담이나 생물학적 특성과 섭취 수준의 상관관계 분석 시	대규모 코호트 연구

* 여러 날의 섭취를 조사하면 일상 섭취 추정 수준이 높아짐
자료 : 김기랑 외. 영양연구방법론. 한국영양교육평가원. 2017

(2) 집단의 식사섭취조사

집단을 대상으로 식품 섭취량을 조사하는 방법은 집단에서 식품의 소비 현황을 파악하는 데 사용할 수 있다. 조사 대상 집단 및 조사 목적에 따라 다양한 조사 방법이 있는데, 국가별 식품 소비 실태를 파악하는 데 유용한 식품수급표, 가구 단위의 식사 행태를 조사하는 데 사용되는 식품계정조사 및 식품재고조사, 국가 단위에서 국민의 식품 및 영양소 섭취 실태를 파악하는 데 사용되는 국민건강영양조사가 있다. 조사 방법

에 따라 파악할 수 있는 수준이 다르기 때문에 집단의 식사섭취조사 방법의 특성에 대한 이해가 필요하다.

① 식품수급표

식품수급표(food balance sheet)는 국가 단위로 식품의 소비를 평가하기 위해 쓰이는 방법으로, 국민이 소비할 수 있는 식품 공급량을 추정하는 방법이다. 세계 160여 개 나라에서 국제연합식량농업기구(FAO)의 권장 방식에 따라 자국의 식품 및 영양수급 분석표인 식품수급표를 매년 작성하고 있으며, 우리나라도 이 방식에 따라 1962년부터 매년 식품수급표를 작성해 왔다. 현재는 한국농촌경제연구원에서 식품수급표 업무를 관장하고 있다. 식품수급표에서는 국민에게 공급되는 식품의 수급 상황과 1인 1일당 식품 공급량 및 영양 공급량 등을 제시하고 있어, 식품 수급 정책의 기초 자료 및 국민 영양 및 식생활 개선을 위한 자료로 널리 이용되고 있다.

식품수급표 작성 시 해당 연도 1월 1일부터 12월 31일까지를 조사 대상 기간으로 하며, 이때 양곡은 미곡이 생산된 연도를 기준으로 하고 있다. 이 조사 기간 동안 품목별로 각 식품의 생산량, 이입량, 수입량, 이월량, 수출량, 사료용, 종자용, 가공용 중 식용·비식용(공업용), 감모량 등을 조사하여 식용 공급량을 산출한다. 식품별로 식용 공급량을 조사 연도의 연중인구로 나누면 1인 1년당 식품 공급량이 산출되고, 1인 1년당 식품 공급량을 365로 나누어 1인 1일당 식품 공급량을 산출한다. 여기에 각 영양성분가를 곱하면 영양 공급량이 산출된다(표 3-6).

식품수급표의 활용 시 다음의 사항을 유의해야 한다. 첫째, 식품수급표에 제시된 1인 1일당 식품 공급량 및 영양 공급량은 실제로 국민 1인당 식품 섭취량 및 영양 공급량을 의미하는 것이 아니다. 왜냐하면, 취사, 조리, 폐기 등의 과정에서 발생하는 감량이 포함되지 않기 때문이다. 따라서 영양 공급량은 영양 섭취량과 개념상 구별되어야 한다. 두 번째, 식품의 분배 상황은 고려되지 못한 수치이다. 식품수급표는 식품별 우리나라에서 소비가 가능한 공급량에 대해 인구수와 365일로 나눈 식품 공급량을 제공하기 때문에 계절 간 차이, 개인 간 차이 등이 고려되지 못하였다(표 3-7).

② 식품계정조사

식품계정조사(food account method)는 가구 단위를 대상으로 식품 섭취량을 조사하

표 3-6 식품수급표의 식품 공급량 산출 단계와 관련 용어

식품 공급량 산출 단계
1) 총공급량 = 생산량 + 수입량 + 이입량 2) 식용 공급량 = 총공급량 − (이월량 + 수출량 + 사료용 + 종자용 + 감모량 + 식용 가공용 + 비식용 가공용) 3) 1인 1년당 식품 공급량 = 식용 공급량/조사 연도의 연중인구 4) 1인 1일당 식품 공급량 = 1인 1년당 식품 공급량/365일
관련 용어
• 생산량 : 조사 연도 1월 1일부터 12월 31일 사이의 국내 생산량(단, 미곡과 고구마 등 추곡은 전년도 생산량 적용) • 수입량 : 당해 연도에 외국에서 수입한 총량(단, 일반 수입과 원조 형식의 수입은 포함하나 밀수입분은 제외) • 이입량 : 전년도 말 재고량으로 조사 연도로 이월되어 넘어온 양 • 총공급량 : 생산량 + 수입량 + 이입량 • 이월량 : 조사 연도 말 재고량, 즉 조사 연도에서 다음 해로 이월된 양 • 수출량 : 당해 연도에 외국으로 수출한 양(일반 유환수출과 무환수출 포함) • 사료용 : 당해 연도 총공급량에서 사료용으로 공급한 양 • 종자용 : 당해 연도 총공급량에서 종자용으로 공급한 양 • 감모량 : 총공급량 중 생산에서 조리 과정에 이르기까지의 운반, 가공 및 유통 과정에서 손실된 양 • 식용 가공량 : 당해 연도 총공급량에서 식용 가공용으로 공급한 양[단, 양조용, 착유용(두류, 종실류) 및 분유·연유 제조용(우유) 등만을 계상하고, 기타 식용 가공량은 식용 공급량에 포함] • 비식용 가공량 : 당해 연도 총공급량에서 비식용인 공업용 등으로 공급한 양 • 식용 공급량 : 총공급량 − (이월량 + 수출량 + 사료용 + 종자용 + 감모량 + 식용 가공용 + 비식용 가공용) • 폐기율 : 식용 공급량 중 통상 비가식 부분으로 폐기하는 양의 비율 • 순식용 공급량 : 식용 공급량에서 폐기분을 제외한 양 • 1인 1년당 공급량 : 순식용 공급량/조사 연도의 연중인구 • 1인 1일당 공급량 : 1인 1년당 공급량/365일 • 1인 1일당 영양 공급량 : 1인 1일당 순식용 공급량에 식품별 영양성분가를 적용하여 산출한 양

자료 : 한국농촌경제연구원. 2019 식품수급표. 2020

표 3-7 식품수급표의 장단점

구분	내용
장점	• 국가 간 식품 공급의 비교에 사용할 수 있다. • 국가의 식습관 및 식품 소비 추이를 알 수 있다.
단점	• 오로지 소비가 가능한 식품량을 파악할 수 있다. • 실제로 소비된 양을 반영하지 않는다. • 식품 폐기량을 고려하지 않는다.

는 방법이다. 일정 기간(보통 1주일) 한 가구에 유입된 식품의 종류와 양을 조사하며, 조사 기간 중 가정에 유입된 식품(구매한 것, 선물로 받은 것, 가구에서 생산된 식품 등)을 기록하게 된다. 이 방법은 조사 대상자의 부담이 적고, 인력과 비용이 별로 들지 않으며, 조

사로 인해 식사 형태가 변하지 않는다는 장점이 있다. 반면 단점으로는 식품이 폐기되는 양(동물에게 주는 음식, 부패로 인해 버리는 음식, 식탁에서 남기는 음식 등)에 대한 조사가 부정확하다는 점, 가구 단위로 조사하기 때문에 개인이 실제로 섭취한 양은 정확히 알 수 없다는 점 등이 있다.

③ 식품재고조사

식품재고조사(food inventory method)는 조사 기간에 식품의 구입과 재고의 변화를 조사하는 방법이다. 조사 시작 시 집안에 있는 모든 음식의 양을 조사하고, 조사 기간에 구매한 식품의 양을 조사해서 조사 기간에 사용된 식품의 양을 조사하고, 조사 기간의 마지막 날 집안에 남은 식품의 양을 확인한다. 이때 식탁에서 버려진 식품의 양, 썩어서 버린 것, 애완용 동물에게 먹인 것도 고려한다. 식품재고조사는 조리 종사자의 적극적인 협조가 있다면 정확도가 증가하나, 조사 대상자의 부담이 크고 평소의 식품 소비 형태를 바꿀 수 있다는 단점이 있다. 또한 가구 단위로 조사하기 때문에 식품계정조사와 마찬가지로 개인이 실제로 섭취한 양에 관해서는 알 수 없다는 문제도 있다. 우리나라 국민영양조사에서는 1995년까지 식품재고조사를 이용하였으나, 여러 제한점으로 인하여 1998년부터는 개인별 조사 방식으로 바뀌고 24시간 회상법의 방식을 이용하고 있다.

3) 국민건강영양조사

(1) 개념과 목적

국민건강영양조사는 「국민건강증진법」 제16조에 근거하여 국민의 건강 및 영양 상태를 파악하기 위해 전국 규모로 실시되는 조사이다. 국민건강영양조사 이전에는 1969년 이래 1995년까지 매년 실시되었던 '국민영양조사'와 1971년에 도입된 '국민건강 및 보건의식행태조사'가 있었으나 별도로 이루어져 국민의 질병 상태와 이에 영향을 미치는 식생활 요인에 대한 연계 분석이 어려웠다. 이에 1998년부터 국민건강영양조사로 통합하여 수행되고 있으며, 2007년부터는 질병관리청이 수행 주체가 되어 조사를 수행하고 있다(그림 3-4).

국민건강영양조사의 목적은 국민의 건강 수준, 건강 행태, 식품 및 영양 섭취 실태

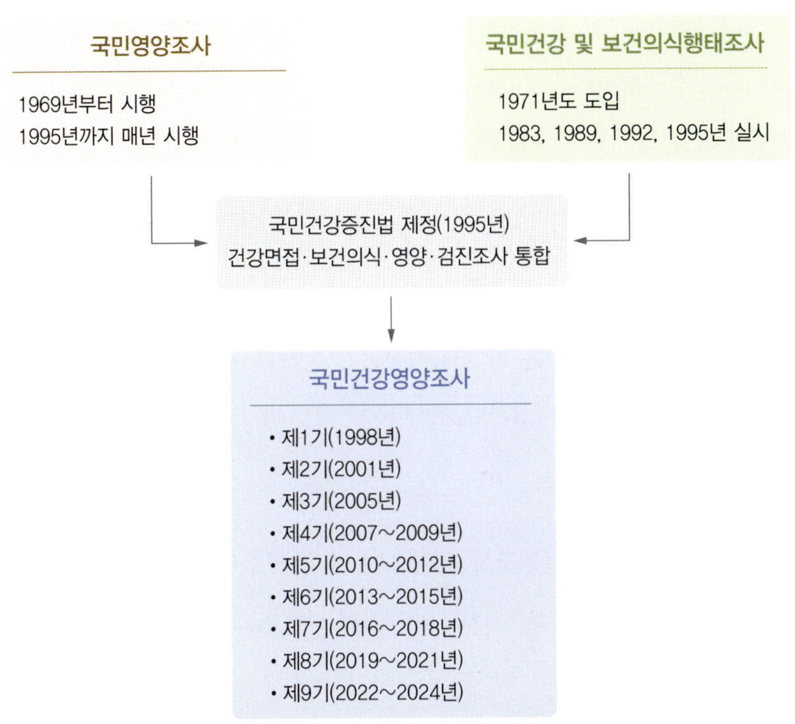

그림 3-4 국민건강영양조사 추진 경과

자료 : 질병관리청 국민건강영양조사(https://knhanes.kdca.go.kr/knhanes/main.do)

에 대한 국가 단위의 대표성과 신뢰성을 갖춘 통계를 산출하고, 이를 통해 국민건강증진종합계획의 목표 설정 및 평가, 건강증진 프로그램의 개발 등 보건 정책의 기초 자료로 활용하는 것이다. 해당 통계를 통해 국민건강증진종합계획의 목표지표 설정 및 평가에 대한 근거 자료를 산출하거나 건강 위험 행태(흡연, 음주, 영양소 섭취, 신체 활동 등)나 주요 만성질환 유병률 및 관리 현황에 대한 모니터링에 사용하기도 하고, 세계보건기구(WHO)와 경제협력개발기구(OECD) 등에 비만, 흡연, 음주 등 국가 간 비교 가능한 우리나라의 건강지표를 제출하기도 한다.

(2) 조사 기간과 조사 표본

국민건강영양조사는 제1~3기 조사까지는 3년의 간격을 두고 당해 연도에 2~3개월 동안 실시된 단기조사로 운영하다가, 제4기 1차년도(2007)부터 질병관리청에서 '전문조사수행팀'을 구성하여 계절적 편향 없이 매년 연중조사로 수행하고 있다. 이때 기수 내 포함되는 3개년도가 각기 독립적인 3개의 순환표본으로 전국을 대표하는 확률표본이 될 수 있도록 순환표본조사(rolling sampling survey) 방식을 도입하고 있다.

국민건강영양조사는 목표 모집단인 대한민국에 거주하는 만 1세 이상 국민에 대하여 대표성 있는 표본을 추출하고자 인구주택총조사 자료를 표본 추출 틀로 사용한다. 표본 추출은 2단계 층화집락표본추출 방법을 적용하였고, 이때 1차 추출 단위는 조사구, 2차 추출 단위는 가구이다. 연간 192개의 조사구와 표본 조사구 내에서 25개 표본가구를 선정 후 표본가구 내에 있는 만 1세 이상의 모든 가구원을 조사 대상자로 선정하여 조사하며, 매년 약 1만 명의 대상자가 조사된다.

(3) 조사 내용

국민건강영양조사는 건강설문조사, 영양조사 및 검진조사로 구성되어 있다. 대상자의 생애주기별 특성에 따라 소아(1~11세), 청소년(12~18세), 성인(19세 이상)으로 나누어 각기 특성에 맞는 조사 항목을 적용하여 조사한다(표 3-8).

건강설문조사는 가구조사, 건강면접조사, 건강행태조사로 구성되어 있다. 가구조사(면접조사)는 가구당 만 19세 이상 성인 1인에게 가구원 수, 세대 유형, 가구 소득 등을 조사하며, 건강면접조사는 이환, 의료 이용, 활동 제한, 교육 및 경제활동, 신체 활동 등을 조사하고, 건강행태조사(자기기입조사)는 흡연, 음주, 정신건강, 안전의식, 구강건강 등을 조사하고 있으며, 조사 문항은 연령에 따라 차이가 있다. 영양조사는 식생활 행태, 식이보충제, 영양 지식, 식품 안정성 등에 관한 현황과 조사 1일전 식품 섭취 내용을 24시간 회상법을 사용하여 조사한다. 검진조사는 신체계측, 혈압 및 맥박 측정, 혈액 및 소변검사, 구강검사, 폐기능검사, 안(눈)검사, 이비인후검사, 악력검사로 구성되어 있는데, 검사 항목은 연령에 따라 차이가 있다.

표 3-8 제8기 1차년도(2019) 국민건강영양조사 조사 항목

조사 부문	조사 구분	해당 연령	조사 항목
건강설문	가구조사	만 19세 이상	성, 연령, 결혼 상태, 가구원 수, 세대 유형, 가구 소득, 건강보험 가입, 민간보험 가입
	교육	만 1세 이상	학력, 졸업 여부
		만 19~64세	부모 학력
	경제활동	만 15세 이상	경제활동 여부, 취업 형태, 현재 직업
		만 19세 이상	종사상 지위, 근로시간 형태, 근로시간, 최장 직업
	이환	만 1세 이상	최근 2주간 이황, 만성질환(성인 30개, 소아청소년 7개) 이환
	의료 이용	만 1세 이상	(병의원)미충족 의료/이유, 외래 이용, 입원 이용
	건강검진	만 19세 이상	건강검진 수진 여부/종류, 암검진 수진 여부/종류
	예방접종	만 1세 이상	인플루엔자 예방접종 여부
	활동 제한	만 12세 이상	활동 제한 여부, 활동 제한 이유, 와병 경험, 결근·결석 경험
	삶의 질	만 1세 이상	주관적 건강 인지
		만 19세 이상	건강 관련 삶의 질 측정도구(Eq-5D, EuroQol-5 Dimension : 운동능력, 자기관리, 일상활동, 통증/불편, 불안/우울), 한국형 건강 관련 삶의 질 측정도구(HINT-8, Health-related Quality of Life Instrument with 8 items : 계단 오르기, 통증, 기운, 일하기, 우울, 기억, 잠자기, 행복)
	손상	만 1세 이상	손상 경험, 발생 횟수, 발생 시기, 손상 치료처
	흡연	만 12~18세	일반담배 평생흡연경험/현재흡연/처음흡연시작연령/흡연량
		만 19세 이상	일반담배 평생흡연/현재흡연/과거흡연/처음흡연시작연령/흡연량, 궐련형 전자담배 평생흡연/현재흡연/흡연량, 액상형 전자담배 평생/현재사용, 담배 종류별 평생/현재사용, 금연 시도, 금연 계획, 금연 방법, 금연 기간, 니코틴 의존, 가정/직장/공공장소 실내 간접흡연
	음주	만 12세 이상	평생음주, 음주시작연령, 음주빈도, 음주량, 폭음빈도, 간접폐해
		만 19세 이상	가족/의사의 절주 권고, 음주문제 상담 경험, 과거/현재 알코올 홍조
	신체 활동	만 12~18세	하루 60분 이상 신체 활동 실천일 수, 앉아서 보내는 시간, 근력 운동
		만 19세 이상	국가신체활동설문(GPAQ, Global physical Activity Questionnaire : 일/여가 고강도·중강도 신체 활동, 이동 시 활동, 앉아서 보내는 시간), 걷기, 근력 운동
	수면건강	만 12세 이상	주중/주말 하루 평균 수면 시간
		만 40세 이상	폐쇄성수면무호흡증 선별 도구(STOP-Bang : 코골이, 피곤함, 수면 무호흡 목격자)

(계속)

조사 부문	조사 구분	해당 연령	조사 항목
건강설문	정신건강	만 12세 이상	스트레스 인지, 우울감 경험, 자살 생각/자살 계획/시도, 정신 문제 상담 경험
	안전의식	만 1～5세	자동차 보호 장구 착용
		만 1～11세	자동차 앞좌석 이용, 자전거 헬멧 착용
		만 12세 이상	동승 차량 안전벨트 착용
		만 19세 이상	운전 시 안전벨트 착용, 앞/뒷좌석 안전벨트 착용, 자동차/오토바이/자전거 음주 운전 경험, 음주 운전 차량 동승 경험
	비만 및 체중조절	만 6세 이상	주관적 체형 인지, 체중 조절, 체중 조절 방법
		만 19세 이상	체중 변화
	여성건강	만 10세 이상	현재 월경 여부, 초경 연령
		만 15세 이상	임신 경험, 출산 경험
		만 19세 이상	모유 수유 경험, 모유 수유 자녀 수 및 기간, 폐경 연령, 경구피임약 복용 경험
	구강건강	만 1세 이상	칫솔질 여부, 치아 손상, 구강 검진, 치과 이용, (치과)미충족 의료/이유
		만 12세 이상	구강용품 사용
		만 19세 이상	저작 불편, 발음 불편
영양	식생활조사	만 1세 이상	끼니별 식사 빈도, 끼니별 동반 식사 여부 및 동반 대상, 외식 빈도, 채소류/해조류/버섯류 섭취 빈도, 과일 섭취 빈도, 식이보충제 복용 경험, 식이보충제 복용 내용
		만 6～29세	음료 섭취 빈도 및 1회 섭취량
		초등학생 이상	영양 표시 인지·이용·영향 여부 및 관심 항목, 영양교육 및 상담 경험
		만 1～3세	출생 체중, 수유 방법 및 기간, 이유식, 일반우유, 영아기 식이보충제 섭취 정보
	식품안정성조사	식생활 관리자	가구의 식품 안정성 확보
	식품섭취조사	만 1세 이상	조사 1일 전 섭취 음식의 종류 및 섭취량
		조리자	조사 1일 전 섭취한 음식 중 직접 조리한 음식에 대한 재료 식품 및 재료량
검진	신체계측	만 1세 이상	신장, 체중
		만 6세 이상	허리둘레
		만 40세 이상	목둘레
	악력검사	만 10세 이상	악력
	혈압 및 맥박	만 10세 이상	수축기혈압, 이완기혈압, 맥박수

(계속)

조사 부문	조사 구분	해당 연령	조사 항목
검진	혈액검사	만 10세 이상	(혈당) 공복혈당, 당화혈색소, 인슐린 (지질) 총콜레스테롤, 고밀도지단백 콜레스테롤 (high-density lipoprotein-cholesterol), 저밀도지단백 콜레스테롤(low-density lipoprotein-cholesterol), 중성지방 (신장) 혈중요소질소, 크레아티닌 (간염) B형간염표면항원, ALT(alanine aminotransferase), AST(aspartate aminotransferase), C형간염항체 (빈혈) 헤모글로빈, 헤마토크릿, 적혈구 수, 백혈구 수 (기타) 요산
	소변검사	만 6세 이상	코티닌, 크레아티닌
		만 10세 이상	단백, 당, 잠혈, 비중, 산도, 유로빌리노겐, 케톤, 빌리루빈, 아질산염, 나트륨, 칼륨, 알부민
	구강검사	만 1세 이상	치아 상태, 치료 필요, 보철물 상태, 보철물 필요, 치주조직 상태, 치아 반점도, 주관적 구강건강 상태, 치아 통증 경험, 교정치료 경험
	폐기능검사	만 40세 이상	노력성 폐활량, 1초간 노력성 호기량
	안검사	만 40세 이상	시력 및 굴절검사, 안저촬영검사, 빛간섭단층촬영검사, 생체계측검사, 안압검사, 시야검사
	이비인후검사	만 40세 검사	난청, 평형이상(어지럼증), 중이염, 음성 장애
	가족력검사	만 10세 이상	만성질환 가족력(부, 모, 형제)

자료 : 질병관리청. 2019 국민건강통계. 2020

(4) 내용과 방법

국민건강영양조사는 전문조사수행팀이 매주(연 48주) 4개 지역(연 192개 지역)을 조사하고 있다. 한 지역(조사구)마다 3일간 조사가 이루어지며, 이동 검진 차량이 해당 지역을 방문하여 검진 및 건강설문조사를 실시한다. 검진조사와 건강설문조사에 참여한 1주일 후, 영양조사원이 조사 대상자의 집을 방문하여 영양조사를 실시하게 된다.

영양조사는 식생활조사, 식품섭취조사 및 식품안정성조사의 순으로 실시하며, 식품섭취조사는 직접 면접에 의한 24시간 회상법을 통하여 만 1세 이상 대상 전 대상자에게 실시한다. 식품섭취조사에서 조사하는 항목은 끼니 정보(식사 구분, 시간, 식사 장소, 매식 여부, 타인 동반 여부), 섭취한 음식에 대한 정보(음식명 및 섭취량, 음식 구성 식품명 및 식품 재료량 등), 섭취한 식품에 대한 정보(식품명 및 섭취량)를 조사하고, 이때 제품명 및 제조

회사명 등 추가 정보도 조사한다. 또한 추가적으로 식사 조절 여부 및 이유, 일상섭취량 대비 조사일 섭취량 수준, 물 섭취량, 임신·수유 여부, 모유 수유 여부, 영양조사 요일 등도 조사하게 된다. 식품 섭취량 조사 시에는 정확도를 높이기 위해 사용하는 2차원 형태의 음식 용기·식품 모형이나 계량컵, 계량스푼, 두께자, 30 cm 자, 줄자 등의 보조도구를 활용하고 있다. 과거에는 종이조사표를 이용하였지만 2013년부터는 전자조사표를 활용한 면접조사의 방식으로 진행되고 있다.

4) 식사섭취조사를 활용한 역학 연구

① 단면 연구

단면 연구는 동일 시점에서 영양 상태와 질병 상태를 알아보는 연구로, 동일 시점에서 대상자에게 식사섭취조사를 수행하여 영양 상태를 파악하고, 대상자의 질병 상태를 확인 후 그 관련성을 살펴본다. 우리나라 국민건강영양조사는 단면 연구 방법으로 수행되는 대표적인 조사이다. 단면 연구는 쉽고 빠르게 수행할 수 있다는 장점이 있으나, 현재의 식사 상태와 질병 상태 조사가 동시에 이루어지므로 식사 섭취 요인과 질병 발생 간의 원인-결과 관계를 도출하기 어렵다는 단점도 존재한다.

② 환자-대조군 연구

환자-대조군 연구는 질병을 가진 환자군과 질병이 없는 정상 대조군을 선정하여 과거의 식사 섭취 상태를 조사한 후 환자군과 정상 대조군을 비교하는 연구이다. 질병을 이미 진단받은 환자군에서의 과거의 식습관을 회상하도록 하는 형태이므로 후향적 연구에 속한다. 환자-대조군 연구는 질병이 이미 발생한 후에 조사를 하기 때문에 시간과 비용이 코호트 연구에 비해 상대적으로 적게 소요되는 장점이 있는 반면, 선택 및 회상 바이어스 등의 위험성을 가지고 있다. 선택 바이어스는 대상자 선택 시 나타날 수 있는 바이어스로 서로 비교하고자 하는 표본집단을 선정할 때 모집단이 다를 경우 나타나게 된다. 회상 바이어스는 대상자가 위험 요인에 대해 회상을 부정확하게 하고, 부정확한 정도가 질병과의 관련성 분석 결과에 영향을 미치는 경우를 의미한다. 또한 이미 질병에 걸린 환자에게 식사 섭취를 조사할 때 질병과 관련된 시기가 회상이 가능한 범위를 넘어가는 경우, 질병과 식사 요인과의 연관성을 해석하기 어려운 문제가 있다.

③ 코호트 연구

코호트란 어떤 특성을 공유하는 집단으로 정의할 수 있으며, 코호트 연구(cohort study)는 조사 시점에서 질병이 없는 대상자를 추적하여 조사 시작 시점의 식사 관련 요인의 유무에 따라 질병 발생 여부를 비교하는 전향적 연구이다. 질병이 없는 상태에서 식사 관련 요인을 조사하므로 질병에 의해 영향을 받을 수 있는 선택이나 회상 바이어스의 위험이 적어진다는 장점이 있으며, 건강한 상태에서 식습관이 조사된 후 추적을 통해 질병 여부 자료를 수집하므로 질병 발생과 식사 요인과의 원인-결과 관계가 명확하다. 다만 오랜 시간 추적해야 하고 인력과 비용이 많이 소모된다는 단점이 존재한다.

④ 중재 연구

중재 연구(intervention study)는 영양소나 식품 등 식사 요인을 연구 대상자에게 배정하여 섭취하도록 한 후, 추적 관찰하여 질병이나 영양 상태를 파악하는 연구 방법이다. 중재 연구는 연구자가 연구 대상자에게 식사 요인을 할당하여 효과를 확인하는 방법으로 연구 목적 및 가설에 따라 연구자가 식사 요인을 조절할 수 있으며, 대상자 선정 시 무작위 선정(randmization)을 하기 때문에 교란변수를 통제할 수 있다는 장점이 있다. 그러나 역학 연구 방법 중 비용이 많이 드는 편이고, 특정 대상자를 대상으로 효과를 확인하기 때문에 연구 결과를 일반화하기 어려운 문제가 있다.

알아두기 역학 연구에서 나타날 수 있는 바이어스

- 바이어스(bias) : 내적 타당도가 훼손된 것
- 선택 바이어스(selection bias) : 대상자를 질병 요인에 따라(환자-대조군 연구) 또는 노출 요인에 따라(코호트 연구) 비교하는데, 비교하고자 하는 대상 집단의 모집단이 다를 때 발생함
- 회상 바이어스(recall bias) : 대상자가 위험 요인에 대해 부정확한 회상을 하고, 부정확 정도가 결과 요인(예, 질병 발생 여부)에 따라 다르게 되는 것을 의미함
- 관찰자 바이어스(observer bias) : 관찰자가 위험 요인을 관찰하거나 결과 요인을 관찰할 때 결과 요인에 따라 편견을 가지고 관찰함
- 면담자 바이어스(interviewer bias) : 면담자가 위험 요인에 대해 질문할 때 편견을 가지고 대상자의 질병 발생 여부에 따라 다르게 조사함
- 교란변수(confounding factor) : 노출 요인(예 : 음주)과는 독립적으로 결과 요인(예 : 폐암)과 관련되어 있으면서도, 노출 요인과 연관되어 있어 결과 요인과 노출 요인과의 연관성을 왜곡시키는 변수를 교란변수(예 : 흡연)라고 함

자료 : 김기랑 외. 영양연구방법론. 한국영양교육평가원. 2017

5) 식사섭취조사 시 고려 사항

(1) 식품 섭취량 측정 방법

식사섭취조사를 통해 조사 대상자의 식품 섭취량을 최대한 정확히 알아내어야 이를 토대로 조사 대상자의 식사 섭취 상태를 평가할 수 있다. 그러나 식사 조사에서 조사 대상자로부터 섭취한 식품에 대한 종류 및 섭취 분량에 대한 정보를 수집할 때, 목측량이나 부피 단위로 섭취량을 직접 알아내는 것은 거의 불가능하다. 따라서 조사 대상자가 응답한 목측량을 조사자가 다시 중량 단위로 환산하는 과정이 필요하다.

따라서 조사 대상자가 정확하게 섭취량에 대해 응답할 수 있도록 여러 가지 보조도구들이 활용되고 있다. 가장 대표적인 것으로는 푸드 모델, 눈 대중량을 사진으로 제시하는 책자 등이 있으며, 흔히 사용되는 식기(공기, 국그릇, 접시 등), 계량컵, 계량스푼, 눈금자 및 두께막대와 같은 보조도구를 이용할 수도 있다. 또한 우리나라에서 잦은 빈도로 섭취되는 음식의 크기를 표현할 수 있는 부채꼴 모양(케이크, 피자 등 섭취 조사에 도움), 원 모양(빵, 쿠키, 과일, 빵 등의 섭취 조사에 도움) 등을 평면에 그려서 제시한 이차원 모델도 식품의 크기를 정확히 표현하는 데 많은 도움이 될 수 있다(그림 3-5, 3-6).

또한 최근에는 ICT(information & communication technology)를 기반으로 한 영양관리서비스 산업 분야가 주목받고 있다. 예를 들어, 영양 및 식생활 관리를 위한 웨어러블 디바이스 개발이 활발하게 이루어지고 있다. 영양 및 식생활 평가를 위한 웨어러블 디바이스에서는 식재료의 무게를 측정함과 동시에 이를 컴퓨터 프로그램과 연동하여 정보를 제공하는 도마나 저울 형태가 있으며, 식품을 스캔하여 분석한 화학 정보를 통해 섭취한 열량과 영양소 함량 정보를 제공해 주는 센서형 디바이스들이 개발된 바 있다. 또한 건강과 영양 관리를 위한 모바일 애플리케이션의 개발도 활발하다. 대부분의

그림 3-5 식사 섭취량 조사의 보조도구(계량컵, 계량스푼 등)

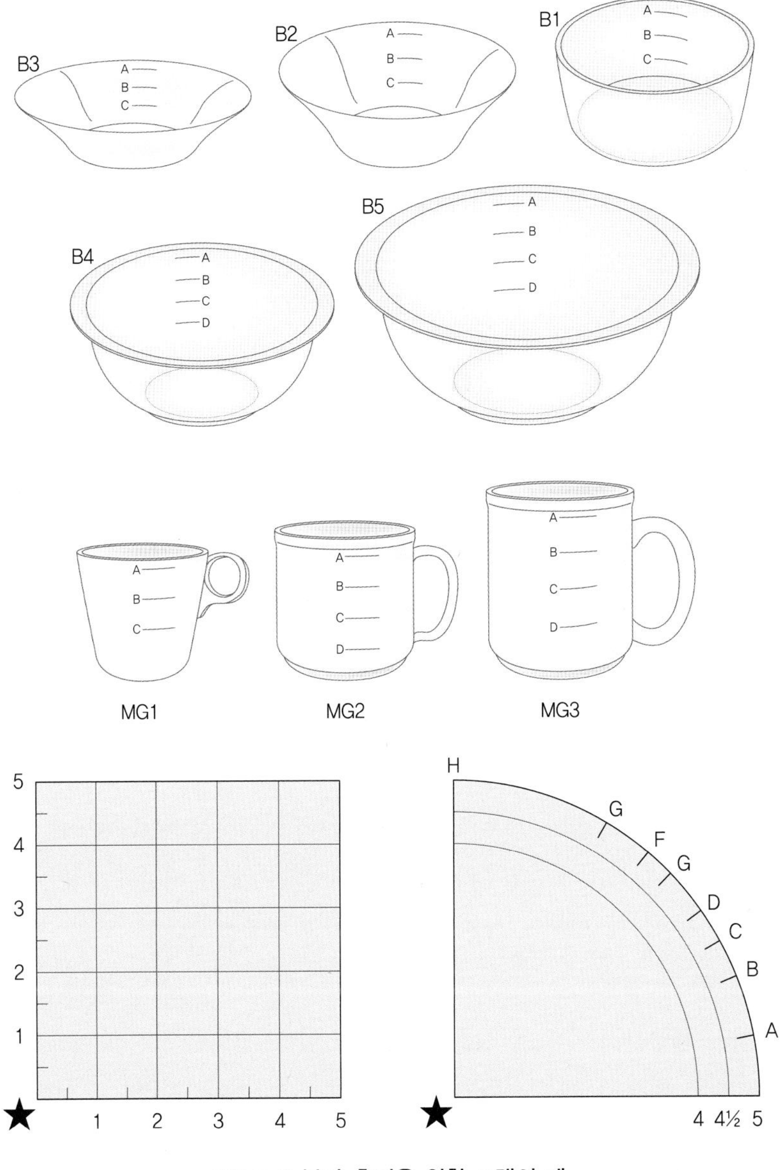

그림 3-6 분량 추정을 위한 모델의 예

애플리케이션은 사용자가 성별, 연령, 체중, 신장, 1일 신체 활동 정도 등과 같은 기본적인 정보를 등록하고 매일의 식사 메뉴를 입력하면, 총 섭취한 열량, 권장 수준에 대한 섭취 정도 등을 확인할 수 있는 형태로 개발되고 있다. 그러나 이러한 애플리케이션들은 사용자가 직접 섭취한 음식을 일일이 등록해야 하는 번거로움이 있어 꾸준한 식사

기록이 어렵고, 식사 기록의 정확도 및 타당도의 검증이 어렵다는 제한점이 있다.

(2) 식사섭취조사 방법의 타당도 및 신뢰도

일상적인 식사 섭취를 정확하게 조사하기 위해서는 식사섭취조사 방법에 대한 타당도와 신뢰도가 높아야 하며, 식사섭취조사 방법 선택 시 타당도와 신뢰도를 고려한다면 식사섭취조사의 목적에 부합하는 결과를 얻을 수 있다.

① 타당도

타당도(validity)는 조사자가 측정하고자 하는 것을 실제로 적절하게 측정하는 것을 의미하며, 식사섭취조사 방법의 타당도는 측정한 섭취 결과가 평소의 섭취량을 적절하게 반영하고 있는 정도를 말하게 된다. 사람들은 매일매일 똑같은 식사를 동일한 양으로 섭취하는 것이 아니기 때문에 직접 분석법이나 실측법을 제외한 식사섭취조사 방법에서는 섭취 참값을 알기 어렵다. 따라서 그 타당도 검증은 매우 중요하며, 어떤 식사섭취조사 방법의 타당도를 알기 위해서는 해당 조사에 사용하는 방법을 이용하여 측정한 결과와 평상시 섭취량을 비교하여 검증하게 된다. 이때 평상시 섭취량을 측정하는 방법으로 가장 보편적으로 사용하는 것이 식사기록법이다. 24시간 회상법으로 얻은 값은 1일 식사기록법으로 얻은 값과 비교하거나, 식사력 조사법으로 얻은 결과는 7일간의 식사기록법으로 얻은 값과 비교 검증하게 된다. 이때에도 조사 대상자의 1인 1회 분량에 대한 인지 및 섭취량 회상 정도, 평소 식사 섭취량을 반영할 수 있는 날짜 수 등이 타당도에 영향을 줄 수 있으므로 이를 고려해야 한다. 또한 식사섭취조사 방법의 타당도를 확인하기 위해 생화학적 지표와 비교하는 방법이 있다. 식사로 섭취한 영양소는 체내에서 대사 및 저장 등의 과정의 거치면서 생물학적 지표 수준을 나타내게 되기 때문이다. 식사 섭취량과 상관성이 보고된 생물학적 지표로는 소변 중 나트륨 배설량이 있으며, 소변 중 나트륨 배설량은 식사 중 나트륨 섭취량을 추정하는 데 매우 유용하다. 그러나 24시간 소변 수집이 철저히 이루어져야 한다는 제한점이 존재한다.

② 신뢰도

신뢰도(reliability)는 어떤 조사 방법을 이용하여 반복하여 조사하였을 때 얼마나 비슷한 결과가 나오느냐 정도를 의미하며, 재현성(reproducibility)이라고도 한다. 신뢰도는 조사에 사용한 방법, 연구 대상이 되는 모집단의 성격, 조사하고자 하는 영양소의 특성, 개인 간 변이와 개인 내 변이 정도에 따라 달라질 수 있다. 따라서 사용하고자 하는 조사 방법의 신뢰도를 판정하고 신뢰도를 높일 수 있는 방안을 고려해야 한다. 예를 들어, 식사섭취빈도 조사지는 구조화된 설문지이므로 타당도와 신뢰도가 검증되어야 한다. 약 1년 정도 동안 타당도와 신뢰도를 검증하게 되는데, 타당도는 계절별 3개월마다 식사기록법을 통한 식사 섭취를 조사한 후, 식사섭취빈도 조사지의 결과와 비교하여 검증하게 된다. 신뢰도는 시작 시 식사섭취빈도조사를 시행하고, 1년 후 같은 대상자들에게 동일한 식사섭취빈도조사를 실시하여 신뢰도를 조사하게 된다. 이때는 상관계수를 구하거나 일치도, 카파값 등을 구해 식사 섭취량을 비교하고 관련성을 파악한다.

알아두기 신뢰도에 영향을 미치는 요인

- **조사 방법의 신뢰도는 연령, 성별에 따라서 다르다.**

왜냐하면 열량, 영양소 섭취량이 일반적으로 연령, 성별에 따라 다르기 때문이다. 영양소 섭취량을 영양소 밀도로 나타내면(예 : g/1,000 kcal) 성별 차이가 없어지므로 개인 간 변이는 감소하나 개인 내 변이는 줄지 않는다.

- **신뢰도는 조사일 수와 표본의 크기에 따라 다르다.**

개인은 매일 매일의 식사 내용이 다르기 때문에 하루 또는 이틀간의 조사가 개인의 일상섭취량을 제대로 반영하지 못하므로 정확한 정보를 얻기 위해서는 조사일 수를 늘리는 것이 필요하다. 한편, 집단의 평균 영양소 섭취량을 산출할 때는 표본의 수를 증가시킴으로써 좀 더 정확하게 판정할 수 있다. 그러나 실제 연구에서는 인력이나 예산, 시간 등이 한정되어 있으므로 연구의 목적에 따라 가장 효율적인 계획을 수립하여야 한다.

- **신뢰도는 조사 시기에 따라 다르다.**

요일에 따른 차이는 여성에게서 크며 모든 영양소가 주중과 주말 간에 차이가 있는 것은 아니다. 계절별 차이는 사회·경제적 상태에 따라 다르며 영양소 섭취량보다 식품 항목의 영향이 크고, 산업화된 국가에서는 영향이 적다. 한편, 비타민 A와 C, 철 등은 어느 나라나 계절적 차이가 존재하므로 1년을 포함하는 계절별로 무작위로 여러 날을 택하여 조사하면 정밀도를 높일 수 있다. 조사가 반복되면 응답자의 기록된 영양소 섭취량에 변화가 생길 수 있으므로 주 중 무작위로 선택한 날에 조사를 실시하고 조사 순서를 기록하는 것이 필요하다.

자료 : 서정숙 외. 영양판정 및 실습(제5판). 파워북. 2017

(3) 식사섭취조사 방법의 오차

사람의 식사 섭취량은 개인 간 차이(개인 간 변이, interindividual variation)가 크고 동일인 안에서도 수시로 변화(개인 내 변이, intraindividual variation)할 뿐만 아니라 조사 방법에 따라서도 차이가 발생할 수 있기 때문에 일상적인 섭취량을 정확하게 측정하는 것은 매우 어렵다. 이러한 개인 간 변이는 생물학적, 환경적 차이로 발생하고, 개인 내 변이는 일상 중 나타날 수밖에 없는 특성으로 이를 감소시키기 위한 방안으로는 조사 대상자 수와 조사일 수를 늘리는 것이 있다.

또한 식사섭취조사 과정 중 나타나는 측정 오차들이 있는데, 이러한 측정 오차들은 무작위 오차(random error)나 계통 오차(systematic error)로 나뉜다. 무작위 오차는 우연에 의해 발생하는 참값으로부터의 편차를 말하며, 평균으로부터의 변이(variation)를 증가시키지만, 평균이나 중위수에는 영향을 미치지 않는다. 무작위 오차는 주로 개인의 생물학적 변이 특성이나 표본 추출 등에 의해 발생할 수 있으며, 동일한 내용을 반복 측정하면 무작위 오차를 줄일 수 있다. 계통 오차는 결과의 바이어스(bias)를 유발하는데, 바이어스는 측정값의 변이에는 영향을 미치지 않지만 타당도를 위협할 수 있으므로 식사섭취조사 설계나 분석 방법 선택 시 매우 유의해야 한다.

2. 식사 섭취 평가

1) 식사 섭취 평가의 개요

개인이나 집단의 영양소 섭취량을 파악하기 위해서는 먼저 대상자에 적합한 식사섭취조사 방법을 선택하여 식사 섭취량을 조사하고, 이로부터 영양소 섭취량을 알아내야 한다. 영양소 섭취량 자료를 얻기 위해 대상자가 섭취한 식사를 수거하여 영양소 함량을 분석하는 방법을 쓰기도 하지만 대부분의 연구에서는 음식, 영양소 데이터베이스 등 다양한 데이터베이스를 활용하여 대상자가 섭취한 영양소나 식품 섭취량을 분석한다. 이때 식사섭취조사를 통해 얻은 자료는 음식별 레시피 데이터베이스나 부피 중량 환산 데이터베이스를 사용하여 식품 섭취량을 분석할 수 있고, 다음 단계에서 식품별 영양 성분 데이터베이스를 사용하여 영양소 및 기타 다른 식품 중 함유하고 있는 성분의 섭취량을 분석할 수 있다. 이 과정에서 획득한 식품 및 영양소 섭취량 자료를 통해 영양소 섭취의 적절성, 식품 섭취의 다양성, 전체적인 식사의 질, 식사 패턴 등 다양한 정보를 도출할 수 있다(그림 3-7).

따라서 영양소 및 식품 섭취 상태를 정확히 평가하기 위해서는 각 데이터베이스의 특

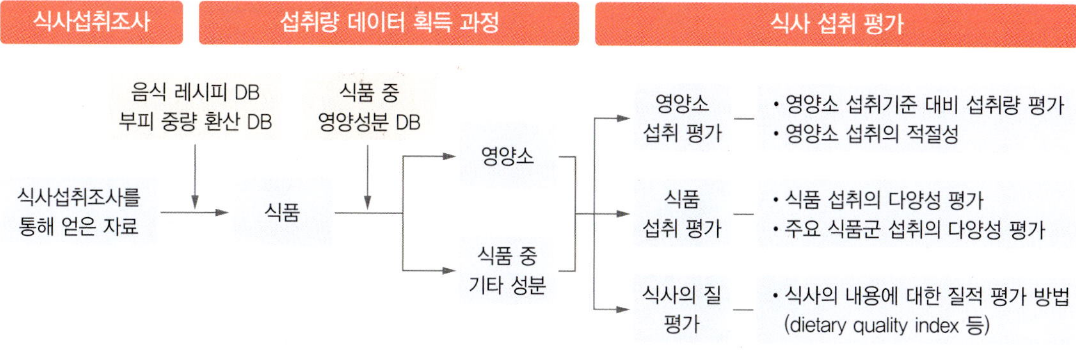

그림 3-7 식사 섭취 평가의 과정

징을 잘 이해한 후 활용해야 하며, 무엇보다도 정확하고 최신 자료가 잘 반영되어 구축된 데이터베이스를 활용하는 것이 중요하다. 또한 식사 섭취를 평가하기 위해 활용할 수 있는 다양한 기준 및 평가 방법 등을 익혀야 한다.

2) 영양소 섭취량으로의 전환

(1) 식품 및 영양소 관련 데이터베이스

① 식품성분표

우리나라에서 기본으로 사용하는 데이터베이스는 농촌진흥청 국립농업과학원에서 발간하는 식품성분표이다. 농촌진흥청에서는 1970년에 476종의 식품에 대한 식품성분표를 처음으로 발간하였으며, 1981년 제2차 개정부터는 5년 주기로 발간하고 있고, 2006년 제7차 개정판부터는 데이터베이스화가 이루어져 활용이 증가하고 있다. 2016년에는 식품성분표 제9차 개정판(국가표준식품성분 DB 9.0)이 발행되었으며(그림 3-8), 2019년부터는 신속한 정보 제공을 위해 데이터 공개 주기가 기존 5년에서 1년으로 변경되어, 가장 최신 자료는 2021년 개정된 '국가표준식품성분 DB 9.3'이다.

'국가표준식품성분 DB 9.3'의 경우 총 3,113종의 식품에 관한 정보가 1, 2편에 수록되어 있으며, 총 20개의 식품군으로 분류되어 일반성분, 아미노산, 지방산, 무기질, 비타민 등 총 43종의 영양 성분과 식염 상당량, 폐기율 등의 정보를 포함하고 있다(표 3-9). 식품성분표는 주기적으로 자료의 업데이트가 이루어지며, 자료의 범위가 방대하여 그 활용도는 높지만 식품성분표를 이용하여 영양 상태를 평가하고자 할 때는 몇 가지 사

그림 3-8 우리나라 식품성분표

자료 : 농촌진흥청 국립농업과학원 농식품종합정보시스템(http://koreanfood.rda.go.kr)

항을 고려해야 한다.

- 식품성분표에 제시된 분석값은 식품에 함유된 영양소의 양을 의미하며, 흡수되는 양을 의미하는 것은 아니다. 따라서 섭취하는 식품의 구성, 개개인의 흡수율의 차 등에 따라 이용 효율이 다를 수 있음을 고려해야 한다.
- 영양 성분 함량은 가식부 100 g 기준으로 제시되어 있으며, 적용 시에는 실제로 섭취하는 식품이나 음식의 레시피에 따른 양을 고려하여 계산하여야 한다.
- 폐기율은 식품의 구입 상태를 기준으로 섭취하지 않는 부위인 껍질, 뼈, 씨앗 등을 분리하여 측정한 무게(100 g 기준)로 제시되어 있다.

알아두기 식품성분표 외에 다른 식품 성분 데이터베이스는 무엇이 있나요?

- **한국영양학회 식품/음식 영양소 함량 데이터베이스**

한국영양학회 영양정보위원회에서는 식품 및 음식 영양소 함량 데이터베이스를 구축하여 함량 자료집을 출간하고, 영양분석 프로그램인 CAN-Pro의 데이터베이스로 활용하고 있다(https://www.kns.or.kr).

- **미국 USDA(U.S. Department of Agriculture) 데이터베이스**

미국 농무성(U.S. Department of Agriculture)에서는 식품영양성분 데이터베이스 및 이와 관련된 많은 정보를 제공하고 있다(https://fdc.nal.usda.gov/ndb/).

표 3-9 식품군별 수록 식품 수(국가표준식품성분 DB 9.3)

식품군	식품 수	식품군	식품 수
곡류 및 그 제품	317	어패류 및 기타 수산물	681
감자류 및 전분류	67	해조류	57
당류	51	우유 및 유제품류	52
두류	71	유지류	33
견과류 및 종실류	84	차류	60
채소류	620	음료류	25
버섯류	95	주류	25
과일류	260	조미료류	97
육류	329	조리가공식품류	128
난류	28	기타	33
총계			3,113

자료 : 농촌진흥청 국립농업과학원. 국가표준식품성분 DB 9.3. 2021

② 음식 데이터베이스

음식 데이터베이스는 음식 종류별로 음식 1인 분량에 들어 있는 영양소 함량을 분석할 수 있도록 각 음식의 레시피, 1인 1회 분량 및 조리 후 변화량, 음식별 함유하고 있는 영양소 함량 등을 제시한 자료이다. 우리나라 음식은 대부분 여러 재료와 양념을 혼합하여 조리하고 있으며, 같은 이름의 음식이라도 사용하는 식품 재료, 조리법 등이 매우 다양하므로 영양소 섭취량을 정확하게 파악하기 위해서는 잘 구축된 음식 데이터베이스가 매우 중요하다.

우리나라 식품의약품안전처에서는 다양한 기관에서 생산된 영양 성분 데이터를 체계적으로 조직화하여 하나의 통합 데이터베이스화하였으며, 이 '식품영양성분 DB'를 온라인에서 쉽게 이용할 수 있는 형태로 제공하고 있다. 식품영양성분 DB 구축 시 사용된 식품영양성분 자료원은 국립농업과학원의 국가표준식품성분표, 식품의약품안전처의 가공식품 영양성분, 외식영양성분자료집 및 외식업체, 국립수산과학원의 표준수산물성분표이며, 조리에 따른 성분 변화율은 미국 농무성의 USDA Table of Nutrient

Retention Factors(Release 6) 자료를 사용하였다. 이를 통해 농축산물 3,113종, 수산물 1,366종, 가공식품 68,395종, 음식 7,703종을 포함한 총 80,577종의 식품에 대하여 총 352종의 성분을 제시하고 있다(2022. 1. 3. 기준). 식품의약품안전처 식품영양성분 데이터베이스에서는 그림 3-9와 같이 다양한 카테고리에서 식품영양성분의 검색을 할 수 있으며, 해당 식품 및 음식의 함유하고 있는 영양 성분 이외에 에너지 적정 비율, 1일 영양소 섭취기준 대비 비율을 제공하고 있다.

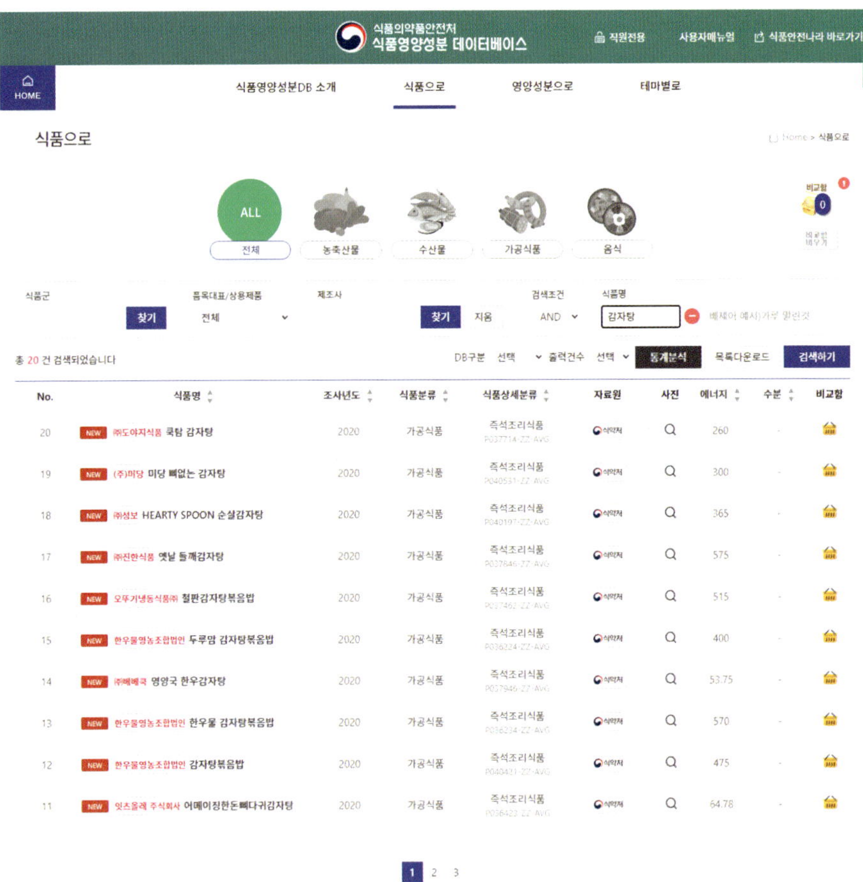

그림 3-9 식품의약품안전처 식품영양성분 데이터베이스

자료 : 식품의약품안전처(https://www.foodsafetykorea.go.kr/fcdb). 2021.11.20.

③ 식품 및 영양소 관련 데이터베이스 사용 시 유의 사항

식품 및 영양소 관련 데이터베이스 등이 꾸준히 구축되어 제공되고 있지만, 새로운 가공식품과 기능성식품 등이 계속적으로 개발되면서 새로운 식품이 모두 다 데이터베이스에 수록되기는 어렵다. 또한 동일한 식품이나 음식의 영양소 함량값이 데이터베이스의 종류 및 버전에 따라 상이한 경우가 존재하기도 한다. 따라서 식품 및 영양소 관련 데이터베이스를 사용하여 영양 상태를 평가하고자 할 때에는 다음의 사항을 고려하여야 한다.

- 사용하고자 하는 데이터베이스의 특성을 잘 이해하여야 한다. 식품분석표에 수록되는 영양소의 함량은 시료의 수거 방법, 분석 방법, 측정오차, 분석치를 영양소로 환산하는 방법 등에 따라 차이가 날 수 있다. 예를 들어, 미량 영양소인 경우 수거된 시료의 산지에 따라 함량에 상당히 차이가 나며, 동일한 영양소라고 해도 어떤 분석 방법을 사용하였느냐에 따라 결과값에 큰 차이가 생기게 된다. 따라서 사용하고자 하는 데이터베이스에서 데이터 자료원, 분석 방법 등을 확인 후 사용해야 좀더 정확하게 영양소 함량값을 계산할 수 있다.
- 섭취한 것으로 조사된 식품을 데이터베이스의 식품에 대입하여 영양소 함량을 계산할 때는 정확한 식품에 매칭되어야 한다. 특히 마른 것과 생것, 가루 형태와 액상 형태 등 동일한 식품 내에서도 형태와 성상에 따라 영양소 함량 값의 차이가 큰데, 예를 들어, 식품성분표 내에서 고사리 100 g당 열량이 생것에서는 22 kcal, 말린 것에서는 261 kcal로 큰 차이가 난다.

(2) 소프트웨어를 이용한 영양소 섭취량 계산

오늘날 새로이 개발, 생산되는 식품의 종류는 계속적으로 증가하고 있다. 따라서 변화하고 있는 식품을 반영하여 좀 더 쉽게 영양 평가를 하기 위해 영양소 평가 소프트웨어 개발의 필요성이 커지고 있다. 영양소 섭취량 평가를 위한 소프트웨어는 소프트웨어 내 저장된 식품의 영양 성분 데이터베이스를 쉽게 수정, 보완할 수 있기 때문에 다양화되고 있는 식품 종류의 변화를 반영할 수 있으며, 또한 사용자 입장에서 영양소 섭취량 계산 및 평가가 매우 신속하고, 용이하다는 장점이 있다.

한국영양학회에서는 영양 평가를 목적으로 CAN Pro(computer aided nutritional

analysis program)를 개발하였으며(그림 3-10), CAN Pro에서는 소프트웨어 내 구축되어 있는 식품과 영양 성분 데이터베이스로 섭취한 식품과 영양소 섭취량을 평가한 뒤 한국인의 영양소 섭취기준을 사용하여 영양 섭취 상태를 평가하게 된다. 1998년 처음 개발된 CAN Pro 1.0 버전 이래 계속적으로 버전이 업그레이드되면서 점차 수록된 식품과 영양 성분이 확장되었으며, 일반용과 전문가용의 두 종류로 나뉘어 사용자의 목적에 따라 프로그램을 선택할 수 있도록 구성되었다. 2015년 출시된 CAN Pro 5.0 버전 전문가용은 3,926개의 식품, 1,784개의 음식 데이터베이스를 활용하여, 현재 48종의 기본영양소 이외에 지방산 39종, 아미노산 21종의 영양소를 평가할 수 있다. CAN Pro 5.0 버전의 데이터베이스는 농촌진흥청의 식품성분표 및 한국영양학회의 식품성분표 등을 활용하여 구축되었다. 2015년 9월 5.0 웹 버전이 출시되면서 이용 접근성이 증대되었고, 식품 데이터베이스의 업데이트가 수시로 이루어지고 있다.

CAN Pro 5.0 버전은 24시간 회상법(전문가용, 일반용) 또는 식품섭취빈도조사(전문가용)로 식품 및 영양소 섭취량을 평가하도록 구성되어 있다. 24시간 회상법은 소프트웨어 내에 식품의 영양가 자료와 대표음식의 레시피의 자료가 이미 입력되어 있기 때문에 개인의 기본자료(성명, 성별, 나이, 신장, 체중, 활동 정도 및 임신 수유 여부)를 입력한 후 섭취한 식품이나 음식의 종류와 섭취량을 선택하면 소프트웨어 내에서 자동적으로 식품 및 영양소 섭취량을 계산하고, 개인의 영양소 섭취기준 대비 평가 자료 등 다양한 결과물을 제공한다. 이때 전문가용 버전에서는 대상자의 식사 섭취 내용을 입력할 때 소프트웨어 내의 음식 데이터베이스 내의 레시피와 실제 섭취가 다를 경우, 사용자가 음식 데이터베이스를 수정하여 사용할 수 있다. 식품섭취빈도법은 식품/음식 항목 및 섭취 빈도, 섭취량 등으로 구성된 정량적 식품섭취빈도법으로 설문지 항목을 구성한 후, 구성된 항목에 대하여 개인별로 섭취 빈도와 섭취량을 체크하면 소프트웨어 내에서 자동적으로 1일 영양소 섭취량을 계산하고, 개인의 영양소 섭취기준과 비교하여 평가 자료를 제공하도록 구성되어 있다(표 3-10).

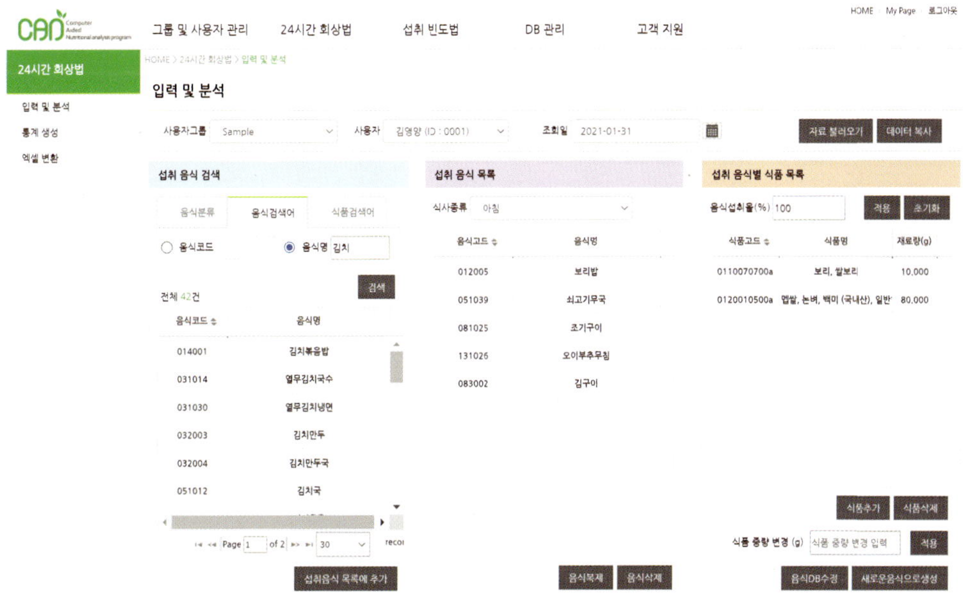

그림 3-10 CAN Pro 5.0 버전

자료: 한국영양학회(https://www.kns.or.kr). 2021.01.31.

표 3-10 CAN Pro 5.0 버전에서의 결과물

전문가용	일반용
24시간 회상법 1. 하루 섭취 영양소, 입력 기간 적용 시 평균 섭취 영양소 2. 영양소 섭취기준 대비 섭취율 3. 영양소별 동식물성 급원 섭취율 4. 열량 영양소의 구성 비율 5. 영양소별 식사군 기여율 6. 기간별 영양소 섭취 변화 7. 개인의 영양소 섭취 상태 통계 8. 개인의 영양소 섭취기준 대비 섭취율 통계 9. 컨설트(체격지수, 영양소 섭취), 입력 기간 적용 시 평균값에 대한 컨설트 **식품섭취빈도법** 1. 하루 섭취 영양소 2. 영양섭취기준 대비 섭취율 3. 식품섭취빈도 결과	**24시간 회상법** 1. 하루 섭취 영양소 및 식품군 2. 영양소 섭취기준 대비 섭취량 평가 3. 식품군별 기준의 섭취 평가 4. 열량 영양소의 구성 비율 5. 영양소별 식사군 기여율 6. 기간별 영양소 및 식품군별 섭취 변화 7. 컨설트(체격지수, 영양소 섭취, 식품군별 섭취)

자료 : 한국영양학회(https://www.kns.or.kr). 2022.01.03.

3) 영양소 섭취량 평가

개인이나 집단의 식사 섭취량을 조사하여 영양소 섭취량 자료로 전환 후에는 영양소 섭취량이 적정 수준인지의 여부에 대한 평가를 하는 것이 필요하다. 이를 위해서는 영양소 섭취기준에 대한 이해가 필요하며, 영양소 섭취 수준에 대한 평가는 영양소 섭취기준과 직접 비교하는 방법으로부터 영양소 밀도, 식사의 질을 평가하는 방법까지 매우 다양하다. 이때 판정 대상(개인 또는 집단)에 따라 영양소 섭취기준을 적용하는 방법 및 해석 방법이 다를 수 있기 때문에 영양소 섭취기준에 대한 이해가 요구된다.

(1) 한국인 영양소 섭취기준

① 목적

한국인 영양소 섭취기준(Dietary Reference Intakes for Koreans, KDRIs)은 건강한 개인 및 집단을 대상으로 우리나라 국민의 건강을 유지·증진하고 식사와 관련 있는 만성질환의 위험을 감소시키기 위한 목적으로 설정된 에너지 및 영양소의 섭취기준이다. 과거

에는 영양 섭취 부족이 주요 관심사였기 때문에 영양 필요량을 충족시키는 것에 초점을 맞추어 '영양권장량'이라는 단일 값으로 제시되었다. 그러나 최적의 건강 유지를 목표로 하기 위해서는 영양소별 필요량 충족 이외에 만성질환이나 영양소의 과다 섭취 예방까지도 함께 고려가 필요하다는 측면에서 여러 수준으로의 섭취기준이 설정되게 되었다. 따라서 종전의 영양권장량에서 2005년 처음 한국인 영양섭취기준이 제정되어 영양소 섭취량 판정 방법에 변화를 가져왔으며, 2010년 개정된 바 있다. 2015년부터는 「국민영양관리법」 제14조에 근거하여 보건복지부와 한국영양학회가 공동으로 한국인 영양소 섭취기준을 제정하게 되었고, 5년마다 개정되고 있다.

2020 한국인 영양소 섭취기준은 섭취 부족의 예방을 목표로 하는 3가지 지표, 평균필요량(estimated average requirement, EAR), 권장섭취량(recommended nutrient intake, RNI), 충분섭취량(adequate intake, AI), 과잉 섭취로 인한 건강 문제의 예방을 목표로 하는 상한섭취량(tolerable upper intake level, UL), 만성질환 위험 감소를 고려한 에너지적정비율과 만성질환위험감소섭취량(chronic disease risk reduction intake, CDRR)으로 구성되어 있다. 2020 한국인 영양소 섭취기준은 에너지 및 다량 영양소 12종, 비타민 13종, 무기질 15종의 총 40종 영양소에 대해 설정되었다(표 3-11). 영양소 섭취기준 설정에 필요한 근거 자료의 정도, 영양소별 특성 등에 따라 영양소별 설정된 지표는 다르다. 따라서 영양소 섭취량 평가 시 영양소의 특성 및 영양소 섭취기준 지표의 내용을 충분히 이해하여 올바로 사용하는 것이 필요하다.

영양소의 필요량은 생애주기에 따른 생리적 변화 및 신체 크기에 영향을 받으므로 체위 기준이 함께 고려되어야 한다. 따라서 영양소 섭취기준은 성별, 연령별 집단의 표준체위 기준치를 설정한 후 그 기준치를 적용하여 설정하게 된다. 생애주기별 사용하는 체위 기준치의 종류는 달라서 1세 미만의 영아 및 1세 이상의 소아·청소년은 소아·청소년 신체발육표준치(2017)를 사용하였고, 성인의 경우 최근 5년(2013~2017년)의 국민건강영양조사 자료를 근거로 19~49세의 건강한 성인 중에서 체질량지수 18.5~24.9 kg/m^{2}인 대상자의 체질량지수 중위수(남성 22.6, 여성 21.4)를 산출하여 적용함으로써 건강체중의 개념을 포함한 체위 기준을 적용하였다(표 3-12).

표 3-11 2020 한국인 영양소 섭취기준 대상 영양소

영양소		영양소 섭취기준					
		평균필요량	권장섭취량	충분섭취량	상한섭취량	만성질환 위험 감소를 고려한 섭취량	
						에너지 적정비율	만성질환 위험감소섭취량
에너지	에너지	○[1]					
다량 영양소	탄수화물	○	○			○	
	당류						○[3]
	식이섬유			○			
	단백질	○	○			○	
	아미노산	○	○				
	지방			○		○	
	리놀레산			○			
	알파-리놀렌산			○			
	EPA+DHA			○[2]			
	콜레스테롤						○[3]
	수분			○			
지용성 비타민	비타민 A	○	○		○		
	비타민 D			○	○		
	비타민 E			○	○		
	비타민 K			○			
수용성 비타민	비타민 C	○	○		○		
	티아민	○	○				
	리보플라빈	○	○				
	니아신	○	○		○		
	비타민 B_6	○	○		○		
	엽산	○	○		○		
	비타민 B_{12}	○	○				
	판토텐산			○			
	비오틴			○			

(계속)

영양소		영양소 섭취기준					
		평균필요량	권장섭취량	충분섭취량	상한섭취량	만성질환 위험 감소를 고려한 섭취량	
						에너지 적정비율	만성질환 위험감소섭취량
다량 무기질	칼슘	○	○		○		
	인	○	○		○		
	나트륨			○			○
	염소			○			
	칼륨			○			
	마그네슘	○	○		○		
미량 무기질	철	○	○		○		
	아연	○	○		○		
	구리	○	○		○		
	불소			○	○		
	망간			○	○		
	요오드	○	○		○		
	셀레늄	○	○		○		
	몰리브덴	○	○		○		
	크롬			○			

[1] 에너지 필요추정량

[2] 0～5개월과 6～11개월 영아의 경우 DHA 단일 성분으로 충분섭취량 설정

[3] 권고치

자료 : 보건복지부·한국영양학회. 2020 한국인 영양소 섭취기준. 보건복지부. 2020

표 3-12 2020 한국인 영양소 섭취기준 제정을 위한 체위 기준

연령	2020 체위 기준					
	신장(cm)		체중(kg)		체질량지수(kg/m²)	
0~5(개월)	58.3		5.5		16.2	
6~11	70.3		8.4		17.0	
1~2(세)	85.8		11.7		15.9	
3~5	105.4		17.6		15.8	
	남자	여자	남자	여자	남자	여자
6~8(세)	124.6	123.5	25.6	25.0	16.7	16.4
9~11	141.7	142.1	37.4	36.6	18.7	18.1
12~14	161.2	156.6	52.7	48.7	20.5	20.0
15~18	172.4	160.3	64.5	53.8	21.9	21.0
19~29	174.6	161.4	68.9	55.9	22.6	21.4
30~49	173.2	159.8	67.8	54.7	22.6	21.4
50~64	168.9	156.6	64.5	52.5	22.6	21.4
65~74	166.2	152.9	62.4	50.0	22.6	21.4
75 이상	163.1	146.7	60.1	46.1	22.6	21.4

자료 : 보건복지부·한국영양학회. 2020 한국인 영양소 섭취기준. 보건복지부. 2020

② 지표

평균필요량

평균필요량은 건강한 사람들의 일일 영양소 필요량의 중앙값으로부터 산출한 수치이다. 영양소의 특성에 따라 섭취 상태에 민감하게 반응하는 기능적 지표가 있고 영양 상태를 판정할 수 있는 평가 기준이 있는 영양소에 대하여 설정되었다. 에너지의 경우는 다른 영양소와 달리 개인의 필요량을 측정하는 것이 기술적으로 어렵기 때문에 에너지평형을 이룬 상태로 가정하고, 에너지 소비량을 통해 에너지 필요량을 추정하고 있다. 따라서 에너지는 평균필요량이라는 용어 대신 필요추정량(estimated energy requirements, EER)이라는 용어를 사용한다.

권장섭취량

권장섭취량은 인구 집단의 약 97～98%에 해당하는 사람들의 영양소 필요량을 충족시키는 섭취 수준으로, 평균필요량에 표준편차 또는 변이계수의 2배를 더하여 산출하였다.

충분섭취량

충분섭취량은 영양소 필요량을 추정하기 위한 과학적 근거가 미비할 경우, 실험 연구 또는 관찰 연구에서 확인된 건강한 사람들의 영양소 섭취량 중앙값을 기준으로 정한 수치이다. 충분섭취량은 대상 집단의 건강을 유지하는 데 충분한 양을 의미하며, 대상 집단의 영양소 필요량을 어느 정도 충족시킬 수 있는지 확실하지 않다. 따라서 대상 집단의 97～98%에 해당하는 사람들의 필요량을 충족시키는 양을 의미하는 권장섭취량과는 다르다.

상한섭취량

상한성취량은 인체 건강에 유해 영향이 나타나지 않는 최대 영양소 섭취 수준을 의미한다. 영양소를 과량으로 섭취 시 유해 영향이 나타날 수 있다는 과학적 근거 자료가 있을 때 설정할 수 있다. 상한섭취량은 유해 영향이 나타나지 않는 최대 용량인 최대무해용량(no observed adverse effect level, NOAEL), 유해 영향이 나타나는 최저 용량인 최저유해용량(lowest observed adverse effect level, LOAEL) 자료를 근거로, 불확실계수(uncertainty factor, UF)를 감안하여 정해진다.

상한섭취량 = 최대 무해용량 또는 최저 유해용량/불확실계수

에너지적정비율

에너지적정비율은 각 영양소(탄수화물, 단백질, 지방, 포화지방산, 트랜스지방산)를 통해 섭취하는 에너지의 양이 전체 에너지 섭취량에서 차지하는 비율의 적정 범위를 의미한다. 각 다량 영양소의 에너지적정비율의 범위는 미량 영양소를 충분히 공급하면서 만성질환 및 영양 불균형에 대한 위험을 감소시킬 수 있는 에너지 섭취비율을 근거로 설정되었으며, 따라서 각 다량 영양소의 에너지 섭취비율이 설정된 범위에서 벗어나는 것은

건강 문제가 발생할 위험성이 증가한다는 것을 뜻한다.

만성질환위험감소섭취량

만성질환위험감소섭취량은 건강한 인구 집단에서 만성질환의 위험을 감소시킬 수 있는 영양소의 최저 수준의 섭취량을 의미하며, 섭취량이 그 기준치보다 높을 경우 전반적으로 섭취량을 감소시키면 만성질환에 대한 위험을 낮출 수 있다는 근거를 중심으로 도출된 섭취기준이다. 2020 한국인 영양소 섭취기준에서는 심혈관질환과 고혈압 등 만성질환과 영양소의 관계에서 과학적 근거가 확보된 나트륨에 대해 만성질환위험감소섭취량이 설정되었다.

(2) 영양소 섭취기준을 활용한 식사 평가

한국인 영양소 섭취기준은 건강한 개인 및 집단을 대상으로 하여 건강을 유지 및 증진하고 식사와 관련된 만성질환의 위험을 감소시켜 궁극적으로 국민의 건강수명을 증진하는 것을 목적으로 하고 있다. 이를 위해 개인이나 집단을 대상으로 식사 섭취가 적절한지를 평가하는 과정은 필수적이다. 따라서 식사 평가 시 영양소 섭취기준을 활용하게 되며, 이때 영양소 섭취기준의 지표별 특성을 제대로 이해하고 사용하는 것이 중요하다.

① 개인의 식사 평가

개인의 식사를 평가하기 위해서는 식사섭취조사를 통해 우선 개인의 일상적인 영양소 섭취량을 파악하여 산출하여야 한다. 그러나 특정 개인의 일상적인 영양소 섭취량을 정확하게 파악하기는 어렵기 때문에 식사섭취조사 결과를 영양소 섭취기준에 따라 평가 시 절대적 수치로 판단하는 대신 식사의 적절/부적절 여부를 평가해야 한다.

식사섭취조사에 의해 개인의 1일 영양소 섭취량이 계산된 후, 개인의 식사 평가는 다음의 단계로 진행할 수 있다.

ⓐ 개인의 성별, 연령, 체위 수준, 활동 수준을 확인한 후 에너지 필요량을 계산한다.

ⓑ 에너지 섭취를 평가한다.

ⓒ 다량 영양소 섭취 상태를 평가한다. 이때 에너지적정비율(탄수화물, 단백질, 지질)도 함께 평가한다.

ⓓ 비타민과 무기질 섭취량을 평가한다. 이때 평균필요량과 권장섭취량이 설정되어

있는 영양소와 충분섭취량이 설정되어 있는 영양소로 나누어서 평가하며, 상한섭취량과 만성질환위험감소섭취량이 설정되어 있는 영양소도 함께 평가한다.

※ 개인의 식사 평가(예)

P양의 일상 식사 섭취를 조사하여 영양소 섭취량으로 환산한 결과는 다음과 같다. P양의 평소 영양소 섭취량을 평가해 보자.

P양 : 여성 / 23세 / 163 cm / 58 kg / 저활동 수준

	일상섭취량	평균필요량	권장섭취량	충분섭취량	상한섭취량
에너지(kcal)	2,025	2,000[1]			
탄수화물(g)	270	100	130		
지방(g)	65				
단백질(g)	90	45	55		
식이섬유(g)	18			20	
비타민 A(μg RAE)	680	460	650		3,000
티아민(mg)	1.2	0.9	1.1		
리보플라빈(mg)	1.4	1.0	1.2		
니아신(mg NE)	12	11	14		35/1,000[2]
엽산(μg DFE)	200	320	400		1,000
비타민 C(mg)	2,060	75	100		2,000
칼슘(mg)	420	550	700		2,500
인(mg)	950	580	700		3,500
나트륨(mg)	2,400			1,500	2,300[3]
칼륨(mg)	2,700			3,500	
철(mg)	10	11	14		45

1) 에너지 필요추정량

2) 니코틴산/니코틴아미드

3) 만성질환위험감소섭취량

평가 결과

ⓐ 개인의 에너지 필요량 계산

사례의 P양의 에너지 필요량은 약 2,130 kcal이다(신체 활동 : 저활동, 신장 : 163 cm, 체중 : 58 kg)

성인 여자 에너지 필요추정량 산출식

354 − 6.91 × 연령(세) + PA × [9.36 × 체중(kg) + 726 × 신장(m)]

[PA=1.0(비활동적), 1.12(저활동적), 1.27(활동적), 1.45(매우 활동적)]

ⓑ 에너지 섭취 평가

P양의 체위와 활동량에 따라 계산한 에너지 필요량은 2,130 kcal이나 P양의 평소 에너지 섭취량은 2,025 kcal로 하루 에너지 필요추정량에 비해 낮은 편이다. 또한 한국인 영양소 섭취기준에서 제시하는 에너지 필요추정량(19 ~ 29세 여성 2,000 kcal/일)과 비교 시 유사한 수준이었다. 이때 한국인 영양소 섭취기준에서 제시하는 성별·연령별 에너지 필요추정량은 개인별 체위에 맞게 제시된 것이 아니라는 점을 인지한 후 활용해야 한다.

ⓒ 다량 영양소를 평가한다.

한국인 영양소 섭취기준에 의하면 총에너지 중 탄수화물의 비율은 55 ~ 65%, 단백질은 7 ~ 20%, 지질은 15 ~ 30%가 되도록 권장한다(19세 이상 성인 기준). P양의 탄수화물 : 단백질 : 지질의 에너지 섭취비율은 53.3 : 17.8 : 28.9로 에너지적정비율에서 탄수화물이 차지하는 비율이 기준 범위보다 낮았다. 단백질과 지질은 기준 범위 내에 속하였지만 지질의 섭취비율이 28.9%로 기준 상한인 30%에 근접하였다. 따라서 추후 식사에서 탄수화물 섭취의 비중은 높이고 지질 섭취의 비율을 낮추는 노력이 필요하다. 단백질은 평균필요량을 상회하는 섭취 수준이었다.

ⓓ 비타민과 무기질 섭취량을 평가한다.

비타민 A, 티아민, 리보플라빈은 권장섭취량 이상과 상한섭취량 미만으로 섭취하고 있어 섭취가 적절할 가능성이 크며, 니아신은 일상섭취량이 평균필요량보다 높으나 권장섭취량보다는 적어 부족할 수 있으니 섭취량을 증가시킬 필요가 있다. 엽산의 일상섭취량은 평균필요량인 320 μg/일보다 적어 섭취가 부족할 가능성이 크다. 반면 비타민 C는 비타민 C 음료의 섭취로 인해 일상섭취량이 2,060 mg/일로 상한섭취량보다 높아 과잉 섭취가 우려된다.

무기질 중 칼슘과 철의 경우 일상섭취량이 평균섭취량보다 낮아 섭취가 부족할 가능성이 매우 높은 반면, 인의 섭취는 권장섭취량 이상 상한섭취량 미만으로 섭취가 적절할 가능성이 크다. 칼륨은 충분섭취량 미만으로 섭취하고 있어 섭취를 증가시킬 필요가 있다. 나트륨은 충분섭취량 이상으로 섭취하고 있으나, 만성질환 위험 감소를 위한 섭취량(2,300 mg/일)보다는 섭취량이 높아, 만성질환의 위험을 감소시키기 위해 섭취량을 줄여야 한다.

② 집단의 식사 평가

집단의 영양 상태를 평가하기 위해서는 집단 구성원들의 영양소 섭취량을 파악한 후, 그중 영양소 필요량을 충족시키지 못하는 사람들의 비율을 구하게 된다. 실제 집단의 식사평가에서 각 개인의 영양소 필요량이나 평소 영양소 섭취량을 일일이 파악하는 것이 불가능하므로, 부적절하게 섭취하는 사람들의 비율을 추정하기 위해 확률적 접근법이나 Cut Point 방법 등 통계적 접근 방법을 적용한다(표 3-13). 이때 대상 집단을 구성하고 있는 건강한 사람들의 절반에 해당되는 1일 섭취 필요량 분포의 중앙값에서 산출된 값인 평균필요량을 식사 섭취의 적절성을 평가하는 기준으로 사용한다.

표 3-13 집단 내 부적절한 영양소 섭취 인구 비율을 추정하는 방법

확률적 접근법	• 영양소 필요량과 섭취량의 분포를 활용함
Cut Point 방법	• 영양소 필요량의 분포가 평균필요량을 중심으로 대칭일 경우 사용 • 이 방법에서는 평균필요량보다 적게 섭취하는 대상자의 비율을 부적절하게 섭취하는 사람들의 비율로 파악함

자료 : 보건복지부·한국영양학회. 2020 한국인 영양소 섭취기준. 보건복지부. 2020

확률적 접근법

확률적 접근법은 영양소의 1일 필요량의 확률분포와 평상시 영양소 1일 섭취량의 확률분포를 결합하여 집단 내 영양소 섭취량이 부족할 위험이 있는 사람들의 비율을 추정하는 방법이다(Institute of Medicine, 2000). 확률적 접근법을 활용하는 것은 평가 집단의 영양소 필요량의 분포와 정규성에 대한 확인이 필요하므로 집단의 식사평가에서 적용이 쉽지 않다. 따라서 확률적 접근법을 사용할 때는 첫째, 집단 내 대상자의 영양소 섭취량과 필요량 사이 연관성이 없어야 하며, 둘째, 영양소 필요량의 분포를 알고 있을 경우 사용할 수 있다. 만약 대상 집단의 어떤 영양소 필요량 분포가 정규분포를 따르고, 평균이 100일 경우 위험 곡선을 그리면 다음과 같이 추정할 수 있다(그림 3-11).

섭취량이 150일 때 부적절할 위험이 거의 0%

섭취량이 100일 때 부적절할 위험이 50%

섭취량이 50일 때 부적절할 확률이 거의 100%

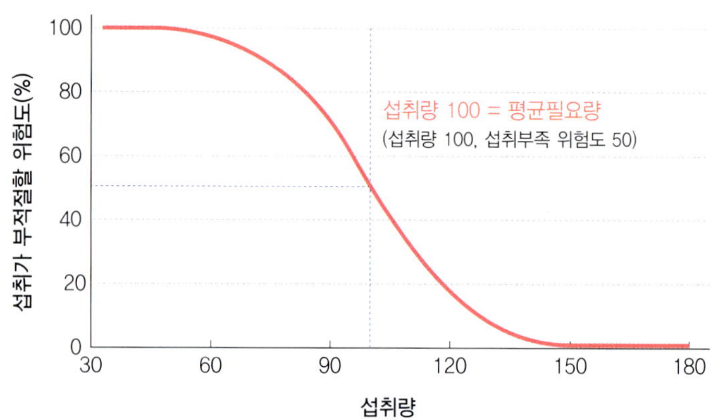

그림 3-11 평균 영양요구량 분포에 따른 위험 곡선

자료 : Institute of Medicine. *Dietary Reference Intakes: Applications in Dietary Assessment.* Washington, DC: The National Academies Press. 2000

Cut Point 방법

Cut Point 방법은 영양소 필요량의 중앙값을 활용하여 평가하며, 이때 평균필요량 미만으로 섭취하는 대상자의 비율을 추정하는 방법이다. 이 방법에서는 영양소 필요량의 분포가 평균필요량을 중심으로 대칭일 경우에 사용할 수 있다. 부적절하게 섭취하는 대상자의 비율은 집단 구성원 중 평균필요량보다 미달되게 섭취하는 사람의 비율을 뜻한다(그림 3-12). 이 방법은 대부분의 영양소에 있어서 영양불량의 비율을 측정하는 데 용이하게 사용되지만 에너지와 같이 섭취량과 필요량 분포가 관련성이 있는 영양소, 여성

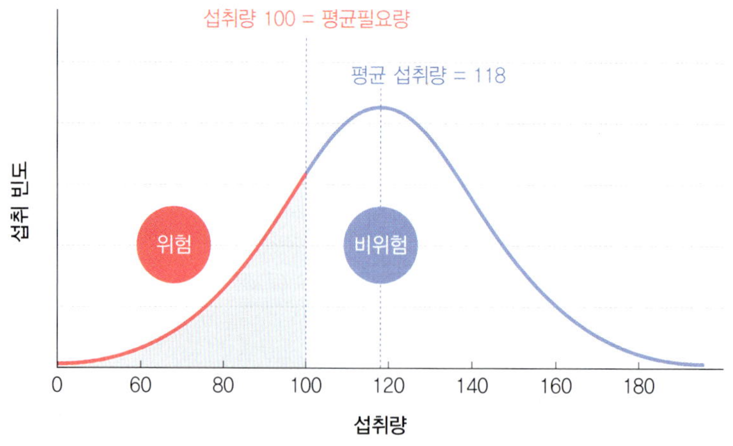

그림 3-12 평균필요량 Cut Point 방법(평균필요량 미만의 회색 부분으로 섭취할 경우 위험에 속함)

자료 : Institute of Medicine. *Dietary Reference Intakes: Applications in Dietary Assessment.* Washington, DC: The National Academies Press. 2000

※ 집단의 식사 평가(예)

T고등학교의 남학생 300명을 대상으로 식사섭취조사를 실시하였다. 식사섭취조사를 통해 분석한 영양소 섭취 결과를 한국인 영양소 섭취기준과 비교한 결과, 칼슘의 섭취 수준은 다음과 같았다. T고등학교 남학생의 칼슘 영양 상태를 평가해 보자.

15~18세 남자 칼슘 섭취기준	평균필요량(mg)	상한섭취량(mg)
	750	3,000
T고등학교 남학생(300명) 칼슘 섭취 상태	평균필요량 미만 섭취자(명)	상한섭취량 초과 섭취자(명)
	175	3

조사 결과, T고등학교 남학생 집단(300명)의 칼슘 섭취량의 평균은 485 mg이었으며, 평균필요량에 미달되게 섭취하는 대상자는 총 175명이었고, 상한섭취량을 초과해서 섭취하는 대상자는 총 3명이었다. 따라서 섭취량이 부족한 사람의 비율은 칼슘 섭취량이 750 mg 미만인 사람의 비율로 계산할 수 있으며, 총 175명이 750 mg 미만으로 섭취하였기 때문에 부족한 사람의 비율은 58.3%였다[(175/300)×100]. 과잉 섭취한 사람들의 비율은 칼슘의 섭취량이 3,000 mg을 초과한 사람들의 비율로 계산할 수 있으며 3명이 초과 섭취하여 과잉 섭취자의 비율은 1.0%였다[(3/300)×100]. 집단의 식사 평가에서 상한섭취량을 이용하여 평가할 때는 영양소의 모든 급원, 즉 식품, 영양보충제, 강화제 등으로부터 공급받는 섭취량도 합해서 평가해야 한다.

의 생리 중 철 필요량과 같이 분포가 비대칭인 경우에는 사용하는 것이 적절하지 않다.

(3) 영양소 섭취 평가지표

① 영양소 적정섭취비

영양소 적정섭취비(nutrient adequacy ratio, NAR)는 각 영양소의 권장섭취량에 대한 섭취비율을 의미한다. 즉 영양소의 NAR이 1 이상이면 해당 영양소를 권장섭취량 이상으로 섭취하는 것을 의미하며, 1 이상은 1로 간주한다.

$$\text{NAR} = \frac{\text{개인의 특정 영양소의 섭취량}}{\text{특정 영양소의 권장섭취량}}$$

② 평균 영양소 적정섭취비

평균 영양소 적정섭취비(mean adequacy ratio, MAR)는 각 영양소에 대한 NAR의 평균

값을 의미하며 전반적인 식사의 질을 평가할 수 있다. MAR에서는 모든 영양소가 동일한 중요도로 포함되고 평균으로 제시되기 때문에 각 영양소 섭취량의 과부족은 알 수 없다는 단점이 있다.

$$\text{MAR} = \frac{\text{n개 영양소의 NAR 값의 합}}{\text{영양소의 개수(n)}}$$

③ 영양밀도

영양밀도(nutrient density)는 식품이 함유하는 에너지 함량에 대한 영양소의 양을 의미한다. 영양밀도 계산은 특정 식품에서 1,000 kcal를 섭취할 때 동시에 섭취하는 영양소의 함량으로 표현할 수 있다.

④ 영양밀도 지수

영양밀도 지수(index of nutritional quality, INQ)는 1,000 kcal 에너지 섭취당 특정 영양소 섭취량을 1,000 kcal당 특정 영양소 권장섭취량으로 나눈 값이다. 이 지수는 에너지 섭취량을 기준으로 하였으므로 에너지 필요량이 충족될 때 특정 영양소 필요량의 충족 가능 정도를 나타내며, 음식의 섭취량에 무관한 질적인 개념이다. INQ가 1 이상이면 특정 영양소의 함량이 권장 수준 이상으로 섭취되었다는 것을 의미하며 식사의 질이 좋음을 나타낸다.

$$\text{INQ} = \frac{\text{섭취한 식사 1,000 kcal에 포함된 특정 영양소 양}}{\text{1,000 kcal당 특정 영양소의 권장섭취량}}$$

4) 식품의 다양성 및 식사 평가

식사에서 특정 영양소만을 포함한 식품이 아닌 영양 성분과 비영양 성분 모두를 포함한 식품을 섭취하며, 적절량의 다양한 식품을 일상적으로 섭취하는 것은 식품 중 함유되어 있는 영양소를 적절량 공급받는다는 것을 의미한다. 따라서 영양 상태 판정을 위한 식사 평가 시 개별 영양소 섭취의 과부족을 평가하는 것과 함께 식사의 다양성 및 식사 패턴 등을 평가한다면 각각 평가 방법의 장단점을 상호 보완할 수 있을 것이다.

① 식품군 점수

식품군 점수(dietary diversity score, DDS)는 섭취한 식품의 다양성과 균형성을 평가하는 방법이다. 이는 하루 섭취한 식품을 주요 식품군(곡류군, 육류군, 유제품군, 과일군, 채소군)으로 분류한 후, 최소 기준량 이상 섭취한 식품군마다 1점씩을 부여하여 식품군 점수를 계산하는 방법이다. 모든 식품군을 다 섭취한 경우에는 최고점인 5점이 되며, 점수가 높을수록 다양하게 식품을 섭취하였다고 평가할 수 있다. 최소량의 기준은 육류·채소·과일군의 경우 고형식품 30 g, 액체식품 60 g, 곡류군은 30 g, 유제품군의 경우 고형식품 15 g, 액체식품 30 g이다(Kant et al., 1991a; 1991b).

또한 식품군 섭취 패턴 방법(food group intake patten)은 식품군 점수를 응용한 방법으로, 섭취한 식품을 주요 식품군인 곡류군(G), 육류군(M), 유제품군(D), 과일군(F), 채소군(V)으로 분류한 후 최소 기준량 이상 섭취 시 1, 최소 기준량 미만 섭취 시 0을 부여하여 패턴을 나타내게 된다. 예를 들어, GMDFV=11001이라면 곡류군, 육류군, 채소군은 기준량 이상 섭취하였으나 유제품군과 과일군은 섭취하지 않았음을 나타낸다. 이 방법은 결과값을 통해 섭취가 최소 기준량에 비해 부족한 식품군을 바로 알아낼 수 있다는 장점이 있다.

② 섭취 식품 가짓수

섭취 식품 가짓수(dietary variety score, DVS)는 식사섭취조사 결과 하루에 섭취하였다고 나타난 모든 종류의 식품 수를 계산하여 식사의 다양성을 평가하는 방법이다. 소량을 섭취하고도 섭취 가짓수에 포함하는 것을 막기 위하여 섭취한 것으로 간주할 때 최소 섭취량의 양적 기준을 정하여 사용하기도 한다. 식품군별 대표식품 1인 1회 분량을 참고로 하여 1/10 이상을 섭취하였을 경우이거나, 간편하게 육류는 30 g, 곡류, 과일, 채소 등은 60 g 이상으로 하여 다른 식품이 한 가지 첨가될 때마다 점수를 1점씩 더하여 합산하게 된다.

③ 식생활평가지수

식생활평가지수는 식생활지침의 준수 여부 등을 점수화한 것으로 전반적인 식생활 및 식사의 질을 평가하는 도구이다. 식생활평가지수에 포함된 항목은 국내외 식생

표 3-14 식생활 평가지수

분류	요소	점수 범위	최대 점수 기준	최소 점수 기준
적정성 (8)	아침식사	0-10	5-7회/주	0회/주
	잡곡 섭취	0-5	≥0.3 serving/일	0 serving/일
	총과일 섭취	0-5	• 남자 19-64세 : ≥3 serving/일 • 남자 65세 이상 : ≥2 serving/일 • 여자 19-64세 : ≥2 serving/일 • 여자 65세 이상 : ≥1 serving/일	0 serving/일
	생과일 섭취	0-5	• 남자 19-64세 : ≥1.5 serving/일 • 여자 19-64세 : ≥1 serving/일 • 남자 65세 이상 : ≥1 serving/일 • 여자 65세 이상 : ≥0.5 serving/일	0 serving/일
	총채소 섭취	0-5	• 남자, 여자 19-64세 : ≥8 serving/일 • 남자 65세 이상 : ≥8 serving/일 • 여자 65세 이상 : ≥6 serving/일	0 serving/일
	김치, 장아찌류를 제외한 채소 섭취	0-5	• 남자, 여자 19-64세 : ≥5 serving/일 • 남자 65세 이상 : ≥5 serving/일 • 여자 65세 이상 : ≥3 serving/일	0 serving/일
	고기, 생선, 달걀, 콩류 섭취	0-10	• 남자 19-64세 : ≥5 serving/일 • 여자 19-64세 : ≥4 serving/일 • 남자 65세 이상 : ≥4 serving/일 • 여자 65세 이상 : ≥2.5 serving/일	0 serving/일
	우유 및 유제품 섭취	0-10	≥1 serving/일	0 serving/일
절제성 (3)	포화지방산 에너지 섭취비율	0-10	≤총에너지 섭취량의 7%	>총에너지 섭취량의 10%
	나트륨 섭취	0-10	≤2,000 mg/일	>6,500 mg/일
	당류, 음료류 에너지 섭취비율	0-10	≤총에너지 섭취량의 10%	>총에너지 섭취량의 20%
에너지 섭취의 균형성 (3)	탄수화물 에너지 섭취비율	0-5	총에너지 섭취량의 55-65%	총에너지 섭취량의 <50% 또는 >75%
	지방 에너지 섭취비율	0-5	총에너지 섭취량의 15-30%	총에너지 섭취량의 <10% 또는 >35%
	에너지 적정 섭취	0-5	에너지 필요추정량의 75-125%	에너지 필요추정량의 <60% 또는 >140%

자료 : 육성민 외. 한국영양학회지. 48(5):419-428. 2015; 윤성하·오경원. 주간 건강과 질병, 11(52): 1764-1772. 2018

활지침, 식생활평가지수에 대한 문헌고찰, 비만, 복부비만, 대사증후군 등과의 관련성을 고려하여 선정하였으며, 타당도 평가가 완료된 지수이다(육성민 외, 2015; 윤성하·오경원, 2018). 식생활평가지수는 섭취를 권고하는 식품과 영양소의 적정성을 평가하는 영역 8항목(아침식사, 잡곡 섭취, 총과일 섭취, 생과일 섭취, 총채소 섭취, 김치, 장아찌류를 제외한 채소 섭취, 고기, 생선, 달걀, 콩류 섭취, 우유 및 유제품 섭취), 섭취를 제한하는 식품과 영양소 섭취의 절제를 평가하는 영역 3항목(포화지방산 에너지 섭취비율, 나트륨 섭취, 당류, 음료류 에너지 섭취비율), 에너지 섭취의 균형을 평가하는 영역 3항목(탄수화물 에너지 섭취비율, 지방 에너지 섭취비율, 에너지 적정 섭취)의 총 14항목으로 구성되어 있으며, 최고 100점으로 환산한다(표 3-14).

5) 생애주기별 식사 다양성 평가

식사 섭취 상태를 평가하는 지표는 영양소 중심이거나 식품/식품군 중심 또는 영양소와 식품군을 혼용하여 평가할 수 있도록 개발되고 있다. 이를 위해 다양한 식사의 질 평가도구가 마련되고 있는데 최근 복잡한 식사 섭취 실태조사 없이 간단한 체크리스트를 활용하여 식사의 질과 식행동을 측정할 수 있는 지수가 식품의약품안전처의 지원 아래 한국영양학회 영양지수 연구팀에 의해 개발되었다. 생애주기별 특성을 고려하여 미취학 어린이 영양지수, 학령기 어린이용 영양지수, 청소년 영양지수, 성인 및 노인을 대상으로 한 영양지수가 개발되어 있으며, 이는 모두 타당도 검증이 완료된 도구로써 한국영양학회 홈페이지(https://www.kns.or.kr)에서 다운로드하여 활용할 수 있다.

성인(만 19~64세)용 영양지수 조사지

▶ 본 조사는 귀하의 영양상태와 식행동을 간단하게 평가하기 위한 영양지수 계산에 사용될 것입니다. 귀하께서 가정에서는 물론, 급식이나 외식에서 먹고 있는 것도 포함해서 답해 주시기 바랍니다.

1 귀하는 **한 번 식사할 때** 김치를 제외한 **채소류**를 몇 가지나 드십니까?

※ 시금치나물, 콩나물, 미역나물, 쌈채소, 김구이, 시래기 국 등 나물이나 국, 찌개를 통해 섭취한 채소류는 모두 포함합니다.
※ 한 번 섭취할 때 분량은 다음을 참고해주세요.
 – 나물류(시금치나물, 콩나물 등) 작은 1접시, 상추 5장, 김구이 전지 1장(자른 것 6장)
 – 국이나 찌개 1대접

① 먹지 않는다
② 1가지
③ 2가지
④ 3가지
⑤ 4가지 이상

2 귀하는 **과일**을 얼마나 자주 드십니까?

※ 과일을 직접 갈아 먹는 것도 포함됩니다.
※ 한 번에 해당하는 양은 다음을 참고해주세요
 – 사과 : 1/2개, 귤(중) 1개, 참외 1/2개
 – 포도 : 1/3 송이, 수박 1조각(10cm길이 부채꼴 모양)
 – 생과일주스 : 1/2컵

① 2주일에 1번 이하
② 일주일에 1~3번
③ 일주일에 4~6번
④ 하루에 1번
⑤ 하루에 2번 이상

3 귀하는 **우유 또는 유제품**을 얼마나 자주 드십니까?

※ 한 번에 해당하는 양은 다음을 참고해주세요
 – 우유 1컵(1팩, 200ml), 슬라이스 치즈 1장
 – 마시는 요구르트 1병, 떠먹는 요구르트(요플레 등) 1개

① 2주일에 1번 이하
② 일주일에 1~3번
③ 일주일에 4~6번
④ 하루에 1번
⑤ 하루에 2번 이상

4 귀하는 **콩이나 콩제품**을 얼마나 자주 드십니까?

※ 콩제품에는 두부, 두유, 된장, 청국장, 콩비지 등이 해당하며, 밥에 들어있는 콩도 해당됩니다.
※ 한 번 섭취할 때 분량은 다음을 참고해주세요.
 – 두부 포장두부 1/4모, 판두부 1/6모, 두유 1컵, 콩조림 작은 1접시

① 2주일에 1번 이하
② 일주일에 1~3번
③ 일주일에 4~6번
④ 하루에 1번
⑤ 하루에 2번 이상

5 귀하는 **계란**을 얼마나 자주 드십니까?

※ **계란이나 메추리알** 등이 해당합니다.
※ 한 번에 해당하는 양은 다음을 참고해주세요
 – 계란 1개, 메추리알 5개

① 2주일에 1번 이하
② 일주일에 1~3번
③ 일주일에 4~6번
④ 하루에 1번
⑤ 하루에 2번 이상

6 귀하는 **생선이나 조개류**를 얼마나 자주 드십니까?

※ 각종 생선, 조개류 이외에 오징어, 새우, 멍게 등의 해산물이 해당합니다.
※ 한 번에 해당하는 양은 다음을 참고해주세요
 – 생선 작은 1토막, 새우(중간크기) 5마리
 – 건새우볶음, 오징어채볶음 작은 1접시

① 2주일에 1번 이하
② 일주일에 1~3번
③ 일주일에 4~6번
④ 하루에 1번
⑤ 하루에 2번 이상

(계속)

그림 3-13 식사의 질과 식행동 측정을 위한 영양지수 조사지 1

자료 : 한국영양학회(https://www.kns.or.kr)

7 귀하는 **견과류**를 얼마나 자주 드십니까?

※ 잣, 땅콩, 아몬드, 호두 등이 해당합니다.
※ 한 번에 해당하는 양은 다음을 참고해주세요
- 땅콩조림 작은 1접시, 하루견과 1봉지(25g)
- 아몬드 15알 정도, 땅콩 20알 정도

① 거의 먹지 않는다
② 2주일에 1번
③ 일주일에 1~3번
④ 일주일에 4~6번
⑤ 하루에 1번 이상

8 귀하는 **라면류**를 얼마나 자주 드십니까?

※ 봉지라면, 컵라면, 인스턴트 국수 등이 해당합니다.
※ 한 번에 해당하는 양은 다음을 참고해주세요
- 봉지라면 1개, 컵라면 큰 것 1개, 컵라면 작은 것 2개

① 거의 먹지 않는다
② 2주일에 1번
③ 일주일에 1~3번
④ 일주일에 4~6번
⑤ 하루에 1번
⑥ 하루에 2번 이상

9 귀하는 **패스트푸드**를 얼마나 자주 드십니까?

※ 한 번에 해당하는 양은 다음을 참고해주세요.
- 피자 1조각, 햄버거 1개

① 거의 먹지 않는다
② 2주일에 1번
③ 일주일에 1~3번
④ 일주일에 4~6번
⑤ 하루에 1번
⑥ 하루에 2번 이상

10 귀하는 **과자(초콜릿, 사탕 포함) 또는 달거나 기름진 빵(케이크, 도넛, 단팥빵 등)**을 얼마나 자주 드십니까?

※ 한 번에 해당하는 양은 다음을 참고해주세요
- 과자, 스낵, 비스킷 1 작은 봉지(12cm×10cm), 초콜릿 4쪽(30g), 사탕 2개
- 케이크(파운드케이크) 1조각, 도넛 1개, 패스추리 1개, 단팥빵, 소보로빵 1개

① 2주일에 1번 이하
② 일주일에 1~3번
③ 일주일에 4~6번
④ 하루에 1번
⑤ 하루에 2번 이상

11 귀하는 **가당음료**를 얼마나 자주 마십니까?

※ 가당 음료: 당을 첨가한 모든 음료를 말하며, 단매실차, 유자차, 믹스커피, 콜라 등 탄산음료 등이 포함됩니다.
※ 한 번에 해당하는 양은 **종이컵 한잔**입니다.

① 2주일에 1번 이하
② 일주일에 1~3번
③ 일주일에 4~6번
④ 하루에 1~2번
⑤ 하루에 3번 이상

12 귀하는 하루에 **물**을 얼마나 자주 마십니까?

※ 생수를 포함하여 보리차, 둥글레차, 녹차, 달지 않은 잎차 등을 끓여서 마시는 것도 해당합니다.
※ 한 번에 해당하는 양은 **종이컵 한잔**입니다.

① 거의 마시지 않는다
② 하루에 1~2번
③ 하루에 3~5번
④ 하루에 6~7번
⑤ 하루에 8번 이상

(계속)

그림 3-13 식사의 질과 식행동 측정을 위한 영양지수 조사지 2

자료 : 한국영양학회(https://www.kns.or.kr)

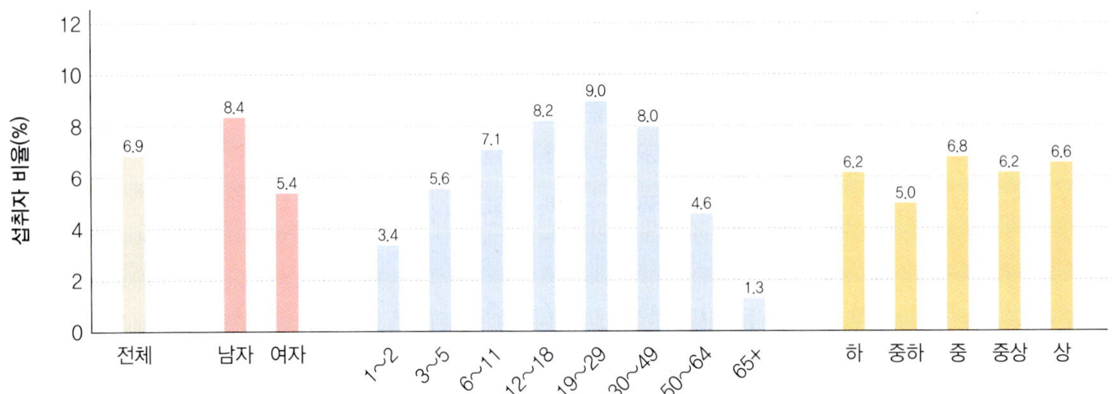

그림 3-16 에너지/지방 과잉 섭취자의 비율(성별, 연령별, 소득수준별)

에너지 섭취량이 필요추정량의 125% 이상이면서, 지방 섭취량이 지방 에너지적정비율의 상한선을 초과한 분율

자료 : 보건복지부·질병관리청. 2019 국민건강통계. 2020

CHAPTER 4

생화학적 조사

학습 목표

1. 영양 상태 판정의 객관적인 판정으로 가장 좋은 방법인 생화학적 검사에 대한 전반적인 개요를 이해한다.
2. 생화학적 검사 형태와 방법을 이해한다.
3. 생화학적 검사의 시료를 알아본다.
4. 생화학적 검사 방법을 통한 단백질, 지질, 비타민, 무기질 영양소의 체내 상태를 분석할 수 있는 방법과 원리를 파악하고, 적합한 영양판정 지표를 활용하는 원리를 학습한다.

1. 생화학적 조사의 의의 및 고려 사항

생화학적 조사는 식사섭취조사와 임상조사, 신체계측조사 등 여러 방법 중 다른 요인으로부터 영향을 적게 받는 가장 객관적이고 정확한 방법으로 널리 이용되고 있는 판정법이다. 생화학적 조사에는 혈액이나 소변 등에서 영양소를 측정하는 성분검사와 영양소 부족에 따른 생리적 기능의 이상을 측정하는 기능검사가 있다. 생화학 조사 시 고려할 사항으로는 채취 이유 설명과 승낙, 채취 시료의 분석과 해석 방법의 표준화, 전문지식을 갖춘 사람에 의한 분석이 요구된다. 또한 다양한 설비와 시간, 비용 등의 부담이 동반된다.

알아두기 영양 상태 판정에 영향을 주는 요인들

- 항상성 조절 기전
- 밤낮의 차이
- 혈청이나 혈장의 투석 여부
- 질병 상태 또는 감염 여부
- 영양소의 상호작용
- 연령, 성별, 인종
- 표본 수집 과정
- 최근의 식사 섭취량
- 표본의 오염 여부
- 약물 복용 여부
- 호르몬 분비 상태
- 염증에 의한 스트레스
- 운동

2. 생화학적 조사의 형태 및 시료

1) 생화학적 조사의 형태

생화학적 조사의 형태는 직접적인 영양 상태 측정 방법인 성분검사(static test)와 간접적인 영양 상태 평가 방법인 기능검사(functional test) 두 가지 방법이 있다.

(1) 직접적인 측정법-성분검사에 의한 영양 상태 판정법

신체의 혈액, 조직, 소변에서 검출되는 영양소의 함량을 직접 측정하는 방법으로, 혈액이나 소변 외에도 타액, 피부, 머리카락, 손톱 등을 채취하여 분석한다. 최근의 영양 상태 판정에 효과적인 영양판정 시료로는 혈청 및 혈장이 이용되며, 또 다른 시료는 소변을 통해 영양 상태를 판정하는 것으로 수용성 비타민, 단백질, 무기질 영양판정에 주로 이용된다. 체내 영양소가 감소하면 소변의 배설량도 줄게 되므로 비교적 최근의 영양 상태 판정에 효과적인 방법이다.

(2) 간접적인 측정법-기능검사에 의한 영양 상태 판정법

기능검사는 특정 영양소에 의한 효소 활성도 변화나 대사산물의 배설을 관찰하는 등 간접적으로 영양 상태를 측정하는 방법이다. 즉 체내 영양소의 부족 상태에 영향을 받는 효소 활성이나 생리기능 등을 측정하는 방법으로 예를 들어, 비타민 B_6 영양판정에서 비타민 B_6 결핍 시 트립토판-니아신 전환 과정에서 보조효소로 작용하는 크산투렌산(xanthurenic acic)의 함량을 측정하여 비타민 B_6 결핍 상태 판정에 이용한다. 또 리보플라빈은 글루타티온환원효소의 활성도 측정, 티아민은 트랜스케톨레이스의 활성을 측정하는 방법 등이 있다.

알아두기 영양소 기능검사의 예

혈액이나 소변의 비정상적 대사산물의 농도 측정

- 비타민 B_6 결핍 : 소변 중 크산투렌산 농도 증가

혈액의 구성 물질 및 효소 활성의 변화 검사

- 철 영양 상태 판정 : 헤모글로빈 측정
- 티아민 영양 상태 판정 : 적혈구 트랜스케톨레이스의 활성도 측정

생체 내 기능을 위한 생체 외 검사

- 에너지, 단백질 결핍 : 백혈구 주화성(chemotaxis) 측정
- 비타민 E 결핍 : 적혈구 용혈검사

정상적인 성장과 발달 검사

- 아연 판정 : 성적 성숙도 측정
- 철 판정 : 인지수행능력 측정

자발적인 체내 반응 검사

- 비타민 A 결핍 판정 : 암적응 검사
- 아연 결핍 판정 : 미뢰 세포의 맛에 대한 민감도 측정

체내 유도 반응과 투여 반응 검사

- 단백질, 에너지, 아연 결핍 : 피부의 과민반응성 측정
- 엽산 판정 : 히스티딘 부하 검사
- 비타민 B_6 판정 : 트립토판 부하 검사

2) 생화학적 검사의 시료

(1) 혈액

혈액(blood)은 생화학적 조사에서 가장 많이 이용되는 시료로 알려져 있다. 혈액은 크게 세포 성분인 혈구와 액상 성분인 혈장으로 구분되며, 세포 성분인 혈구에는 적혈구, 백혈구, 혈소판이 있고 혈액 부피의 약 45%를 차지한다. 혈장은 혈액 부피의 55%를 차지하며 대부분이 수분이다. 그 외 단백질, 당질, 무기질, 비타민, 효소, 호르몬 등으로 구성되어 있다. 혈액은 이용 목적에 따라 전혈, 혈청, 혈장, 적혈구, 백혈구 등 여러 형태로 분리하여 이용할 수 있다(그림 4-1). 이 중에서 적혈구의 경우 적혈구에 함유된 영양소의 농도가 다소 오래전의 영양 상태를 반영하기 때문에 적혈구를 통한 영양소 판정은 좋은 방법은 아닌 것으로 알려져 있다. 혈청은 채취한 혈액을 20~30분 정도 실온에 방치한 후 10분간 원심 분리한 상층액이며, 혈장 샘플은 헤파린 등의 항응고제로 처리하여 원심 분리한 다음 수집하여 분석한다. 항응고제는 최근 EDTA, 헤파린, 옥살산, 시트르산 등이 주로 이용된다. 한편, 헤모글로빈 측정, 자가 혈당 측정기 이용 시에는 소량의 혈액 채취로도 판정이 가능하다.

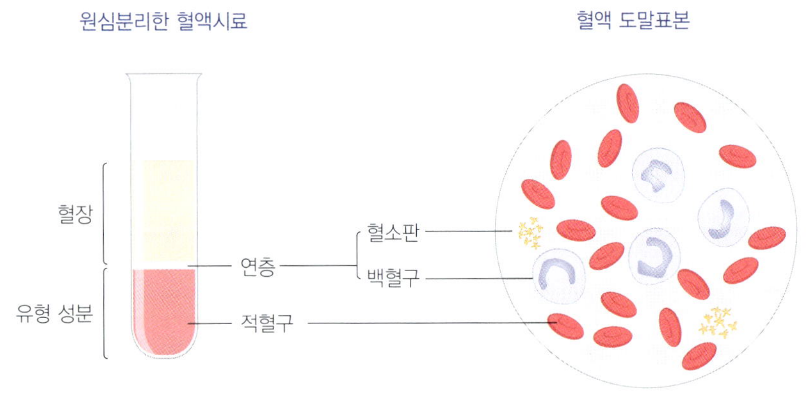

그림 4-1 혈액의 조성

(2) 소변

소변(urine) 샘플은 신장기능검사나 무기질의 영양 상태, 수용성 비타민의 영양 상태를 판정하는 데 주로 이용된다. 소변으로 배설되는 영양소는 비교적 최근의 영양 상태를 반영하는 좋은 지표로 활용된다. 소변 시료로 24시간 소변검사 가장 적합하다. 그러나 24시간 소변 시료를 모아 검사하는 것은 현실적으로 어려움이 있으므로 6시간의 소변이나 아침에 배설되는 소변의 중간 부분을 임의로 채취하여 이용하는 경우가 많다. 하지만 사용 목적에 따라 채뇨 시기도 달라지며, 당뇨검사가 목적인 경우에는 식후 2~3시간이 지난 소변이 좋다. 한편, 소변 중의 크레아틴 농도를 측정하여 소변 중에 함유된 영양소 함량을 크레아틴의 양으로 나눈 수치를 이용하여 비교하는 방법이 있는데, 이는 24시간 소변검사의 어려움을 보완하기 위해 이용되는 판정법이다.

3. 생화학적 조사에 의한 영양 상태 판정

1) 단백질의 영양 상태 판정

단백질의 영양 상태는 크게 두 가지 형태로 골격근육에서 발견되는 근육단백질(somatic protein)과 내장단백질(visceral protein)로 나누어 판정한다. 내장단백질은 간, 췌장, 심장, 신장 등의 단백질과 혈액 내의 적혈구, 백혈구, 혈청 단백질이 해당된다.

(1) 근육단백질 측정

① 소변 중 크레아티닌 배설량

신체의 크레아티닌 대부분은 근육 내에 존재하며 크레아티닌으로 대사되어 소변으로 배설된다. 이때 크레아티닌 배설량(urinary creatinine excretion)은 근육량에 비례하며, 1일 크레아틴 인산의 약 2%가 크레아티닌으로 전환된다. 근육단백질을 측정하기 위해서는 24시간 동안의 소변 배설량을 관찰하여 소변으로 배설된 크레아티닌의 양을 동일한 체중과 신장의 성인 예상 배설량과 비교하여 총근육량을 간접적으로 측정할 수 있다.

② 크레아티닌-신장지수

크레아티닌-신장지수(creatinine-height index, CHI)는 신장과 성별을 고려한 측정법이다.

$$CHI(\%) = \frac{\text{조사 대상자의 24시간 동안 소변으로 배설된 크레아티닌의 양(mg)}}{\text{조사 대상자와 성과 신장이 동일한 표준 성인의 크레아티닌 배설량(mg)}}$$

크레아틴-신장지수(CHI) 판정 기준

- 정상치 : 90~100%
- 가벼운 단백질 결핍 : 60~80%
- 중 정도의 단백질 결핍 : 40~60%
- 심한 결핍 : 40% 이하

알아두기 **크레아티닌 배설량에 영향을 주는 요인**

- 배설량을 증가시키는 요인 : 격심한 운동, 육류 및 단백질 식품 섭취 증가, 감염, 발열 등
- 배설량을 감소시키는 요인 : 노화, 월경 중과 월경 직전, 만성신부전증

③ 3-메틸히스티딘 배설량

3-메틸히스티닌(3-methylhistidine)은 히스티딘이 메틸화되어 소변으로 배설된 것으로 근육단백질에 존재한다. 근육단백질이 대사될 때 대사되지 않은 상태로 소변으로 배설되는 원리가 적용되어 체내 근육단백질 측정에 이용된다. 그러나 이 방법은 나이, 성, 호르몬, 운동 여부, 다른 질병 등에 따라 배설량이 영향을 받는다는 제한이 있다.

(2) 내장단백질 측정

① 혈청 총단백질

혈청 단백질 농도는 단백질 영양 부족이나 대사이상, 간질환 등으로 단백질 합성이 줄어들면 감소하므로 혈청 총단백질(total serum protein) 농도 측정은 단기간 영양 상태 판정에 이용되는 간편한 방법 중 하나이다.

② 혈청 알부민

혈청 알부민(serum albumin)은 간에서 생성되며 인체 내 식이 단백질 고갈 상태를 보여주는 지표로 단백질 영양 상태 평가에 가장 많이 이용된다. 반감기가 14~20일로 길고 간의 알부민 합성이 감소하면 알부민 분해도 감소하여, 단백질 부족 상태의 변화가 느리게 나타나므로 초기 지표로는 적절치 않다. 심각한 단백질 부족에 의해 나타나는 콰시오커는 혈청 알부민 농도가 감소되어 부종을 수반한다. 반면, 에너지 부족으로 야

기되는 마라스무스는 혈청 알부민 농도가 일정하게 유지되는 차이를 보인다.

알아두기 혈청 알부민 농도에 영향을 주는 인자

- 부적절한 단백질 섭취 및 아연 결핍
- 갑상샘 기능 저하, 간질환 등에 의한 단백질 합성 감소
- 패혈증, 스트레스, 외상, 저산소증, 수술 등에 의한 대사이상
- 임신으로 인한 혈액 희석
- 모세관의 투과성 변화
- 피임약 등의 약물
- 심한 운동

③ 혈청 트랜스페린

혈청 트랜스페린은 운반단백질로 알부민에 비해 반감기가 8~10일로 짧고 체내 저장량이 적어 초기 단백질 영양 상태 판정의 지표로 이용된다. 이 방법은 혈청 트랜스페린(serum transferrin) 농도를 직접 측정하는 것보다 트랜스페린의 총철결합력(total iron binding capacity)으로부터 간접적으로 산출하는 방법을 주로 이용한다.

④ 레티놀 결합 단백질

레티놀 결합 단백질(retinol binding protein)은 레티놀 운반 단백질로 프리알부민과 결합하여 작용한다. 레티놀 결합 단백질은 단백질 에너지 결핍(protein energy malnutrition, PEM) 시 즉시 감소하여 최근 식사섭취 판정에 좋은 지표이다. 결핍 시에는 에너지만 보충해도 곧 회복되어 영양 치료에 비교적 빠르게 반응한다. 그러나 체내보유량이 매우 낮아 정확한 측정이 어려운 한계점이 있다. 이외에도 단백질 결핍 판정을 측정하는 방법으로 혈청 티록신 결합 프리알부민(thyroxine-binding prealbumin) 측정 방법 등이 있으나 측정 방법이 복잡하여 영양 상태 판정에는 거의 이용되지 않는다.

표 4-1 단백질 영양 상태 판정지표(성인)

평가 지표	단백질 영양 상태		
	정상	경계	결핍
혈청 총단백질(g/dL)	>6.5	5.5~5.9	<5.5
혈청 알부민(g/dL)	4.5(3.5~5.0)	2.8~3.4	<2.8
혈청 트랜스페린(mg/dL)	230(260~430)	100~200	<100
레티놀 결합 단백질(mg/dL)	3.7(2.6~7.6)	-	-
티록신 결합 프리알부민(mg/dL)	30(20~40)	5~15	<5

자료 : Gibson RS. *Principles of Nutritional Assessment*, 2nd ed. Oxford University Press. 2005

(3) 질소평형

건강한 사람은 단백질의 합성과 분해가 균형을 이루어 질소평형(nitrogen balance) 상태를 이룬다. 그러나 단백질 합성량이 단백질 배설량보다 높은 경우는 양의 평형 상태로 일반적으로 성장기 어린이, 청소년 및 임산부들에게서 나타난다. 또한 단백질 분해량이 합성량보다 높은 음의 평형 상태는 단백질 섭취 부족 및 외상, 수술 등으로 단백질 손실이 높은 경우에 주로 나타난다. 따라서 이들에게 질소평형을 갖도록 영양지원을 함으로써 영양 상태를 개선해 주는 것이 중요하다.

(4) 면역검사

면역기능과 영양소와의 관계는 특정 영양소를 지정하여 설명하기는 매우 복잡하게 관련되어 있으나, 일반적으로 면역기능 저하는 단백질-에너지, 철, 아연 결핍과 깊은 관련이 있는 것으로 알려져 있다. 따라서 면역검사는 단백질 등의 영양 상태 판정지표로 활용될 수 있다. 면역검사에 이용되는 판정 방법으로는 총림프구 수(total lympocyte count, TLC) 측정검사와 피부에 항원을 주사하여 T-cell과 반응한 피부 붉어짐 반응으로 보는 지연형 피부 반응 검사(delayed cutaneous hypersensitivity, DCH) 방법이 주로 이용된다.

① 총림프구 수

영양불량은 면역기능을 저하시켜 감염에 대한 저항력을 감소시키므로 총림프구 수는 면역기능을 나타내는 영양 상태 평가 지표로 사용이 가능하다. 백혈구의 일종인 림프구는 항체 형성에 관여하여 체내의 면역기능을 나타낸다.

$$\text{TLC} = \frac{\text{림프구의 백분율(\%)} \times \text{WBC 수(cells/mm}^3\text{)}}{100}$$

총림프구 수 판정 기준

평가 기준(단백질 영양 상태)	총림프구 수
정상 범위	>1500 cells/mm³
약간 불량	1200~1500 cells/mm³
보통 불량	800~1200 cells/mm³
심한 불량	<800 cells/mm³

② 지연형 피부 과민 반응

지연형 피부 과민 반응 검사법(delayed cutaneous hypersensitivity, DCH)은 소량의 항원을 피부에 주사하여 24~72시간 사이에 나타나는 피부 반응의 직경을 관찰하는 방법이다. 이때 주사 부위가 부어오르고 염증이 생기면서 반응을 보이는데 5 mm 이상의 반응을 보이면 정상 상태이고, 영양이 결핍되면 반응을 보이지 않는다.

2) 지질의 영양 상태 평가

(1) 혈중 중성지방

혈액 중의 중성지방 증가는 과도한 탄수화물 섭취와 동물성 식품 위주의 식사를 통한 포화지방산 섭취량의 증가에서 기인한다. 따라서 혈중 중성지방 증가는 심혈관계 질환과 밀접한 관련이 있으며, 12시간 이상 공복 후 혈중 중성지방이 150 mg/dL 이하이면 정상, 200 mg/dL 이상이면 위험으로 판정한다.

(2) 혈중 콜레스테롤

혈액 중에 콜레스테롤의 농도가 높으면 혈액의 점도가 커지고 혈류가 느려져 혈관 벽에 노폐물이 쌓이게 된다. 동맥 내벽에 콜레스테롤이 축적되면 혈관이 탄력을 잃어 동맥경화증을 유발하는데, 혈중 총콜레스테롤이 200 mg/dL 이하이면 정상, 230 mg/dL

이상이면 위험 수준으로 분류한다. HDL-콜레스테롤은 40～60 mg/dL 이상이면 정상, 40 mg/dL 미만이면 위험, LDL-콜레스테롤은 130 mg/dL 이하이면 정상, 150 mg/dL 이상이면 위험 수준으로 분류하고 있다.

3) 지용성 비타민의 영양 상태 판정

(1) 비타민 A

비타민 A는 전 세계적으로 흔하게 일어나는 비타민 결핍증의 하나로 영양 상태 판정은 결핍증, 경계 수준의 결핍증, 적당, 과다, 중독 수준과 같이 다섯 단계로 구분하여 판정한다. 결핍증과 중독증은 임상적 조사에 의해 판정이 가능하나 경계 결핍증이나 과다증은 생화학적 검사에 의해 가능하다.

비타민 A 영양 상태에 이용되는 생화학적 방법으로는 혈청 내 비타민 A 수준이나 투약-반응 검사, 결막상피세포 검사, 암 적응력 검사 등이 이용되고 있다.

① 혈청 비타민 A 농도 검사

비타민 A 영양 상태 판정에 가장 많이 이용되고 있는 방법 중 하나이다. 정상 상태에서 95%의 혈청 비타민 A는 레티놀결합단백질 형태로 결합되어 있고 나머지 5%는 레티놀에스터 형태로 단백질에 결합되지 않은 형태로 존재한다. 성인의 경우 혈청 비타민 정상 수준이 30 ㎍/dL 이상(45～65 ㎍/dL 적절)이고, 10～20 ㎍/dL이면 다소 부족, 10 ㎍/dL 이하면 결핍, 100 ㎍/dL 이상의 수준은 과잉 상태로 판정한다. 이 방법은 식이섭취조사나 임상검사 등과 관련지어 조사할 때 보다 좋은 결과를 얻을 수 있다.

② 투약 반응 검사

투약-반응 검사(Relative dose-response test, RDR)는 간의 비타민 저장량 수준을 측정하거나 비타민 A 결핍 정도를 판정하는 데 이용된다. 이 방법은 혈액을 두 번 채취하고 비타민 A 투여 후 5시간을 기다려야 하는 등 과정이 용이하지는 않지만, 비타민 A 영양판정에 많이 이용되고 있는 방법 중 하나이다. 간의 비타민 A 수준이 높을 때는 비타민 A를 투여해도 혈청 내 농도 변화가 거의 없으나, 저장 수준이 낮을 때는 비타민 A 투여 시 혈청 레티놀 농도가 5시간 후에는 최고치에 도달하는 원리를 적용한 방법이다. RDR(%) 값이 20% 이하이면 적절, 20～50% 경계 상태이면 결핍, 50% 이하이면 심각한 결핍으로 판정한다. RDR(%) 판정 계산식은 다음과 같다.

$$\text{RDR}(\%) = \frac{\text{비타민 A 경구투여 5시간 후의 혈청 레티놀} - \text{공복 시 혈장 레티놀}}{\text{비타민 A 경구투여 5시간 후의 혈청 레티놀}} \times 100$$

③ 결막상피세포 검사

결막상피세포 검사는 비타민 A 결핍 시 결막 상피 점액분비 세포인 goblet 세포수가 감소하는 것을 조사하는 방법이다. 이 검사는 셀룰로스에스터 여과지를 눈의 결막 상피에 3～4초 동안 접촉하여 상피세포를 취하여 고정액에 담군 후, 광학 현미경으로 관찰하는 방법이다. 결과에 따라 정상, 약간 부족, 매우 부족, 결핍 4단계로 판정되며, 주로 비타민 A 결핍이 예상되는 대상에게 적용된다.

④ 암 적응력 검사

비타민 A 결핍증 증상인 야맹증은 암 적응력(dark adaptation) 측정으로 판정한다. 직접적으로 로돕신(rhodopsin)의 양이나 재생 속도의 정도를 측정하는 것으로 불빛을 비춘 후 어둠 속에서 물체를 식별하는 방법이다. 10분 정도의 짧은 시간에 적은 비용으로 측정할 수 있는 간단한 방법으로 대규모 집단검사에도 용이하게 이용된다.

(2) 비타민 D

비타민 D는 칼슘과 인의 골격대사에 관여하는 비타민으로 버섯, 달걀노른자, 생선, 간 등의 식품으로 섭취하는 것 외에도 자외선에 의해 피부층에서 7-데하이드로콜레스테롤(7-dehydrocholesterol)로부터 합성된다. 따라서 자외선 노출이 빈번하지 않은 특수 직종의 사람이나 지나치게 자외선 차단제를 많이 사용하는 현대인들에서 비타민 D 결핍이 우려된다. 비타민 D 결핍증에는 유아에서 나타나는 구루병(rickets)과, 출산 경험이 많은 성인 여성이나 칼슘 섭취가 부적절한 성인에서 주로 나타나는 골연화증(osteomalacia)이 있다.

비타민 D의 영양 상태 판정으로는 혈청 25-(OH)D 농도 측정법, 혈청 알칼리인산분해효소(serum alkaline phosphatase) 측정법 등이 많이 이용된다.

① 혈청 25-하이드록시 비타민 D 농도 측정

혈청 25-(OH)D의 농도는 식품으로 섭취하거나 체내 합성된 비타민 D의 양을 잘 반영하고 있어 좋은 판정지표로 이용되고 있다. 일반적으로 혈청 25-(OH)D 농도가 5 ng/mL 미만이면 결핍, 10～80 ng/mL은 정상, 160 ng/mL 이상이면 과잉, 400 ng/mL 이상이면 심각한 중독으로 본다. 그러나 계절, 햇빛 노출 기간, 연령, 피부 색깔, 흡연, 경구피임약 복용 등에 영향을 받는 단점도 있다.

② 혈청 알칼리인산분해효소 측정

혈청 알칼리인산분해효소(serum alkaline phosphatase, ALP) 측정은 비타민 D 상태를 측정하는 간접적인 방법으로, 혈청 알칼리인산분해효소의 활성도가 비타민 D 결핍에 비례적으로 증가하여 20 unit 이상이면 결핍으로 본다. 비타민 D 결핍 정도에 따라 비례하여 효소 활성이 증가되며, 경계 상태의 결핍 판정보다 결핍이 심한 경우에 판정하기 유용한 특징이 있다.

(3) 비타민 E

체내에서 비타민 E의 활성을 나타내는 물질로는 α-, β-, γ-, δ- 토코페롤과 토코트리엔올이 있으며, 이 중 활성이 가장 큰 것은 α-토코페롤이다. 비타민 E의 가장 중요한 생리기능으로 세포막을 유리기(free radical)로부터 보호해 주는 역할을 하는 항산화 기능이다. 비타민 E의 결핍은 지방을 잘 흡수하지 못하는 환자를 제외하고는 성인의 경우는 드물다. 어린이의 경우, 비타민 E의 결핍이 신경계에 영향을 미치거나 용혈성 빈혈 증상으로 나타나기도 한다.

① 적혈구 용혈검사

적혈구 용혈검사(hemolysis)는 비타민 E 영양 상태 판정에 쓰이는 대표적인 기능검사법이다. 이는 적혈구 용혈 비율이 혈청 토코페롤 농도와 역의 상관관계를 가지고 있는 원리를 이용한 방법이다. 용혈검사에서 적혈구를 세척하여 3시간 동안 2～2.4%의 과산화수소에 배양하여 적혈구 파괴 정도를 측정하는 것이다. 이때 용혈이 5% 이하로 나타나면 정상으로 판정한다. 계산식은 다음과 같다.

$$\text{용혈 정도(\%)} = \frac{\text{적혈구를 2\% 과산화수소 등장액 처리한 후의 헤모글로빈}}{\text{적혈구를 증류수 처리한 후의 헤모글로빈}} \times 100$$

② 혈청 토코페롤 농도 측정

비타민 E 영양 상태 판정에 가장 보편적으로 이용되는 방법이다. 혈청 총비타민 E 수준과 토코페롤 농도 측정으로 성인의 경우 0.8 mg/g 지질, 영아의 경우 0.6 mg/g 지질 이상이면 정상 수준으로 판정한다(표 4-2).

표 4-2 비타민 E 영양 상태 판정 기준

		결핍	부족	양호
혈청 비타민 E(mg/100 mL)	전 연령	<0.5	0.5~0.7	>0.7
혈청 비타민 E(mg/g lipid)	성인	<0.8	-	>0.8
	어린이	<0.6	-	>0.6

자료 : Machlin LJ. *Handbook of Vitamins*. Marcel Dekker Inc. 1991

(4) 비타민 K

비타민 K는 혈액 응고에 관련되는 인자로 신생아를 제외한 정상인의 경우 장내 박테리아에 의해 합성되므로 결핍증은 흔하지 않다. 비타민 K의 영양 상태 판정으로는 혈액응고 시간을 측정하는 검사가 있으며, 이는 혈액응고에 관여하는 응고 인자의 활성도를 측정하는 방법이다. 최근에는 혈청 γ-carboxy prothrombin 상태를 측정하는 면역학적 방법이 활용되기도 한다.

4) 수용성 비타민의 영양 상태 판정

(1) 티아민

티아민(thiamin)은 체내에서 주로 에너지 대사에 관여하는 여러 효소들의 보조효소 기능을 하며, 티아민의 함량이 적은 백미 위주의 식사를 주로 하는 우리나라 사람들이 특히 유의해야 하는 비타민이다. 티아민 영양 상태 판정에 주로 이용되는 방법은 다음과 같다.

① 적혈구 트랜스케톨레이스 활성도

적혈구 트랜스케톨레이스(transketolase)의 활성도 검사는 초기 티아민의 결핍 상태를 판정하는 비교적 정확한 방법이다. 적혈구를 이용하여 조효소인 TPP(thiamin pyrophosphate)를 첨가하지 않은 상태와 적혈구에 TPP를 첨가한 상태를 비교하여 트랜스케톨레이스의 활동도를 측정하여 활성계수를 계산하는 방법이다. 이때 활성계수가 클수록 티아민의 결핍 정도가 심한 것으로 판정한다. 즉 티아민 결핍 정도가 심할수록 활성도는 증가하는데, 활성도가 20% 이상이면 결핍, 15% 이하이면 정상으로 판정한다.

② 소변과 혈액의 총티아민 함량

소변과 혈액의 티아민 함량은 조직의 영양 상태를 반영하는 것이 아니고 다만 최근의 티아민 섭취 상태를 반영할 뿐이므로 영양 상태 판정의 좋은 지표로 활용하기에 부적합한 것으로 알려져 있다. 이 방법은 24시간 소변을 모아서 검사하는 데도 한계가 있으므로 거의 활용되지 않는다.

(2) 리보플라빈

리보플라빈(riboflavin)은 체내에서 전자전달계의 수소 전달 반응에 보조효소로서 작용한다. 한국인에게 가장 흔한 리보플라빈 결핍 증상으로는 입 주변이 헐고 염증이 생기거나 입가가 찢어지는 현상으로 구순, 구각염 등이 있다.

① 적혈구의 글루타티온 환원효소의 활성도

적혈구의 글루타티온 환원효소(erythrocyte glutathione reductase, EGR)의 활성도 검사는 리보플라빈의 영양 상태를 가장 정확히 판정하는 방법 중 하나이다. 조효소인 FAD가 적혈구에 첨가되기 전후의 글루타티온 환원효소 활성도(EGR)를 측정하여 판정하는 방법이다. 활성계수가 높을수록 리보플라빈의 영양 상태가 좋지 않음을 의미한다.

② 소변 중 리보플라빈 수준

소변 중 리보플라빈 수준은 최근의 상태를 반영하는 방법이다. 이 방법은 대규모 집단조사에서 이용되기도 하나, 24시간 소변 수집에 현실적인 어려움이 있고 식사 외의 항생제, 경구피임약 등 다른 요인에 의해 배설량에 영향을 받는 단점이 있다.

(3) 니아신

니아신(niacin)은 당질, 지질 및 단백질의 산화 과정을 촉매하는 효소의 보조효소로 작용한다. 니아신은 식품을 통한 직접 섭취와 간에서 아미노산인 트립토판으로부터 전환되어 이용되기도 한다. 니아신과 트립토판이 둘 다 부족한 식사를 수개월간 계속하면 나타나는 펠라그라 증상이 대표적이다.

니아신 영양 상태 판정지표로는 소변으로 배설되는 니아신 대사산물 측정법과 혈중 니아신 농도 검사법 등이 있다.

① 소변으로 배설되는 니아신 대사산물 측정법

소변으로 배설되는 니아신 대사산물 측정법은 식사 섭취에 거의 영향을 받지 않는다. 이 방법은 소변 중 대사산물인 N-메틸니코틴산아미드와 2-피리돈의 비율을 측정하는 방법으로 50 mg의 니코틴아미드 투여 후 4～5시간이 지난 후 소변으로 배설되는 대사산물의 양을 측정한다. 결핍 시 배설량이 감소한다.

② 혈중 니아신 농도 검사법

혈중 니아신 농도 검사법은 혈액에서 검출된 니아신을 *Lactobacillus plantarum*로 성장시켜 미생물 성장을 관찰하여 니아신 영양 상태를 판정하는 방법이다. 이는 최근의 식사 섭취는 반영하나 장기간 영양 상태 판정에 좋은 지표로 활용되지는 않는다.

(4) 비타민 B_6

비타민 B_6(pyridoxine)는 단백질 및 아미노산 대사를 촉매하는 여러 효소 반응에 PLP(pyridoxal 5-phosphate) 보조효소 형태로 작용하여 단백질 섭취량이 많아지면 비타민 B_6의 섭취량이 비례적으로 높아진다. 영양 상태 판정 방법으로는 트립토판 부하 검사, 메티오닌 부하 검사 등 피리독신 의존 효소의 활성도를 측정하는 간접적인 방법과 총비타민 B_6(pyridoxine), 적혈구 PLP, 소변 중 4-pyridoxic acid 등을 측정하는 직접적인 방법이 있다.

① 트립토판 부하 검사

트립토판 부하 검사(tryptophan load test)는 비타민 B_6(pyridoxine)의 영양 상태 판정 지표로 빈번하게 이용되는 간접 측정 방법으로 알려져 있다. 트립토판의 대사에서 피리독신 의존 효소에 의해 촉매되는 단계가 있는데 피리독신 부족 시 크산투렌의 배설량이 증가하는 원리를 이용한 방법이다. 실제로 트립토판을 2～5 g 섭취 후 크산투렌산의 배설량을 측정하여 24시간 수집된 소변에서 30～40 μmol의 크산투렌산이 검출되면 정상, 65 μmol 이상이 검출되면 피리독신 결핍으로 판정한다.

② 메티오닌 부하 검사

비타민 B_6(pyridoxine) 결핍 시 메티오닌 대사가 원활치 못하여 시스타티오닌(cystathionine) 등의 대사산물의 배설량이 증가하는 원리를 이용한 간접법이다. 이 방법은 3 g의 메티오닌을 경구 투여한 후 24시간 수집한 소변 중의 메티오닌 대사산물을 측정한다. 일일 350 μmol 이상의 메티오닌이 검출되면 비타민 B_6 결핍으로 판정한다.

③ 혈장 PLP 농도 측정

이 방법은 건강한 사람의 비타민 B_6 영양 상태 판정으로 가장 많이 이용되는 직접적인 방법으로 알려져 있다. PLP(pyridoxal 5-phosphate)는 혈장 내 70% 이상을 차지하는 주된 순환 형태로 총비타민 B_6 판정에 유용하다. 식사로 섭취된 비타민 B_6와 단백질은 혈장 PLP에 영향을 주는데, 비타민 B_6 섭취 증가 시 혈장 PLP도 증가하고, 단백질 섭취가 높을수록 혈장 PLP는 감소하는 경향을 보인다.

④ 소변 중의 4-pyridoxic acid 측정

4-피리독신산(4-PA)은 피리독신의 대사산물로서 소변으로 배설되는 양은 식품으로 섭취한 피리독신의 양을 반영한다. 피리독신 결핍 시에는 소변으로 배설되는 양이 거의 없고, 남녀 모두 4-피리독신산(4-PA)의 농도가 일일 3.0 μmol 이상이면 정상으로 판정하는 직접 측정법이다.

(5) 엽산

엽산은 세포 내에서 핵산(DNA) 물질의 합성 과정에 보조효소로 관여하여 인체의 성장인자로 작용하며, 비타민 B_{12}와 함께 적혈구 형성 과정에도 관여한다. 엽산이 결핍되면 적혈구의 수가 감소하고 적혈구의 성숙하지 못하여 거대적아구성빈혈이 동반된다. 특히 임신 초기에 엽산이 결핍되면 태아의 신경관 손상을 초래할 수 있다.

엽산의 영양 상태 판정 방법으로는 혈청 엽산 농도, 적혈구 엽산 농도, 데옥시유리딘 억제 검사법(deoxyuridine suppression test), 히스티딘 부하 검사 등이 있다(표 4-3).

① 혈청, 적혈구 엽산 농도 측정

식이나 보충제의 엽산 섭취는 혈청의 엽산 농도를 증가시켜 혈청 내의 엽산 수준은 식이에 의한 엽산량을 반영한다. 반면 2~3주 동안 엽산 식이 섭취가 낮으면 혈청 엽산 농도는 3 ng/mL 이하로 감소하는 경향을 보이는데, 이는 엽산이 결핍되었음을 의미한다. 낮은 엽산 식사 섭취가 한 달 이상 지속되면 적혈구 엽산 농도도 함께 감소한다. 이러한 상태가 3개월 이상 지속되어 적혈구 엽산이 150 ng/mL 이하가 되면 임상 증상으로 엽산 결핍성 빈혈이 나타난다. 임상적 진단지표로 이용되고 있는 적혈구 내 엽산 농도는 적혈구 합성 시의 영양 상태를 반영하나 최근의 영양 상태 판정지표로는 부적합하다.

② 데옥시유리딘 억제 검사법

데옥시유리딘 억제 검사법은 방사선동위원소를 가진 타미딘(thymidine)이 DNA 합성에 직접적으로 얼마나 이용되었는지를 확인하여 엽산 결핍 정도를 판정하는 방법이다. 이때 엽산 의존 효소인 타미딘은 엽산이 부족하면 활성도가 떨어진다. 이 방법은 대규모 판정법에서는 한계점이 있어 거의 이용되지 않는다.

③ 히스티딘 부하 검사

엽산은 N-포르미미노글루탐산(formiminoglutamate, FIGLU)이 글루탐산으로 전환될 때 관여하는데, 이때 엽산이 결핍되면 글루탐산으로 전환되지 못한 포르미미노글루탐산 배설량이 증가한다. 이 원리를 이용하여 FIGLU 배설량을 측정하여 엽산의 영양 상태를 판정하는 방법이다. 2~5 g의 히스티딘을 섭취한 후 6시간 동안의 소변에서 검출된 FIGLU의 양이 5~20 mg이면 정상으로 보는데, 정상 수치의 5~10배가 배설되면 결핍으로 본다. 히스티딘 부하 검사는 대규모 상태 판정에는 적용이 어려운 한계점이 있다.

(6) 비타민 B_{12}

비타민 B_{12}(cobalamin)는 혈구 세포의 성장과 분열에 관여하며, 결핍되면 악성빈혈과 신경세포 퇴화 현상이 나타난다. 체내 비타민 B_{12} 농도 저하는 혈청 내 비타민 B_{12} 농도 저하를 유발하므로 혈청의 비타민 B_{12} 농도는 가장 정확한 비타민 B_{12} 영양판정의 지표로 이용된다. 또한 악성빈혈의 진단지표로 이용되는 실링 테스트를 이용하기도 한다.

① 혈청 비타민 B_{12} 농도 측정

혈청 비타민 B_{12} 농도는 혈청 비타민 B_{12} 섭취량과 인체 내 보유량을 반영하는 좋은 지표로 영양 상태 판정에 가장 정확한 지표로 이용된다. 성인의 혈청 비타민 B_{12} 농도가 100 pg/mL이면 정상, 100 pg/mL 이하이면 결핍으로 판정한다.

② 실링 테스트

실링 테스트(Schilling test)는 코발트의 방사성동위원소(^{57}Co 또는 ^{58}Co)가 포함된 비타민 B_{12}를 0.5～2.0 μg 정도 투여한 뒤 1시간 후에 1 mg 정도의 비타민 B_{12}를 근육주사나 피하주사로 투여하여 관찰하는 방법이다. 정상인은 2시간 이내 많은 양의 방사성 물질이 소변으로 배설되지만, 악성빈혈의 경우에는 5% 이하로 소량 배설된다. 이 방법은 24시간 소변을 채취해야 하는 단점이 있다.

표 4-3 엽산과 비타민 B_{12}의 결핍 판정 기준

영양소	정상	결핍
혈청 엽산 적혈구 엽산	> 6 ng/mL > 200 ng/mL	<3 ng/mL <150 ng/mL
혈청 비타민 B_{12}	> 100 pg/mL	<100 pg/mL
FIGLU 배설량(2～5 g 히스티딘 투여 후 6시간 소변량에서의 함량)	5～20 mg	정상치의 5～10배

데옥시유리딘 억제 검사	엽산 결핍	비타민 B_{12} 결핍	엽산과 비타민 B_{12} 모두 결핍
엽산 첨가	정상화됨	비정상	비정상
비타민 B_{12} 첨가	비정상	정상화됨	비정상
엽산 + 비타민 B_{12}	정상화됨	정상화됨	정상화됨

자료 : Simko et al. *Nutrition Assessment*, 2nd ed. An Aspen publication. 1995

(7) 비타민 C

비타민 C는 비타민 B 복합체와는 달리 분자구조에 질소를 함유하고 있지 않은 특징을 가지고 있으며, 항산화 기능, 콜라겐 합성, 철 흡수 촉진 등과 같은 생리활성기능을 가지고 있다. 비타민 C가 결핍되면 뼈, 치아의 상아질 및 에나멜층과 혈관벽의 형성이 부실해져 골절이 쉽게 생기고, 상처 회복이 늦어진다. 비타민 C 영양 상태 판정법으로는 혈청 및 백혈구의 농도 측정, 비타민 C 포화도 검사가 있다.

① 혈청 비타민 C 농도 측정

혈청 비타민 C 농도는 최근 섭취한 비타민 C의 양을 잘 반영하고 있다. 또한 혈청의 비타민 C 농도는 식이의 비타민 C 섭취량이나 백혈구의 비타민 C 농도와 관계가 높은 것으로 보고되고 있다. 혈청 비타민 C 농도가 1.1 μmol/L 이하이면 결핍, 1.1～2.3 μmol/L이면 경계결핍증, 2.8 μmol/L 이상이면 정상으로 본다(표 4-4). 한편, 조직이나 혈청 내 비타민 C 농도는 성별이나 흡연 여부에 따라 차이를 보이고 있는데, 흡연자들보다 비흡연자들에서, 여성보다 남성에서 비타민 C 농도가 높은 것으로 나타났다. 2018 국민건강통계조사의 보고에 따르면 우리나라 성인들의 비타민 C 섭취율은 약 60% 정도로 나타났다. 그러나 권장량보다 과도한 섭취를 하는 경우도 많은데, 1일 30～200 mg 섭취하면 79～90% 정도가 흡수되지만, 200 mg 이상 섭취하면 흡수되지 못하고 배설량이 증가하므로 지나친 섭취는 바람직하지 않다.

표 4-4 비타민 C 영양 상태 평가지표

비타민 C 농도		연령	충분치	경계치	결핍치
혈청	mg/dL	0～19세 남여	> 0.6	0.2～0.6	<0.2
		20세 이상	> 0.4	0.2～0.4	<0.2
	μmol/dL	20세 이상	2.8	1.1～2.3	1.1
백혈구(mg/dL)		모든 연령층	> 15	7～15	<7

자료 : Simko et al. *Nutrition Assessment*, 2nd ed. An Aspen publication. 1995

② 백혈구 비타민 C 농도 측정

백혈구의 비타민 C 농도는 혈청이나 적혈구보다 체내 저장량이 잘 반영되는 지표로 활용되고 있다. 반면, 분석 시 많은 양의 혈액을 필요로 하므로 영아들에게는 적합하지 않고 단기간의 식사 섭취 변화는 잘 반영되지 않는 단점이 있다.

③ 비타민 C 포화도 검사

비타민 C 포화도 검사(ascorbic acid saturation test)는 비타민 C 고갈 정도를 판정할 수 있는 좋은 지표이다. 특히 과량 섭취 시의 비타민 C 판정에 효과적인데, 24시간 소변을 채취해야 하는 단점도 있다. 이 방법은 비타민 권장섭취량 수준인 100 mg/일 이하일 경우 옥살산 형태로 배설되고 1 g 이상 과량일 경우 비타민 C 형태로 배설되는 원리에 따른 것이다. 소변으로 배설되는 비타민 C는 아스피린 같은 약물복용 등에 영향을 받아 증가하기도 한다.

5) 무기질의 영양 상태 판정

(1) 철

철결핍성빈혈은 전 세계적으로 흔한 영양 결핍증으로 특히 여성, 이유기 유아와 학동기 어린이들에서 영양 문제로 주목받고 있다. 철 결핍은 식물성 위주의 식사 섭취와 출혈 등으로 인한 체내 많은 양의 철 손실에 의해 나타난다. 철 결핍 시 학업 능력 및 작업 능력 저하, 소극적인 행동, 체온 조절 장애 등이 나타나기도 한다. 철의 영양 상태 판정법은 철 결핍 진행 정도에 따라 단계별로 적용한다(그림 4-2).

① 혈청 페리틴

초기 철 결핍 상태는 혈청 페리틴(ferritin) 농도를 지표로 판정한다. 체내 철이 부족하면 조직과 혈청 페리틴 농도가 감소하는데, 혈청 페리틴 농도는 감염이나 염증 반응 등의 질병에 의해 증가하는 경향을 보인다.

② 트랜스페린 포화도

트랜스페린은 혈액 내에서 철을 운반하는 단백질로서 철과 결합되어 이동한다. 트랜스페린 포화도(transferrin saturation)는 총철결합력에 대한 혈청 철의 비율로 나타내며, 35% 정도를 정상 수준으로 판정한다. 15% 이하일 때 철 부족, 60% 이상은 과잉으로 본다.

③ 헤모글로빈

철은 헤모글로빈의 헴 성분으로 작용한다. 철의 영양 상태 판정에 가장 보편적으로

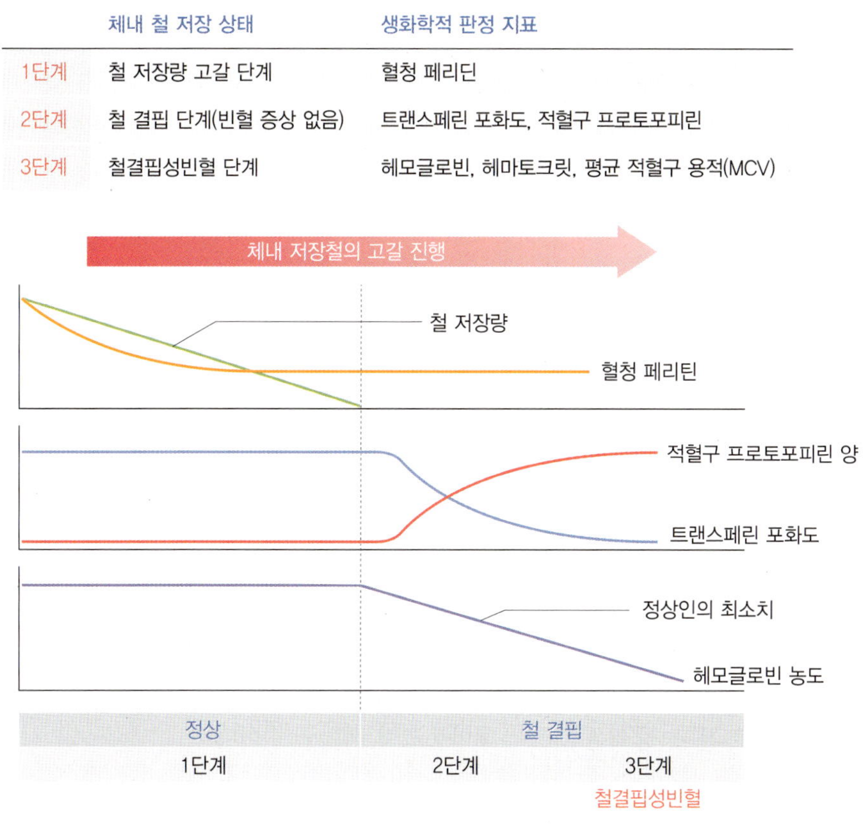

	체내 철 저장 상태	생화학적 판정 지표
1단계	철 저장량 고갈 단계	혈청 페리딘
2단계	철 결핍 단계(빈혈 증상 없음)	트랜스페린 포화도, 적혈구 프로토포피린
3단계	철결핍성빈혈 단계	헤모글로빈, 헤마토크릿, 평균 적혈구 용적(MCV)

그림 4-2 단계별 철 결핍 변화 상태

자료 : Lee RD, Nieman DC. *Nutritional Assessment*. McGraw Hill, New York. 2006

이용되는 헤모글로빈(hemoglobin, Hb) 농도는 철 결핍의 마지막 단계인 3단계 빈혈 상태 판정의 지표로 주로 이용된다. 헤모글로빈 수치는 남자 14~18 g/dL, 여자 12~16 g/dL를 정상 범위로 보고 있으나, 일반적으로 남자 13.5 g/dL 이하, 여자 12 g/dL 이하일 때 빈혈로 판정하고 있다(표 4-5).

④ 헤마토크릿

헤마토그릿은 전혈 중에서 적혈구가 차지하는 비율을 백분율로 표시한 것이다. 측정 방법은 모세관 튜브에 전혈을 담아 원심 분리하여 적혈구가 차지하는 용량을 측정하는 방법이다. 일반적으로 헤마트크릿 정상 범위는 성인 남자 40~54%, 여자 36~47% 범위 내에서 판단한다.

표 4-5 헤모글로빈과 헤마토크릿 판정 기준치

연령/성별		헤모글로빈(g/dL)	헤마토크릿(%)
5~11세 남, 여		< 11.5	< 35
12~14세 남, 여		< 12	< 36
15세 이상	비임신 여성	< 12	< 36
	임신 3기 여성	< 11	< 33
	15~17세 미만 남성	< 12.6	< 38
	17세 이상 남성	< 13.5	< 40

자료 : WHO/UNICEF. *Iron deficiency anemia assessment, prevention and control: A guide for program managers.* 2001

⑤ 평균 적혈구 용적

평균 적혈구 용적(mean corpuscular volume, MCV)은 평균 적혈구 부피를 나타낸 것으로 헤마토크릿을 적혈구의 수로 나눈 값이다. MCV 값이 성인 남녀 모두 80~100 fL이면 정상 범위로 본다. 공식은 MCV=헤마토크릿/적혈구 수이다.

표 4-6 철 상태 평가에 자주 사용되는 실험 측정치

철 결핍의 단계	지표	결핍 진단 범위
저장고 고갈	착색 가능한 골수 철 총철결합력 혈청 페리틴 농도	없음 > 400 μg/L <12 μg/L
기능적 철 결핍 초기	트랜스페린 포화도 적혈구 프로토포피린	<16% > 70 μg/dL 적혈구
철결핍성빈혈	헤모글로빈 농도	<13 g/dL (남자) <12 g/dL (여자)
	평균 적혈구 용적	<80 fL

(2) 칼슘

칼슘은 한국인의 노인층에서 특히 부족한 영양소로 조사되고 있다. 칼슘은 골격과 치아의 구성 성분으로서의 주 기능과 근육 수축, 신경의 흥분 억제 기능, 혈액 응고 인자로도 작용한다. 혈액 내 칼슘 농도는 부갑상샘호르몬, 칼시토닌 등의 호르몬이나 비타민 D에 의해 조절되어 항상성을 유지하므로 칼슘의 영양 상태 판정은 쉽지 않다. 그러나 최근에는 주로 골밀도를 측정하여 뼈의 칼슘 결핍 정도를 판단하고 있다. 혈장 내의 칼슘 수준과 소변 중의 칼슘 양으로 영양 상태를 판정하기도 하지만 이는 좋은 지표는 아니다(표 4-7).

표 4-7 혈장과 소변의 칼슘 정상치

구분			정상 범위
혈장	총량(mg/dL)		9～11(2.3～2.75 mmol/L)
	이온화형		4.4～5.1(1.1～1.28 mmol/L)
	복합체형		0.6～1.2(0.15～0.30 mmol/L)
	단백질 결합형		3.7～4.3(0.93～1.08 mmol/L)
소변	24시간 소변(mmol/L)	남	4.55(1.25～10)
		여	6.22(1.25～12.5)

자료 : Lee RD, Nieman DC. *Nutritional Assessment*. McGraw Hill, New York. 2006

(3) 아연

아연은 생체 내 200여 종 이상 되는 효소의 구성 성분으로 작용하며, 면역기능 T세포의 발달 등에도 관여한다. 적혈구의 아연 농도나 혈청 내 아연 농도, 적혈구 메탈로티오네인(methallothionen) 농도와 24시간 소변 중의 아연 농도 등이 아연의 영양 상태를 나타내는 지표로 이용되고 있다.

① 혈청 아연 농도

이 방법으로 체내의 정확한 아연 영양 상태를 판정하기는 어렵지만 체내 조직 간 교환 가능한 아연의 체내 보유량 지표로 이용할 수 있다. 혈청 내 아연의 정상 수준은 74～130 μg/dL이다.

② 머리카락 아연 농도

머리카락의 아연 농도는 단기간 식사의 영향보다 장기간의 영양 상태를 반영하는 판정으로 유용하다. 머리카락은 시료로 이용하기가 용이하나 먼지, 화장품 등 외부 오염

물질의 영향을 받을 수 있는 단점이 있다. 이 외에도 질병 상태, 임신 여부 등 영양 외적인 요인들이 머리카락의 아연 함량에 영향을 줄 수 있다.

③ 적혈구 메탈로티오네인

아연은 메탈로티오네인과 결합하는 단백질로 메탈로티오네인 농도는 아연 농도와 비례하여 존재한다. 스트레스나 감염 등의 상태일 때 혈액 중 아연 농도는 감소하고 혈중 메탈로티오네인은 증가한다. 반면 아연이 결핍되면 혈액 중의 아연 농도와 메탈로티오네인이 동시에 감소하는데 이를 아연 결핍 판정에 이용한다. 즉 혈중 아연 농도와 메탈로티오네인 수준이 모두 낮으면 아연 결핍으로 본다.

4. 혈액으로 보는 생화학적 임상검사

혈액으로 보는 임상적 성분검사는 영양 상태 관리 및 질병 진단을 위해 혈청과 혈장, 적혈구 성분, 효소활성도 등 여러 대사산물 등을 측정하는 것을 말한다. 이러한 성분검사에 이용되는 분석기기로는 혈액 생화학자동분석기와 자동혈구계수분석기 등이 있다.

표 4-8 혈액검사 및 정상 범위 참고치

혈액(혈청)의 판정 항목	판정 관련 내용	정상 범위 참고치
염소(Cl)	• 신장질환, 갑상샘기능항진증, 심장병, 빈혈 시 증가 • 알칼리혈증, 저칼륨혈증 시 감소	98～106 mmol/L
칼슘(Ca)	• 골격이상, 부갑상샘질환, 신장질환, 암 등의 지표로 이들 질환 시 변화	9～10.5 mg/dL
인(P)	• 갑상샘기능항진증, 신부전, 부갑상샘기능저하 시 증가 • 골연화증, 부갑상샘기능항진증 시 감소	3.0～4.5 mg/dL
나트륨(Na)	• 수분 공급 부족, 수분 손실 과다, 항이뇨호르몬조절이상 • 탈수, 구토, 설사, 화상, 발한 시 증가 • 울혈성 신부전, 신장질환 시 감소	135～145 mmol/L
칼륨(K)	• 신장기능이상, 부신기능이상, 섭식 장애 등의 지표 • 신부전, 화상, 부신질환 시 증가 • 구토, 설사 시 감소	3.5～5.5 mmol/L
혈중요소질소(BUN)	• 간에서 생성되어 신장에서 배설되는 아미노산 분해 최종산물 • 탈수, 신부전, 심부전, 요도폐쇄증 시 상승함 • 간질환, 영양 부족, 수분 과잉 시 감소함	10～20 mg/dL
크레아티닌	• 신장 관련 질환 등 지표 • 사구체 손상 시 증가	0.6～1.2 mg/dL
포도당	• 당뇨병 진단지표	60～115 mg/dL
중성지질	• 당뇨, 췌장염, 십이지장염, 갑상샘기능저하, 간질환 시 상승	<150 mg/dL
총콜레스테롤 LDL-콜레스테롤 HDL-콜레스테롤	• 콜레스테롤 농도는 높으면 동맥경화증의 위험 요인 • LDL-콜레스테롤 농도가 높으면 위험 요인 • HDL-콜레스테롤은 동맥경화성 지단백으로 간주	<200 mg/dL <130 mg/dL >40 mg/dL
아미노기 전이효소 활성도 ALT(SGPT) AST(SGOT)	• 간기능의 정상 유무 진단에 이용 • 간염, 간경화, 담관 폐쇄 등 간기능 손상 시 특히 ALT가 상승 • 심장마비, 간질환, 십이지장염, 근육 손상 시에 AST가 상승	4～40 IU/L 4～40 IU/L
ALP(염기성 인산분해효소)	• 간, 골격, 장에 존재하며 혈액에서 상승하면 이들 조직의 질환 상태 의미 • 부갑상샘호르몬 과다 분비나 골수암, 간질환 시 혈중 ALP 증가	13～39 IU/L
LDH(젖산 탈수소효소)	• 골격근육, 심장, 간, 십이지장, 비장, 뇌 등에 존재하며 이들 조직의 이상 시에 혈중 농도 상승 • 심근경색, 간염, 암, 신장질환, 화상 등에서도 상승	45～90 IU/L
빌리루빈	• 총빌리루빈의 상승은 간에서의 중합이나 분비에 장애가 있을 때, 빌리루빈은 용혈성 빈혈이나 신생아의 간기능 미숙에 의해 종합에 문제가 있을 때도 나타남	0.2～1.5 mg/dL

자료 : Lee RD, Nieman DC. *Nutritional Assessment.* McGraw Hill, New York. 2006; 이삼열 외. 임상병리검사법. 연세대학교 출판부. 1995

CHAPTER 5

임상조사

학습 목표

1. 임상조사의 개요를 이해한다.
2. 임상조사의 장점과 제한점을 이해한다.
3. 임상 진단 방법을 설명할 수 있다.
4. 영양불량과 관련된 신체 증상을 이해한다.

1. 임상조사의 개요

임상조사란 영양소의 결핍 또는 과잉에 따른 신체의 변화를 관찰하여 영양불량을 판정하는 방법이다. 신체 변화의 유무와 정도는 임상적 증상을 진단할 수 있는 전문 의료인이나 적절한 훈련을 받은 조사자에 의해 조사되어야 한다. 임상조사는 영양불량에 따라 외적으로 나타나는 신체 증상과 조사 대상자가 호소하는 증상의 종합적인 해석으로 이루어진다. 영양판정 대상자의 병력(medical history), 식사력(dietary history)과 같은 과거력 조사와 함께 임상 진단(physical examination)을 통해 영양불량의 증상 및 신체 징후를 관찰하고 해석한다. 영양불량인 경우 신체의 외적 징후가 나타나지만 표출되기까지 여러 단계를 거치고 임상적 증상은 복합적이다. 따라서 식사조사, 신체계측, 생화학적 평가 자료와 함께 해석하여 특정 영양소 결핍의 진단에 사용한다. 또한 영양불량 상태가 상당히 진전되었을 때 유용하며, 특히 영양불량 상태가 심각한 지역 사회 연구에서 사용한다.

2. 임상조사의 장점과 제한점

임상조사는 다른 조사 방법에 비해 상대적으로 조사 비용이 저렴하며, 신속하고 효율적으로 많은 사람을 짧은 시간에 조사할 수 있는 장점이 있다. 그러나 임상조사는 다음과 같은 제한점들이 있다.

① 조기 발견의 어려움 : 신체 증상은 장기간 복합적인 작용에 의해 발생하므로 영양 문제의 조기 발견이 어렵다.

② 연령, 신체 기능 환경 요인에 영향을 받음 : 신체 증상은 다른 요인의 영향을 받으므로 특정 영양불량의 원인으로 판정하기 어렵다.

③ 신체 증상의 이중성 : 신체 증상은 영양불량의 발생 과정과 치료 과정 모두에서 증상이 유지된다.

④ 평가 오차 : 조사자의 경험과 주관에 따라 결과에 차이가 나타난다.

알아두기 임상조사의 장점과 제한점

장점	제한점
• 조사 비용이 저렴하다. • 신속하다. • 효율적이다.	• 조기 발견이 어렵다. • 다른 요인의 영향을 받는다. • 증상이 치료 과정에서도 유지된다. • 평가 오차가 나타난다.

3. 임상 진단 방법

임상 진단이란 영양불량으로 인한 신체 부위별 영양소 결핍 또는 과잉에 따른 증상들의 변화를 파악하는 것이다. 임상 진단에서 관찰하여야 하는 신체 부위에는 눈, 피부, 머리카락, 구강점막과 같은 상피조직이나 체표면 근처의 기관(갑상선, 이하선 등) 등이 있다. 이러한 변화에 대한 관찰은 병력과 식사력 수집 등의 방법이 병행되어야 한다.

1) 병력 조사

과거와 현재의 진단명, 진단 과정, 진단적 처치도 영양불량에 영향을 줄 수 있다. 예를 들면 당뇨병, 신장질환, 암, 관상심장질환, 뇌졸중, 간질환간염, 간경변, 담낭질환, 에이즈(AIDS), 궤양, 장염, 수술 여부, 항암 치료(화학 치료 및 방사선 치료) 등도 조사되어야 한다.

2) 식사력 조사

식사 내용과 식사 시간, 식사 장소를 포함한 식사 패턴에 관한 정보, 씹고 삼키는 능력, 식욕, 구토, 설사, 변비, 복부팽만, 트림, 소화불량 등이 식사력 조사에 포함된다. 식품 구매 및 조리 능력, 기피 식품에 대한 불내증과 알레르기도 영양 상태에 영향을 준다. 뿐만 아니라 평소 체중과 최근 체중 변화도 조사되어야 한다.

3) 약물과 건강기능식품

복용하는 약물에 대한 정보는 조사 대상자의 상태에 대한 단서를 제공한다. 병원에서 처방받은 약물, 건강기능식품, 비타민과 무기질 보충제 사용 여부, 변비약과 제산제 남용 여부도 포함되어야 한다.

4) 인구학적 심리적 요인

조사 대상자의 나이, 직업, 교육 수준, 결혼 상태, 수입, 가구 형태, 가족 수, 음주, 흡연, 사회적·심리적 지원 정도, 건강 관리 비용 지불 능력 등 인구학적 심리적 요인들도 포함되어야 한다.

알아두기 임상조사에서 고려해야 할 병력 요인

- 영양 상태와 관련된 현재와 과거의 진단명과 진단 과정, 진단적 처치
- 수술 경력
- 항암 치료(화학 및 방사선 요법)
- 영양소 결핍 존재 유무
- 음주 및 흡연 상태
- 비타민 결핍 가능성을 보여 주는 징후나 증세
- 무기질 결핍 가능성을 보여 주는 징후나 증세
- 영양 결핍의 여부
- 영양과 관련된 문제들의 경력
- 복용하는 약과 영양소의 상호 관계
- 경제적 상태

자료 : Lee RD, Nieman DC. *Nutritional Assessment*. McGraw Hill, New York. 2010

알아두기 식사력 조사를 위해 고려해야 할 요인

- 체중 변화
- 식욕
- 식품 불편감
- 좋아하는 식품과 싫어하는 식품
- 알레르기
- 배변 습관(설사, 변비, 지방변)
- 간식 섭취
- 음주/약물 사용
- 수술/만성질환
- 건강 관리 능력
- 평상시 식사 패턴
- 포만감
- 저작 능력/삼키는 능력
- 입맛 변화/혐오 식품
- 메스꺼움/구토
- 생활환경
- 비타민/무기질 보충제 복용
- 식사 제한 경험
- 식품의 구매 및 조리 능력

자료 : Lee RD, Nieman DC. *Nutritional Assessment*. McGraw Hill, New York. 2010

4. 영양불량과 관련된 신체 증상

영양불량과 관련된 신체 증상은 표 5-1과 같다. 영양소 결핍뿐만 아니라 영양소 과잉인 경우도 다음의 증상이 나타날 수 있다. 단백질 결핍인 경우는 머리카락 탈색, 탈모, 빈모, 위축성 설유두, 이하선 비대, 부종, 욕창 등이 나타날 수 있다. 티아민이 부족하면 방향감각 상실, 안근마비, 말초신경 장애 등의 신경질환과 심부전이 나타날 수도 있다. 리보플라빈, 니아신, 비타민 B_6, 비타민 B_{12}는 설염 등 구강 증상과 관련이 있다.

표 5-1 영양불량과 관련된 신체 증상

임상 증상	영양소 결핍	영양소 과잉	빈도
머리카락			
머리카락 탈색	단백질		드물게
탈모	단백질		흔한
빈모	단백질, 비오틴, 아연	비타민 A	때때로
피부			
각질	비타민 A, 아연, 필수지방산	비타민 A	때때로
피부염	니아신		드물게
눈(야맹증)	비타민 A		드물게
구강			
위축성 설유두(매끄러운 혀)	리보플라빈, 피리독신, 니아신, 비타민 B_{12}, 단백질, 철		흔한
설염	리보플라빈, 니아신, 비타민 B_6, 엽산, 비타민 B_{12}		때때로
출혈	비타민 C		때때로
골격, 관절			
휜 다리	비타민 D		드물게
연화증	비타민 C		드물게
신경			
두통		비타민 A	드물게
어지러움, 구토		비타민 A, D	드물게
치매	니아신, 비타민 B_{12}		
방향감각 상실	티아민(코르사프 증후)		때때로
안근마비	티아민, 인		때때로
말초신경 장애	티아민, 비타민 B_6, 비타민 B_{12}	비타민 B_6	때때로
테타니	칼슘, 마그네슘		때때로

(계속)

임상 증상	영양소 결핍	영양소 과잉	빈도
기타			
이하선 비대	단백질		때때로
심부전	티아민, 인		때때로
부종	단백질, 티아민		흔한
욕창	단백질, 비타민 C, 아연		흔한

자료 : Weisier et al. *Fundamentals of clinical nutrition*. Mosby. 1993

1) 단백질-에너지 영양불량

단백질-에너지 영양불량에는 마라스무스(marasmus), 콰시오커(kwashiorkor), 마라스무스-콰시오커 복합(marasmic-kwashiorkor)의 세 종류가 있다(표 5-2, 그림 5-1, 5-2).

① 마라스무스

마라스무스는 심각한 체중 감소를 동반한 단백질-에너지 부족 상태이며, 단기간에 식량이 부족하게 되면 나타나기 쉽다. 흡수불량이 원인이 되기도 한다. 마라스무스는 가장 흔한 급성 영양불량으로 조치를 취하지 않으면 사망으로 이어질 수 있다. 체지방과 체근육이 급격히 감소하면서 갈비뼈가 피부 밖으로 드러날 만큼의 깡마른 체형을 보이게 된다. 피부 건조 주름이 나타나나 내장단백질은 정상 또는 약간 감소한다. 6~18개월의 성장기 어린이에서 발생하는 대표적인 증상으로 성장 부진과 피골상접 증상을 보인다. 영양성 부종은 없으며 기초대사량은 감소하고 저체온증이 나타난다. 마라스무스는 성인에서는 탈모, 탈색 또는 머리가 가늘어지기도 한다.

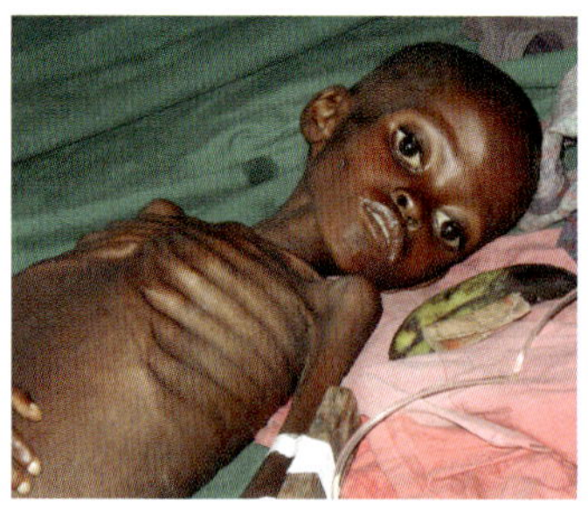
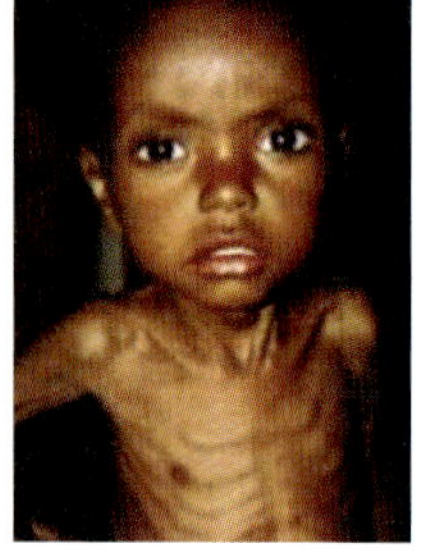

그림 5-1 마라스무스

② 콰시오커

콰시오커는 탄수화물 섭취는 높으나 단백질 부족으로 인한 부종이 나타난다. 콰시오커 초기에는 양쪽 발의 부종이 나타나며, 중등도 시기에는 다리를 포함한 하지, 손과 팔에 나타나는 부종, 중증기에는 얼굴에까지 부종이 나타나는 특징을 보인다. 콰시오커의 주요 증상인 심한 부종은 심한 단백질 결핍의 결과 나타나는 신체 조직의 과도한 액체 축적에서 비롯된다. 그러나 체내 액체 축적으로 체중이 정상으로 나타나 영양불량으로 분류되지 않을 수 있으므로 주의해야 한다. 콰시오커 아동은 식욕이 저하되고 무기력하며 머리카락의 색깔이 옅어지면서 피부질환이 나타난다. 단백질 영양 상태가 좋았을 때 짙은 갈색이었던 머리카락이 단백질 부족 시기에는 탈색이 되어 나오고 다시 단백질 영양 상태가 회복되면 짙은 갈색의 머리카락이 나온다. 아프리카 또는 개발도상국의 영유아 또는 어린이에서 발생한다. 초기 증상은 신경과민, 성장 지연, 근육 손실과 복부팽만 그리고 심한 부종이 나타난다. 24～48개월 어린이나 급성장 어린이에게서 나타나며 혈중 단백질 수준이 저하되고 지방간의 비대가 나타난다. 체중과 체지방은 정상으로 보존되기도 한다.

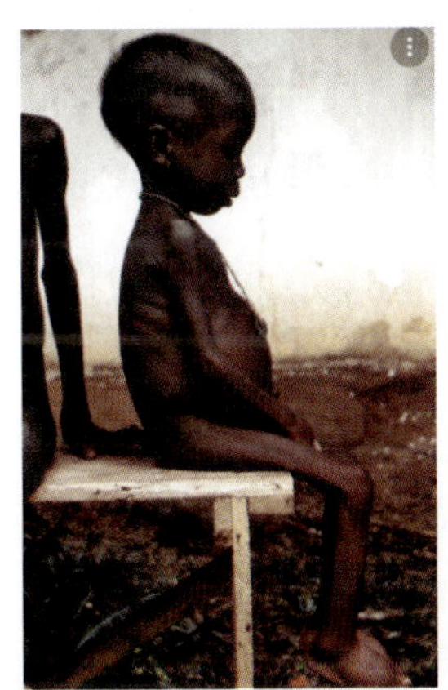
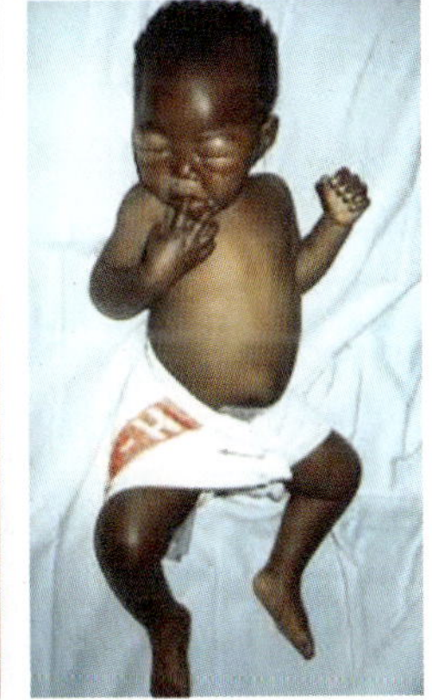

그림 5-2 콰시오커

③ 마라스무스-콰시오커 복합형

마라스무스-콰시오커 복합형은 가장 심각한 형태의 단백질 에너지 영양불량의 형태로 표준 체중의 60% 미만인 심각한 체중 감소와 부종이 함께 나타난다. 복합 형태인

마라스무스-콰시오커는 마라스무스의 특징인 체지방 및 근육의 감소와 콰시오커의 특징인 부종이 동시에 나타나는 영양실조이다. 보통의 경우 상반신은 마라스무스와 같이 갈비뼈가 드러나는 깡마른 상태이며, 하반신은 콰시오커의 특징인 부종이 나타난다.

표 5-2 단백질-에너지 영양불량의 종류별 특징

	마라스무스	콰시오커	복합형
증상	체지방과 체근육 감소	부종	상반신의 체지방과 체근육 감소, 하반신의 부종
원인	에너지, 단백질 결핍	단백질 결핍	에너지, 단백질 결핍
체중	감소	정상	감소

2) 비타민 영양불량

비타민은 인체 생화학 반응에서 필수적인 영양소로 그 결핍 증상은 각 개인의 다른 영양소 섭취와 관련하여 다양한 형태로 나타난다. 비타민 결핍 초기에는 체내 저장량 저하가 나타나고, 점차 혈청 중 농도에 영향을 미치며, 최종 단계에서 생화학적 기능 저하와 임상적 증세가 나타난다. 비타민 결핍의 1차적 요인은 부적합한 식사로, 2차적 요인은 흡수 저하 또는 배설 과잉 등 기능적 손상에 의해 나타난다고 볼 수 있다.

(1) 비타민 A

비타민 A는 신체의 거의 모든 조직에 영향을 미치며, 그중에서도 시각과 세포 분화, 상피조직의 건강 유지, 생식기능과 정상적인 성장, 면역능 증진과 항산화기능에 관여하는 것으로 알려져 있다. 비타민 A 결핍의 첫 증상은 야맹증(night blindness)으로 결핍 초기의 지표로 이용되기도 한다. 이 외에도 시각과 관련된 결핍 증상으로 각막건조증(corneal xerosis), 각막연화증(keratomalacia)으로 진행되어 시력을 잃기도 한다. 또 비타민 A 결핍 시 감염성 질환에 걸리기 쉽고, 상피세포의 각질화로 인한 피부 건조와 상피세포의 퇴화에 따른 식욕 저하가 동반되기도 한다.

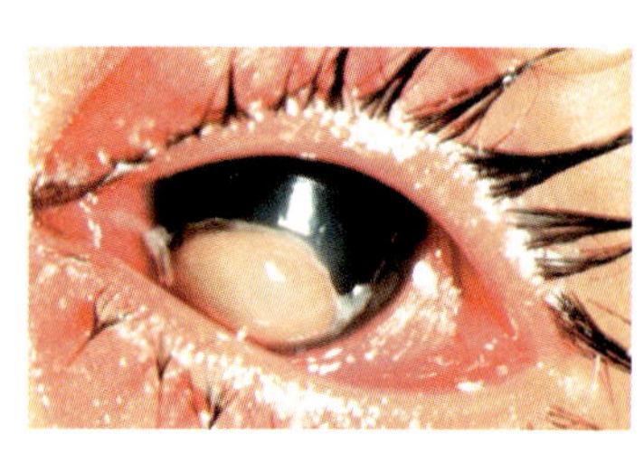

그림 5-3 비타민 A 결핍증(안구건조증)

비타민 A 과잉증은 식사를 통해서는 거의 일어나지 않으나 보충제 형태(권장량의 10～15배)의 섭취를 통해 일어나기 쉽다. 과잉 증상은 구토와 오심, 두통, 피부 건조, 식욕 상실, 탈모, 신경과민, 심한 경우 간 손상을 유발하는 것으로 알려져 있다.

알아두기 **비타민 A의 결핍증과 과잉증 및 섭취 범위**

결핍증	정상	과잉 증상
0～500 μg/RE 미만 야맹증 안구건조증 각막연화증 비토반점(Bitot's spot) 상피세포의 각질화	500～15,000 μg/RE 미만 정상적인 세포분열	15,000 μg/RE 이상 간 손상 골절 위험 증가 골다공증 발생 피부 발진 기형아 출산 사망

(2) 비타민 D

비타민 D의 생리적 기능은 소장과 뼈, 신장에 작용하여 뼈의 성장을 위해 칼슘이 이용될 수 있도록 조절하는 기능이 있다. 그러므로 비타민 D는 뼈의 석회화에 반드시 필요한 비타민이다. 비타민 D의 부족으로 뼈의 석회화가 이루어지지 않으면 어린이들에서 O자형, X자형 다리 등 비정상적인 뼈의 형태로 나타나는 구루병(rickets), 성인 구루병으로 일컫는 골연화증(osteomalacia)이 나타난다. 최근 실내에서만 활동하는 사람들이 증가하고, 지나친 자외선 차단으로 인한 비타민 D 합성의 저하로 결핍증이 문제가 되고 있다.

비타민 D 과잉증으로는 고칼슘혈증(hypercalcemia), 구토, 체중 감소, 연조직의 석회화, 심장, 기관지, 세뇨관 칼슘 침착 등이 있다.

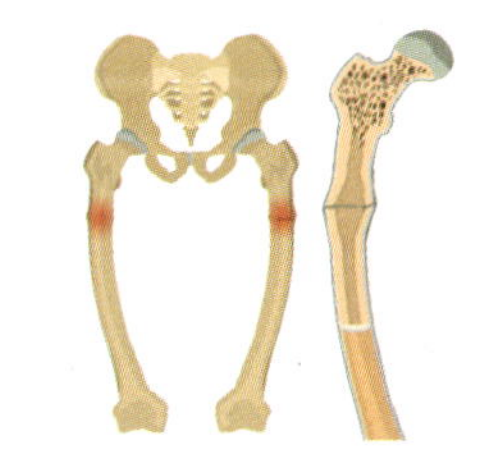

그림 5-4 비타민 D 결핍증(구루병)

(3) 비타민 E

비타민 E는 항불임 인자(antisterility factor)로 알려져 있으며, '아이를 낳다'는 의미의 희랍어에서 토코페롤(tocopherol)이라는 이름이 유래되었다. 비타민 E는 항산화제 역할을 하는 영양소로 산화에 대한 신체 방어물질 중 하나로 알려져 있다. 비타민 E는 세포막의 다가불포화지방산이 산화되는 것을 보호하여 세포막의 손상을 막는다. 비타민 E의 결핍증은 사람에게는 거의 일어나지 않으나, 전통적인 신체적 결핍 징후로 적혈구 용혈(erythrocyte hemolysis)이 있으며, 이는 특히 어린이들(신생아)에서 잘 나타나는 증상이다. 어린이의 비타민 E 결핍증은 낭포성섬유증(cystic fibrosis)이 있다.

알려진 비타민 E의 과잉증으로 하루 600 mg 이상 섭취 시 위장 장애 증상과 비타민 K의 응고작용 방해, 혈중 중성지방의 증가, 두통, 피로감, 근육 약화 등의 부작용이 보고되고 있다.

(4) 비타민 K

비타민 K는 혈액응고에 관여하는 단백질 합성에 참여한다. 즉 비타민 K의 기능은 전구체 단백질 글루탐산을 감마 카르복실글루탐산으로 전환시키는 데 작용하여 혈액응고에 주로 관여한다. 최근 비타민 K가 뼈의 대사에도 관여한다고 보고되고 있다. 비타민 K의 결핍은 무균 상태의 소화관을 가지고 태어나 장내 박테리아에 의해 합성이 불가능한 신생아에서 주로 나타나 신생아 출혈로 이어지며, 성인의 경우 항생제 장기 투여 시 혈액응고 지연의 결핍 징후가 생긴다.

(5) 티아민(thiamin)

티아민은 비타민 B_1의 화학명으로서 쌀겨 추출물로부터 항각기 인자를 분리하고 추출한 것으로 모든 비타민 중 최초로 발견되었다. 열량 영양소인 탄수화물, 단백질, 지방으로부터 에너지를 생성하는 효소들의 조효소로 관여한다. 티아민 결핍의 임상 증상은 근육무력증, 식욕부진, 체중 감소, 과민성, 심장비대 증세를 수반하며, 심각한 결핍 시에는 신경계와 심혈관 장애를 나타내는 각기병(beriberi)을 유발한다. 건성각기병(dry beriberi)은 근육소모증(muscle wasting)을 나타내고, 습성각기병(wet beriberi)은 부종을 나타낸다. 과잉증에 관한 최근까지의 자료들에 의하면 티아민의 경구투여는 유해 영향이 매우 낮은 것으로 보고되고 있으며, 상한섭취량이 설정되어 있지 않다.

(6) 리보플라빈(riboflavin)

비타민제 복용 시 소변이 노란색을 띠는 원인 성분으로 알려진 리보플라빈은 황색을 뜻하는 플라빈(flavin)에서 그 이름이 유래되었다. 리보플라빈은 열량 영양소의 산화환원 반응의 조효소로 관여한다. 조효소인 FMN과 FAD는 수소를 받아들이거나 내어줌으로써 체내 산화환원 작용을 촉매한다. 리보플라빈의 결핍증은 구각염, 설염, 외음부의 지루성피부염, 안구충혈, 두통, 조로성백내장, 빈혈 등이 있다. 리보플라빈의 임상적인 결핍증은 드물게 나타나지만 생화학적인 결핍증은 경구피임약을 복용하는 여성, 당뇨병 환자, 알코올중독자, 간질환자, 노인과 청소년에서 흔히 나타나는 것으로 알려져 있다.

(7) 니아신(niacin)

니아신은 조효소 형태인 NAD와 NADP로서 체내 대사 반응에서 해당과정과 구연산 회로에서 조효소로 관여한다. 니아신은 결핍 초기에는 피로, 허약감, 소화불량 등으로 증상이 나타나고 결핍이 지속되면 펠라그라(pellagra : 니아신 결핍증)로 불리는, 일명 4D 증상인 피부염(dermatitis), 설사(diarrhea), 치매(dementia), 죽음(death)으로 나타난다. 펠라그라를 치료하지 않으면 에너지 대사에 전반적인 장애가 생기게 되어 심각한 결과를 초래할 수 있다. 펠라그라는 일반적으로 흔하지는 않으나, 만성알코올중독자, 트립토판 대사 장애 환자에게서 나타나기 쉽다.

니아신의 과잉증은 모세혈관 확장, 피부 충혈, 피부가려움증, 소화 시 장애, 시력 혼란, 불규칙한 심장박동 등이 있다. 니코틴산을 30~1,000 mg/일 복용할 경우 다른 유해한 효과가 나타나기 전에 혈관 확장으로 인한 홍조현상(flushing)이 나타날 수 있는데, 이때 복용 횟수와 복용량을 조절해야 한다.

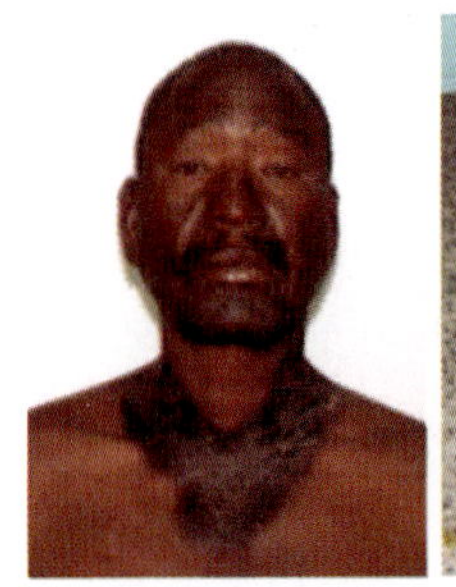
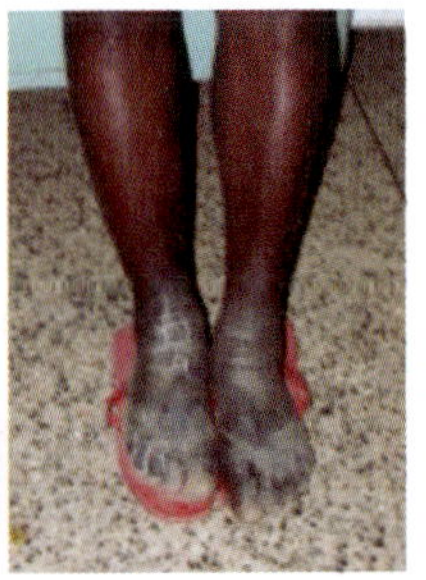

그림 5-5 니아신 결핍증(펠라그라)

(8) 비타민 B_6(pyridoxine)

비타민 B_6는 조효소 PLP(pyridoxal 5-phosphate) 형태로 아미노산 대사에 관여한다. 그 외에 포도당 신생 합성에 관여하는 당질 대사와 헴 형성에도 관여한다. 비타민 B_6의 결핍은 다른 수용성 비타민과 연관되어 나타나는 경우가 많으며, 특히 리보플라빈 결핍 시 더욱 악화된다. 임상적인 결핍 증상은 간질성 혼수, 피부염, 구내염, 구순염, 설염, 우울증, 심전도 이상 등을 들 수 있다. 경구피임약 복용자나 고단백식이를 하는 사람, 노인, 만성알코올중독자에서 특히 많이 발생한다.

식이 섭취로 인한 과잉증은 보고된 바 없으나, 피리독신을 1일 2～6 g씩 2～40개월 동안 섭취한 남녀 7명 모두에게서 운동실조와 신경이상 증세가 나타났다고 보고된 바 있다. 또 생리 전 증후군 치료 목적으로 1일 비타민 B_6를 500 mg 이상을 만성적으로 복용하여 신경독성과 광과민성을 보인 사례가 있다.

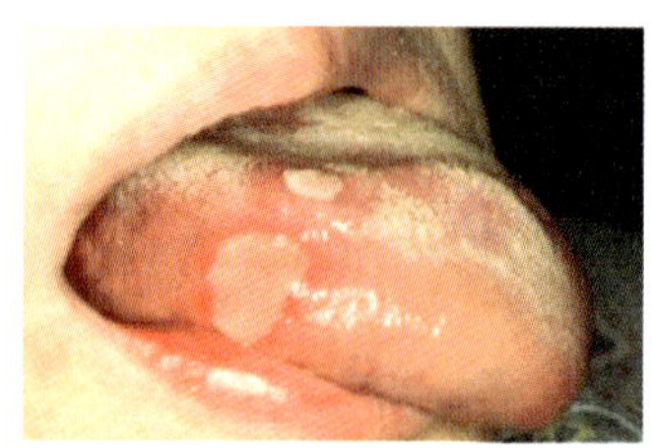

그림 5-6 리보플라빈, 니아신, 비타민 B_6, 엽산, 비타민 B_{12} 결핍증

(9) 엽산(folic acid)

엽산은 라틴어 'folium(식물의 잎)'에서 유래되었으며 여러 가지 잎채소에 풍부하게 분포되어 있는 특징이 있다. 엽산은 tetrahydrofolate(THF) 조효소로 작용하여 혈액세포의 형성·성숙과 DNA 합성을 돕는다. 엽산은 세포분열이 많이 일어나는 유아기, 성장기, 임신기, 수유기에 그 필요량이 매우 증가하므로 이 시기에 섭취를 소홀히 하면 부족하기 쉽다. 엽산 섭취량이 부족하면 혈액 내 엽산 농도가 감소하고, 적혈구 엽산 농도 감소가 동반되며, 혈장 호모시스테인 농도는 증가하게 된다. 동시에 세포에 거대적아구성 변화가 생기고, 빈혈이 나타난다. 엽산 결핍증으로 나타나는 빈혈은 거대적아구성빈혈로 허약감, 피로, 가슴두근거림, 불안정 등의 증상을 보인다. 임신 초기에 엽산이 부족하면 신경관 손상으로 무뇌아, 기형아 출산의 위험이 높다.

(10) 비타민 B_{12}(cobalamine)

비타민 B_{12}는 구조적으로 크고 복잡한 거대 분자구조로 분자 내부에 코발트를 함유하고 있어 코발아민(cobalamine)으로 명명되었다. 생리적 기능으로 엽산과 함께 호모시스테인을 메티오닌으로 전환하는 데 조효소로 관여하며, 세포의 분열·성장과 적혈구 발달에도 관여한다. 또한 신경수초 형성에도 관여하여 B_{12} 결핍 시 신경수초 형성이 방해를 받으므로 여러 가지 신경 증상이 유발되고, 악성빈혈이 나타난다. 악성빈혈의 증상은 무기력, 창백, 식욕 상실, 기억력 감퇴, 숨가쁨, 체중 감소, 우울증 등이 있다.

(11) 비타민 C(ascorbic acid)

비타민 C는 항산화제 역할을 하는 영양소로서 동물과 식물 세포의 건강에 생리적으로 중요하다. 비타민 C는 구조단백질인 콜라겐을 형성하고, 약물과 독성물질의 해독작용, 카르니틴 생합성에도 작용하며, 신경전달물질 합성에도 관여한다. 혈장 내 비타민 C 농도가 11 μM/L(0.2 mg/dL) 이하로 낮아지면 괴혈병이 생긴다. 괴혈병의 임상적 증상으로는 여포성과각하증(follicular hyperkeratosis), 점상출혈(ecchymoses), 소포 주위 출혈, 관절통, 상처 회복 지연 등을 들 수 있다. 이외에도 부종, 안구와 구강의 건조, 만성피로, 우울증 등이 나타난다. 잇몸부종과 만성피로는 먼저 나타나는 임상 증후로서 가장 민감한 지표로 알려져 있다.

비타민 C는 수용성으로 과잉증이 없는 것으로 알려져 있으나 지나치게 과잉 섭취하면 매스꺼움, 설사, 복통 등의 위장관 증상을 나타낸다고 한다.

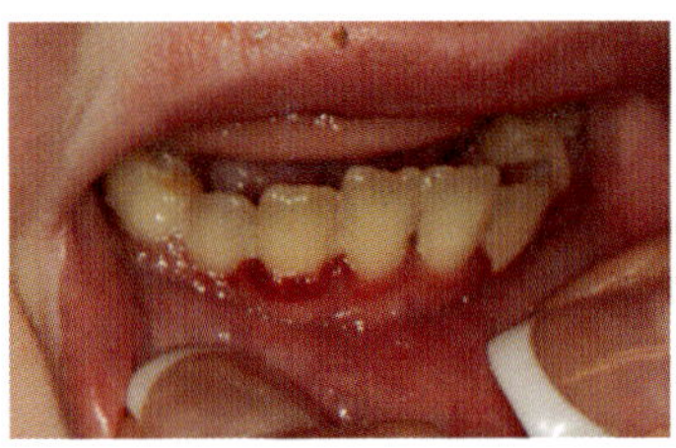

그림 5-7 비타민 C 결핍증(괴혈병)

표 5-3 비타민 결핍에 따른 신체 징후

결핍 영양소	결핍 증상
비타민 A	야맹증, 각막건조증, 각막연화증
비타민 D	구루병, 골연화증
비타민 E	용혈성빈혈, 저체중아, 낭포성섬유증
비타민 K	혈액응고 장애, 신생아 출혈
티아민	신경계이상 증상을 나타내는 건성각기, 식욕부진이나 소화불량, 위 무력증의 습성각기
리보플라빈	설염, 구순염, 구각염, 지루성피부염, 두통
니아신	피로, 허약감, 소화불량, 피부염(dermatitis), 설사(diarrhea), 치매(dementia), 죽음(death)
비타민 B_6	피부염, 구각염, 근육 경련, 신경과민, 설염
엽산	거대적아구성빈혈, 신경관 손상
비타민 B_{12}	악성빈혈, 식욕 저하, 체중 감소, 숨가쁨, 기억력 감퇴, 무기력
비타민 C	괴혈병, 히스테리, 짜증, 우울증, 무력증, 구토

표 5-4 비타민 과잉에 따른 신체 징후

과잉 비타민	과잉증의 임상적 증상
비타민 A	구토, 오심, 두통, 설사, 건조한 피부, 식욕 상실, 탈모, 기형아 출산, 신경과민
비타민 D	고칼슘혈증, 구토, 체중 감소, 연조직의 석회화, 심장·세뇨관 칼슘 침착
비타민 E	위장 장애 증상, 비타민 K의 응고작용 방해, 혈중 중성지방의 증가, 두통, 피로감, 근육 약화
비타민 K	알려진바 거의 없음
티아민	알려진바 거의 없음
리보플라빈	알려진바 거의 없음
니아신	모세혈관 확장, 피부충혈, 불규칙한 심장박동, 저지질혈증, 고혈당증, 피부 가려움증, 두통, 시력 혼란, 소화기 장애, 간 손상
비타민 B_6	무력감, 불면증, 불안정, 손발 무감각증
엽산	신장 손상
비타민 B_{12}	여드름성 발진, 과잉증 드묾
비타민 C	불안감, 메스꺼움, 복부 경련, 설사, 통풍, 두통

3) 무기질 영양불량

무기질은 체중의 4～5%를 차지하며, 에너지를 내는 영양소인 당질, 단백질, 지방질 및 비타민과는 달리 탄소를 가지고 있지 않아 열량원으로 이용되지 않지만, 신체 구성 성분으로 뼈와 이를 구성하고, 산, 염기의 평형 유지 등 필수 영양소로 이용된다. 무기질은 크게 다량 무기질(macrominerals)과 미량 무기질(microminerals)로 분류되는데, 이러한 기준은 일일 필요량이 100 mg 이상일 때는 다량, 이하일 때는 미량으로 구분한다. 무기질 중에서 결핍과 과잉이 문제되는 칼슘, 철, 요오드, 아연에 대해 표 5-5에 정리하였다.

무기질인 칼슘과 마그네슘 결핍 시에는 테타니가 나타난다. 철 결핍증은 스푼형 손톱(keilonychia)이 있다. 요오드 결핍증에는 갑상샘종(goiter)와 바세도우씨병(Basedow's disease)이 있다. 아연의 결핍은 빈모, 피부 각질과 관련이 있다고 한다.

표 5-5 주요 무기질의 결핍증 및 과잉증

영양소	결핍 증상	과잉 증상
칼슘	골다공증 위험도 증가	위약군의 경우 신장 결석 발생
철	체내 철량 감소, 철결핍성빈혈(피부 창백·피로·허약·호흡곤란·식욕부진 유발)	혈색소증(심장·췌장 등에 철이 축적되며, 심부전, 당뇨병 등 유발 가능)
요오드	갑상선기능부전증(권태감·기초대사율 저하·추위 민감증 등), 갑상선종	필요량 증가, 갑상선기능항진증
아연	성장 지연·왜소증, 상처 회복 지연, 식욕부진, 미각·후각 감퇴, 장성말단 피부염	철·구리 흡수 저하, 설사·구토, 면역기능 억제, 구토

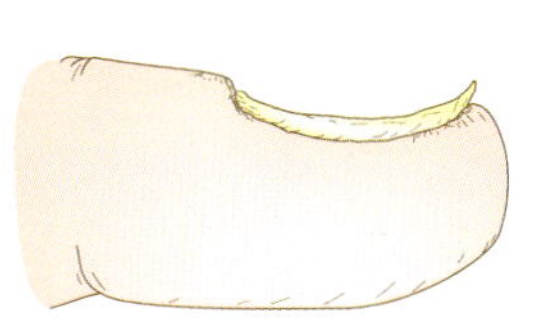

스푼형 손톱(철 결핍증)

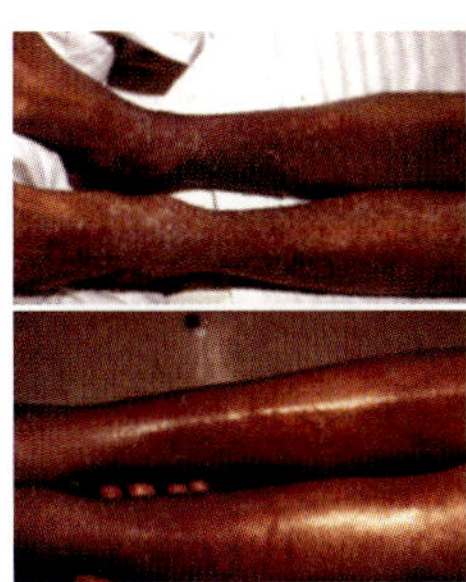

아연 결핍증
치료 전(위)과 치료 후(아래)

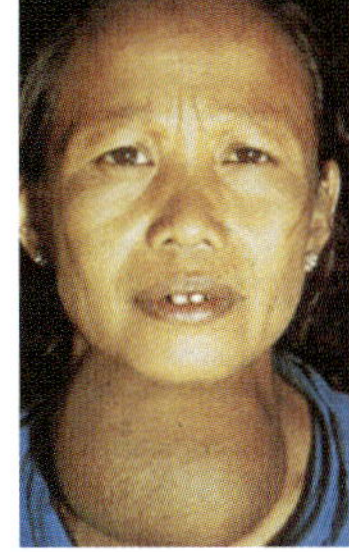

갑상선종

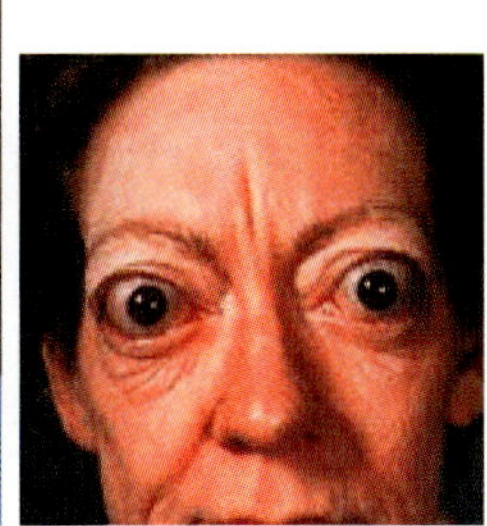

바세도우씨병

요오드 결핍증

그림 5-8 무기질 결핍증

4) 영유아의 영양불량

영유아의 영양이 부족할 때 나타날 수 있는 임상적 증상은 표 5-6과 같다. 영양불량 상태에서는 영유아의 머리카락이 푸석푸석하고 쉽게 부스러지며 윤기가 없을 수 있다. 또한 피부가 건조하거나 어디 물린 자국은 없는지, 치료한 부위가 잘 아물고 있는지, 창백해 보이지는 않는지도 살펴보아야 한다.

그리고 영양불량 시 눈과 입에도 다음과 같은 증상이 나타날 수 있다. 눈에 핏줄이 서 있거나, 충혈 부위가 있는지, 어두운 곳에 들어가면 잘 보지 못하는지, 눈 주위에 지방이 침착되지는 않았는지, 눈 주위가 검은 것은 아닌지를 살펴보아야 한다. 입가에 상처가 생기지는 않은지, 입술색이 창백하거나 상처가 나지는 않았는지도 관련이 있을 수 있다. 잇몸에 피가 나지는 않는지 혀가 갈라지거나 창백하지는 않는지, 혓바닥에 하얗게 더께가 앉지는 않았는지도 살펴봐야 한다. 식량이 부족하지 않은 국가에서는 이러한 증상을 보기가 쉽지는 않으나 개인적인 문제로 발생할 수도 있으니 알아두어야 한다.

근골격계에도 증상이 나타날 수 있는데 다음 사항들을 살펴보고 의심이 가면 병원을 방문하여 검사를 받아볼 필요가 있다. 치아우식증이 있거나 치아가 부러지지는 않았는지, 손톱이 얇아서 쉽게 부러지며 오목하게 쏙 들어가지는 않았는지 그리고 다리가 굽고, 갈비뼈가 튀어나오지는 않았는지는 뼈의 영양 상태를 나타내는 증상이다. 근육이 탄력이 없고 물렁물렁하고 축 늘어져 있고 주름이 생기는지 혹시 부종으로 발이 잘 붓는지도 확인하여야 하는 증상이다.

표 5-6 영유아의 영양불량 시 나타날 수 있는 임상 증상

신체 부위	영양불량의 임상 증상
머리카락	머리카락이 푸석푸석하고 쉽게 부스러지며 윤기가 없음
피부	건조하거나 물린 자국이 있음. 치료한 부위가 잘 아물지 않으며, 창백해 보임
눈	핏줄이 서 있거나 충혈된 부위가 있으며, 어두운 곳에 들어가면 잘 보지 못함. 눈 주위에 지방이 침착되고, 눈 주위가 검음
입	입가에 상처가 잦고, 입술색이 창백하거나 상처가 남
혀	갈라지거나 창백하고, 혓바닥에 하얗게 더께가 앉음
치아	치아우식증이 있거나 부러짐, 잇몸에 피가 남
손톱	얇아서 잘 부러지며 오목하게 쏙 들어감
뼈	다리가 굽고, 갈비뼈가 튀어나옴
근육	근육이 물렁물렁하고 축 늘어져 있으며, 주름이 생김
발	잘 부음

CHAPTER 6

영양판정의 활용

학습 목표

1. 생애주기별 영양판정을 이해한다.
2. 청소년기의 식사력 조사 중요성을 설명할 수 있다.
3. 노인의 신체계측조사와 식사섭취조사 시 어려운 점을 설명할 수 있다.
4. 병원에서 환자의 영양검색(영양선별검사), 초기 영양판정, 대사영양프로필의 내용을 배운다.
5. 고혈압, 심혈관계 질환, 당뇨병, 대사성 질환, 골다공증의 영양판정 내용을 배운다.

1. 영유아 및 학령기 아동의 영양판정

영유아기는 출생 이후 6년까지의 기간으로 영유아에게 필요한 영양이 충분하지 못하면 영양 장애 또는 영양 결핍이 될 수 있고 성장 및 발육 지연을 초래하며, 뇌조직 발달에도 영향을 미칠 수 있어 이 기간이야말로 평생의 건강을 좌우하는 중요한 시기라고 할 수 있다(표 6-1). 영유아 영양판정의 궁극적인 목표는 성장의 유무, 영양 결핍 및 영양 과잉 등의 영양 상태에 미치는 요인을 조기에 파악하고 정상적인 성장과 발달을 할 수 있도록 하는 데 있다. 영양 상태, 영양 섭취의 적절성, 성장 정도, 체구성 평가, 신체계측 등이 포함되며, 간단한 영양검색과 심층 영양판정으로 단계를 구분할 수 있다(표 6-2).

표 6-1 성장의 단계

나이	성장 단계	평균 성장 폭
출생 이후~만 1세	제1 급성장기	1년간 20~22 cm
만 1세~만 2세		1년간 12.5 cm
만 2세~만 7세	제1 완만성장기	1년간 6 cm
만 7세~사춘기		1년간 5 cm
사춘기 시작~사춘기 이후 약 2년	제2 급성장기	1년간 8~10 cm
사춘기 2년 후로부터 약 4년	제2 완만성장기	사춘기 이후 약 4년간 4~6 cm 더 증가

표 6-2 영양판정 단계별 조사 항목 결정을 위한 지침

	대상	신체계측	임상조사	생화학 자료	식사 평가
영양검색	모두	신장, 체중, 신장-체중, 머리둘레	병력, 외관	헤모글로빈, 헤마토크릿, MCHC	평소 식사량, 식사 기술, 식행동, 보충제 사용 여부
초기 영양판정	영양검색에서 위험군 또는 영양 관리 질환이 있는 아동	체구성, TSF, AMC	신체조사	알부민	3~7일간 식사 일기
심층 영양판정 (장기간)	특정 영양 결핍/과다 여부 확인, 심한 영양 결핍, 영양 치료 효과 판정	성장 속도		혈청 특정 비타민, 무기질, 프리알부민	

자료 : 대한영양사회. 임상영양지침서. 2008

알아두기 영유아의 건강에 영향을 미치는 요인

1. 유전 : 체구, 체질 등이 부모의 형질을 닮는다.
2. 인종 : 백인종은 황인종보다 대체로 체구가 크다.
3. 국가 : 민족이나 국가의 경제 상태
4. 성별 : 남녀의 성별은 수정 시 결정된다. 일반적으로 출생 시 남아는 여아에 비해 신장과 체중이 더 많이 나가지만 11세 정도까지는 여아의 성장이 더 빠르다.
5. 환경
   - 산전(자궁 내) 환경
     - 태아의 성장 발달에 결정적인 영향
     - 태아에게 유해한 자궁 내 환경 요인 : 모체의 질병이나 전염병, 방사선, Rh 인자, 모체의 흡연, 음주, 약물 사용 등
   - 산후 환경
     - 외적 환경 : 가족의 사회·경제적 상태, 영양(양적·질적인 면), 기후와 계절 질병과 손상, 운동(적당한 운동은 성장 발달을 촉진하는 요소), 출생 순위
     - 내적 환경 : 지능, 호르몬, 정서

1) 신체계측조사

영유아의 영양 상태를 판정하는 가장 기본적인 신체계측은 체중, 누운 키(length) 또는 신장, 머리둘레, 가슴둘레, 삼두박근 피부두께이다(표 6-3, 제2장 참조). 이는 단순히 성장 정도뿐만 아니라 비만 가능성 및 비만 여부를 판정한다. 체중, 신장, 머리둘레가 같은 연령에 비해 현저히 감소되어 있다면 자궁 내 손상이나 유전적 이상의 가능성을 나타낼 수 있다. 만일 머리둘레와 신장은 비교적 정상이면서 체중이 현저히 미달되어 있는 경우는 불충분한 에너지 섭취나 비정상적인 에너지의 소실 또는 지나친 신진대사 증가

표 6-3 발달 단계별 권장 신체계측 항목

권장 항목 / 발달 단계	체중	누운 길이	신장	머리둘레	가슴둘레	상완위 근육둘레	피부두께	
							삼두박근	견갑골
신생아 및 영아	○	○		○	○		○	
유아	○		○		○	○	○	
학동기 및 청소년	○		○			○	○	
성인·노인	○		○			○	○	○

로 에너지가 부족한지를 조사한다. 반면에 지나치게 빠르고 과도한 성장이 나타나는 경우 비만과 같은 질환을 의심할 수 있다.

(1) 머리둘레

보통 생후 2세까지는 키의 증가와 머리둘레(head circumference)가 밀접한 관계가 있지만, 그 이후로는 머리둘레의 성장이 늦어지므로 영양 상태를 평가하기 위해 측정하는 것은 비효율적이다. 성장 지연, 만성적인 단백질-열량 결핍 여부 및 정도를 판정할 수 있는 지표이다. 소두증(microcephaly)이나 대두증(macrocephaly)이 있을 때는 사용하지 않는다.

(2) 가슴둘레

가슴둘레(chest circumference)는 연조직을 측정하는 방법으로 체중 증가와 평행 관계가 있어 질환이나 영양불량에 더 민감하고 원인 치료에 대한 회복도 체중보다 더 빠르게 반영된다.

(3) 신장

신장(length, height)은 골격(뼈) 성장을 측정하는 지표로써, 성장곡선과 비교했을 때 5백분위수 이하는 심한 결핍으로 판단하며, 5～10백분위수 사이인 경우에는 자세한 평가를 권장한다. 2세 미만의 유아는 누운 키(length), 2세 이상의 어린이는 선키(height)를 측정한다. 연령에 비해 키가 작은 경우 만성적 영양 부족을 의미하나 운동과 유전적인 요인이 영향을 줄 수 있으며, 체지방량과 체단백질량을 간접적으로 알 수 있다.

(4) 체중

체중(weight)은 영양 상태를 판정하는 가장 기본적인 지표이다. 출생 후 첫 12개월 동안 성장 속도가 가장 빨라 출생 시에 비해 3～4개월에 2배, 12개월에 3배 증가한다. 유아의 건강 상태에 대한 체중과 현재 체중을 비교하는 것이 바람직하며 체중에 영향을 미치는 부종, 탈수 등을 고려하여야 한다. 영아의 체중은 건강 상태를 판단하는 한 방법일 뿐 아니라 영양 요구량과 약물의 용량을 결정하는 데 사용한다. 질병관리본부와 대한소아과학회는 세계보건기구 WHO Growth Standards의 영유아 성장도표를 적용하여 2017년 12월 '2017 소아청소년 성장도표'를 제정·발표하였다.

알아두기 2017 소아청소년 성장도표

2017 소아청소년 성장도표

신체발육 표준치

남자					여자			
신장 (cm)	체중 (kg)	체질량지수 (kg/m²)	머리둘레 (cm)	만나이 (개월/세)	신장 (cm)	체중 (kg)	체질량지수 (kg/m²)	머리둘레 (cm)
49.9	3.3		34.5	0개월	49.1	3.2		33.9
54.7	4.5		37.3	1개월	53.7	4.2		36.5
58.4	5.6		39.1	2개월	57.1	5.1		38.3
61.4	6.4		40.5	3개월	59.8	5.8		39.5
63.9	7.0		41.6	4개월	62.1	6.4		40.6
65.9	7.5		42.6	5개월	64.0	6.9		41.5
67.6	7.9		43.3	6개월	65.7	7.3		42.2
69.2	8.3		44.0	7개월	67.3	7.6		42.8
70.6	8.6		44.5	8개월	68.7	7.9		43.4
72.0	8.9		45.0	9개월	70.1	8.2		43.8
73.3	9.2		45.4	10개월	71.5	8.5		44.2
74.5	9.4		45.8	11개월	72.8	8.7		44.6
75.7	9.6		46.1	12개월	74.0	8.9		44.9
76.9	9.9		46.3	13개월	75.2	9.2		45.2
78.0	10.1		46.6	14개월	76.4	9.4		45.4
79.1	10.3		46.8	15개월	77.5	9.6		45.7
80.2	10.5		47.0	16개월	78.6	9.8		45.9
81.2	10.7		47.2	17개월	79.7	10.0		46.1
82.3	10.9		47.4	18개월	80.7	10.2		46.2
83.2	11.1		47.5	19개월	81.7	10.4		46.4
84.2	11.3		47.7	20개월	82.7	10.6		46.6
85.1	11.5		47.8	21개월	83.7	10.9		46.7
86.0	11.8		48.0	22개월	84.6	11.1		46.9
86.9	12.0		48.1	23개월	85.5	11.3		47.0
87.1	12.2	16.0	48.3	2세	85.7	11.5	15.7	47.2
91.9	13.3	15.8	48.9	2세 6개월	90.7	12.7	15.5	47.9
96.5	14.7	15.9	49.8	3세	95.4	14.2	15.8	48.8
99.8	15.8	15.9	50.2	3세 6개월	98.6	15.2	15.7	49.3
103.1	16.8	15.9	50.5	4세	101.9	16.3	15.7	49.6
106.3	17.9	15.9	50.8	4세 6개월	105.1	17.3	15.7	49.9
109.6	19.0	15.9	51.1	5세	108.4	18.4	15.7	50.2
112.8	20.1	16.0	51.4	5세 6개월	111.6	19.5	15.8	50.6
115.9	21.3	16.0	51.7	6세	114.7	20.7	15.8	50.9
119.0	22.7	16.2		6세 6개월	117.8	22.0	15.9	
122.1	24.2	16.4		7세	120.8	23.4	16.1	
127.9	27.5	16.9		8세	126.7	26.6	16.6	
133.4	31.3	17.6		9세	132.6	30.2	17.2	
138.8	35.5	18.4		10세	139.1	34.4	17.8	
144.7	40.2	19.1		11세	145.8	39.1	18.5	
151.4	45.4	19.8		12세	151.7	43.7	19.1	
158.6	50.9	20.3		13세	155.9	47.7	19.7	
165.0	56.0	20.8		14세	158.3	50.5	20.3	
169.2	60.1	21.2		15세	159.5	52.6	20.8	
171.4	63.1	21.6		16세	160.0	53.7	21.0	
172.6	65.0	21.9		17세	160.2	54.1	21.1	
173.6	66.7	22.3		18세	160.6	54.0	21.0	

[주] · 표준치는 2017 소아청소년성장도표 50백분위수 값을 의미 · 2세미만(0-23개월)의 신장은 누운 키, 이상의 신장은 선 키로 측정

보건복지부 질병관리본부 대한소아청소년과학회

자료 : 질병관리청. 신체발육 표준치 포스터

(5) 신장과 체중

신장에 비해 체중이 적을 경우는 영양불량 상태이며, 연령에 비해 신장이 작은 경우는 만성적인 영양 부족 상태를 의미한다. 단백질-에너지 영양불량(protein-energy malnutrition, PEM)에 대한 평가는 연령에 대한 체중 비교보다도 신장에 대한 체중 비교가 더 유용하다.

비체중(比體重, 키에 대한 몸무게 백분율)

성장기 어린이의 영양 평가에 유용하게 사용하며, 1~5세는 연령과 관계가 없어 연령을 알기 어려운 개발도상국 등에서는 연령별 기준치 대신 사용된다. 비체중과 신장과의 분포도를 작성하면 집단의 발육 상태를 쉽게 파악할 수 있다.

$$\text{비체중} = \frac{\text{체중(kg)}}{\text{신장(cm)}} \times 100$$

알아두기 연령별 평균 체중과 신장 증가율

• 연령별 평균 체중 증가율

연령	체중(kg)	출생 시 배수
출생 시	3.3	1
3개월	6.6	2배
첫돌	10	3배
3세	13	4배
5세	16	5배
7세	20	6배
10세	30	9배
12세	36	11배
15세	50	15배

• 연령별 평균 신장 증가율

연령	신장(cm)	배수
출생 시	50	1
첫돌	75	1.5배
4세	100	2배
8세	125	2.5배
12세	150	3배

알아두기 미래의 키 계산해 보기

• 남자아이의 키 = (아버지의 키 + 어머니의 키) ÷ 2 + 6.5 cm
• 여자아이의 키 = (아버지의 키 + 어머니의 키) ÷ 2 - 6.5 cm

(6) 체성분 검사

① 체지방량

생체전기저항법(bioelectrical impedance analysis, BIA)

생체전기저항법은 손발 네 곳에 해롭지 않을 정도의 작은 전류를 흐르게 하여 저항을 측정한 후 연령, 신장, 몸무게 값을 입력하고 체수분량을 측정한 다음 회귀분석 공식을 이용하여 내장 지방량을 산출한다(표 6-4).

표 6-4 학동기 어린이의 내장 지방량의 표준 범위

성별	남자	여자
표준 범위	10세 : 13～23% 11세 : 12.5～22.5% 12세 : 12～22%	나이에 상관없이 18～27.9%

② 복부 지방률(waist hip ratio, WHR)

허리-엉덩이둘레비를 측정하여 학동기 어린이의 비만지표로 이용할 수 있다.

표 6-5 신체계측 결과의 평가 기준

측정 항목	평가 기준
체중	키-체중 백분위수 이상체중의 120% 이상 : 비만
누운 키	5th percentile 미만의 체중 : 영양 결핍, 부적절한 영양 5th percentile 미만의 키 : 성장 부진, 만성적인 영양 결핍
머리, 가슴둘레	5th percentile 미만의 머리둘레 : 오랜 기간의 영양 결핍
상완위근육둘레 (체내 단백질량)	키, 체중 측정이 어려울 때 단백질-에너지 영양불량 판정에 유용하게 이용 5th percentile 미만은 영양불량
삼두근 피부두겹두께	5th percentile 미만 : 영양지원 고려 90th percentile 이상 : 의학적 관찰과 영양상담 95th percentile 이상 : 비만-의학적 치료 필요

(7) 신장과 표준체중으로 알 수 있는 영양불량 정도

성장 부진(failure to thrive, FTT)은 영유아의 키와 체중 증가 정도가 비정상적으로 낮은 경우를 말한다. 일반적으로 성장 지연으로 나타나며, 질환, 활동성의 감소, 인지도 저하, 학업 성적 부진, 사회·행동 발달 장애 등이 동반되어 나타날 수 있다.

알아두기 FIT의 진단 : 체중, 키, 머리둘레를 연령별 표준과 비교

체중	연령별 표준체중의 80% 미만
키	연령별 성장곡선에서 지속적으로 3% 미만
성장 속도	성장곡선 2개 이하로 저하

표 6-6 영양불량의 정도

영양불량 정도	신장별 표준 체중에 대한 현 체중의 비율 (%)	연령별 표준 신장에 대한 현 신장의 비율 (%)
정상	90～110	≥95
약간의 영양불량	80～89	90～94
보통의 영양불량	70～79	85～89
심한 영양불량	<70	<85

2) 생화학적 검사

소아를 위한 생화학 검사 참고치를 표 6-7에 제시하였다.

표 6-7 소아의 연령별 생화학 검사 참고치

검체 종목	검체	단위	참고치
Alkaline phosphatase(ALP)	혈청	U/L	1～9년 : 145～420 10～11년 : 130～560 12～13년 : 남 200～495 여 150～420 14～15년 : 남 130～525 여 70～235 16～19년 : 남 65～260 여 50～130

(계속)

검체 종목	검체	단위	참고치
Aspartate aminotransferase (AST, SGOT)	혈청	U/L	0~5일 : 35~140　1~9년 : 15~55　10~19년 : 5~45
Bilirubin, total	혈청	mg/dL	미숙아　신생아 제대혈 : <2.0　<2.0 0~1일 : <8.0　<6.0 1~2일 : <12.0　<8.0 2~5일 : <16.0　<12.0 >5일 : <2.0　0.2~1.0
BUN	혈청 혈장	mg/dL	제대혈 : 21~40 미숙아(1주) : 3~25 신생아 : 3~12 영아~소아 : 5~18 그 이후 : 7~18
Creatinine	혈청 혈장	mg/dL	제대혈 : 0.6~1.2 신생아 : 0.3~1.0 영아 : 0.2~0.4 소아 : 0.3~0.7 청소년 : 0.5~1.0 성인 남자 : 0.6~1.2 성인 여자 : 0.5~1.1
Ferritin	혈청	ng/mL	신생아 : 25~200 1개월 : 200~600 2~5개월 : 50~200 6개월~15년 : 7~140 성인 남자 : 20~320 성인 여자 : 10~290
γ-Glutamyl transpeptidase (γ-GT)	혈청	U/L	제대혈 : 37~193 0~1개월: 13~147 1~2개월: 12~123 2~4개월 : 8~90 4개월~10년 : 5~32 10~15년 : 5~24
Immunoglobulin A(IgA)	혈청	mg/dL	제대혈 : 1.4~3.6 1~3개월 : 1.3~53 4~6개월 : 4.4~84 7개월~1년 : 11~106 2~5년 : 14~159 6~10년 : 33~236 성인 : 70~312
Immunoglobulin D(IgD)	혈청	mg/dL	신생아 : 없음 그 이후 : 0~8
Immunoglobulin E(IgE)	혈청	IU/mL	남 : 0~230 여 : 0~170
Immunoglobulin G(IgG)	혈청	mg/dL	제대혈 : 636~1,606 1개월 : 251~906 2~4개월 : 176~60 5~12개월 : 172~1,069 1~5년 : 345~1,236 6~10년 : 608~1,572 성인 : 639~1,349
Immunoglobulin M(IgM)	혈청	mg/dL	제대혈 : 6.3~25 1~4개월 : 17~105 5~9개월 : 33~126 10~12개월 : 41~173 2~8년 : 43~207 9~10년 : 52~242 성인 : 56~352
Lactate dehydrogenase(LD)	혈청	U/L	<1년 : 170~580　1~9년 : 150~500　10~19년 : 120~330

자료 : 서울아산병원(https://www.amc.seoul.kr/asan/main.do)

(1) 철결핍성빈혈

생후 6개월 이후부터는 모체로부터 받아 저장된 철이 고갈되므로 영양 평가에 필수적이다. 철결핍성빈혈의 진단에는 헤모글로빈, 헤마토크릿, MCV 측정이 이용된다. 아동의 경우 이 3가지 검사 중 MCV가 가장 민감한 지표이며, 철 결핍 외 엽산, 비타민 B_{12} 등의 결핍과 영양 외적인 요소에 의해서도 초래될 수 있다.

(2) 단백질 상태

혈청 알부민은 영양 상태 평가 시 가장 널리 이용되는 지표이며, 단백질과 에너지의 결핍 정도를 나타낸다. 단백질 섭취의 절대 부족으로 야기되는 콰시오커는 혈청 알부민 수치가 감소되어 전신적인 부종을 일으키며, 에너지 부족으로 야기되는 마라스무스는 혈청 알부민 수치가 정상 수준으로 유지되는 것이 일반적이다.

표 6-8 철 결핍의 지표가 되는 MCV의 기준치

연령(세)	MCV(fl)※	연령(세)	MCV(fl)※
1～2	<73	11～14	<78
3～4	<75	15～74	<80
5～10	<76		

※ MCV=Hct/RBC 수

표 6-9 소아의 혈청 알부민 정상치

연령	정상치(g/dL)	연령	정상치(g/dL)
미숙아	2.5～4.5	3～12개월	2.7～5.0
0～1개월	2.5～5.0	1～5세	3.2～5.0
0～3개월	3.0～4.2	6세 이상	3.5

(3) 소아대사증후군

최근 비만·고혈압·당뇨병 등 3가지 이상이 겹쳐 나타나는 '소아대사증후군'이 급증하고 있다. 약간이라도 뚱뚱한 초·중학생 10명 중 2명꼴로 소아대사증후군이 나타나는 것으로 조사되어 충격을 주고 있다. 건강보험심사평가원은 특히 20세 미만의 청소년의 이상지혈증 증가율(16.2%)이 20～49세 중년층(13.9%)에 비해 높게 나타났다고 발표하였다. 대사증후군은 복부비만과 지질이상, 고혈압, 인슐린 저항성을 특징으로 하고, 이 중 3가지 이상이 해당될 때 진단한다(표 6-10).

알아두기 소아 비만의 원인

구분	요인	내용
단순성(일차성, 외인성) 비만 (99% 이상)	유전적 요인	
	환경적 요인	과도한 음식 섭취, 잘못된 식사 습관, 사회·경제적인 요인, 운동 부족
증후성(이차성, 내인성) 비만 (1% 이하)	중추신경계 손상	종양, 외상, 감염
	내분비 질환	갑상선기능저하증, 고인슐린혈증, 성장호르몬결핍증, 시상하부기능이상, 가성부갑상선기능저하증 1형, 쿠싱증후군
	선천성증후군	Prader-Will증후군, Turner증후군, Laurence-Moon-Biedl증후군, Alstrom증후군, Vasquez증후군
	약물	부신피질 스테로이드, 인슐린, 페노타이진, 에스트로겐, 사이프로헵타딘 등

자료 : 문경래. 대한소아소화기영양학회지, 2:8-20. 1999

표 6-10 소아대사증후군 진단 기준

진단 기준		허리둘레	중성지방	HDL-콜레스테롤	혈압	공복혈당
초등학교	저학년	남 75 cm 이상 여 70 cm 이상	150 mg/dL 이상	남 40 mg/dL 이하 어 50 mg/dL 이하	125/75 mm/Hg 이상	100 mg/dL 이상
	고학년	남 80 cm 이상 여 75 cm 이상			130/75 mm/Hg 이상	
중학생		남 85 cm 이상 여 80 cm 이상			130/80 mm/Hg 이상	
17세 이상		남 90 cm 이상 여 80 cm 이상			130/85 mm/Hg 이상	

자료 : 상계백병원 소아청소년과

알아두기 연령에 따른 고혈압 기준

연령	혈압(이완기/수축기)
2세 이하	>100/70 mmHg
3～5세	>110/74 mmHg
6～9세	>116/76 mmHg
10～13세	>120/80 mmHg
13세 이상	>135/85 mmHg

자료 : 을지대학병원

3) 임상조사

영아는 모체의 태반을 통해 태어나 6～7개월간 사용할 면역체를 받고 태어난다. 모체에서 받은 면역성이 없어지는 7～8개월이 지나 사람들과의 접촉이 많아지면서 감기에 자주 걸리거나, 설사, 구토 등의 증상이 잦은 영유아는 흡수, 대사 장애가 있어 식품의 섭취량에 비해 성장 폭이 적을 수 있으므로 우선 영유아가 질병에 노출되지 않도록 주의해야 한다.

영유아와 학동기에 나타나는 에너지 불량의 임상적 증상은 모든 연령층에서 나타나는 증상과 동일하나, 주기적으로 영유아의 외형적인 변화를 주의 깊게 살피고 작은 변화도 감지하여 특정 영양소의 부족증이 일어나지 않도록 하며, 신속하고 충분하게 영양원을 보충해 주어야 한다(제5장 표 5-6 참조).

4) 식사섭취조사

영아의 식이조사는 어머니의 자가 기록이나 면접을 통해 모유와 인공영양, 이유 보충식의 과거 섭취량에 대한 평가와 함께 앞으로 예상되는 섭취 상태에 대한 평가가 필요하다. 아동의 성장, 사회·경제적 환경, 식습관 및 식사 태도 등에 관한 정보와 부모, 가족의 관계에 대한 평가도 필요하다.

알아두기 영유아 식습관조사 시 조사 항목

구분	내용
수유 방법	모유영양, 인공영양, 혼합영양 여부 인공영양의 경우 조제유의 종류
수유 횟수와 양	인공 및 모유 수유 횟수와 1회 수유량
활동	활동 정도 및 상황
식욕	평소 식욕, 식욕 변화, 기호도, 불내증
영양보충제의 섭취	비타민이나 무기질 등의 복용 여부, 보충 시 그 종류와 양
이유식	이유식의 시작 시기, 종류, 빈도, 조리 장소 및 섭취 빈도
식사와 관련된 문제점	저작 및 연하 곤란, 구토, 설사, 변비, 복통 등
가족력 및 가족의 식습관	특정 식품의 거부, 식품 알레르기 등
사회·경제적 배경	보호자, 조리기구, 인종·종교적 배경

2. 청소년기의 영양판정

청소년은 대략 12세부터 20세 미만의 시기로 아동기에서 청소년기로 넘어가면서 호르몬의 변화 때문에 신체 생리의 큰 변화가 일어나며, 영아기 이후 가장 급속한 성장과 발육이 이루어지는 제2의 급속한 성장기이다. 학업에 대한 지나친 스트레스, 아침식사 결식, 극심한 다이어트로 인한 무리한 식사 제한 및 편식 등에 대한 영양 문제와 패스트푸드 선호, 운동 부족에서 오는 에너지 과잉 등 영양 문제의 양극화 현상이 심각하게 나타날 수 있다.

청소년기는 건강에 위해한 흡연이나 음주 등의 기호식품을 섭취할 수 있는 시기이고, 만성질환은 장기간에 걸친 흡연, 음주, 부적절한 식습관, 신체 활동 등의 부족이 원인인 점을 감안하면 청소년기에 확립되는 건강 행태에 대한 교정이 정확한 영양판정을 기초로 이루어져야 하며, 이를 위한 표준화된 영양판정법과 기준 확립이 필요하다.

알아두기 소아청소년 고혈압의 정의, 연령 및 신장에 따른 혈압 측정치

정상혈압: 90 백분위수 미만 → 고혈압 전단계: 90~95 백분위수 또는 이보다 적더라도 120/80 mmHg 이상 → 고혈압 1단계: 95~99 백분위수 +5 mmHg 사이 → 고혈압 2단계: 99 백분위수 +5 mmHg 이상

정상혈압: 90 백분위수 미만 → 고혈압 전단계: 90~95 백분위수 또는 이보다 적더라도 120/80 mmHg 이상 → 고혈압 1단계: 95~99 백분위수 +5 mmHg 사이 → 고혈압 2단계: 99 백분위수 +5 mmHg 이상

나이 및 신장에 따른 남아의 혈압 측정치

나이	혈압 백분위수	수축기 혈압, mmHg			이완기 혈압, mmHg		
		키 백분위수			키 백분위수		
		5th	50th	95th	5th	50th	95th
5세	50th	90	95	98	50	53	55
	90th	108	95	112	65	68	70
	95th	108	**112**	116	69	**72**	74
	99th	115	120	123	77	80	82
10세	50th	97	102	98	58	61	63
	90th	111	115	119	73	75	78
	95th	115	119	123	77	80	82
	99th	122	127	130	85	88	90
15세	50th	109	113	117	61	64	66
	90th	122	127	131	76	79	81
	95th	126	131	135	81	83	85
	99th	134	138	142	88	91	93

예) 키가 50 백분위수인 5세 남아 혈압의 95 백분위수는 수축기 혈압이 112 mmHg, 이완기 혈압은 72 mmHg 정도로 이 이상이면 고혈압으로 진단할 수 있다.

나이 및 신장에 따른 여아의 혈압 측정치

나이	혈압 백분위수	수축기 혈압, mmHg			이완기 혈압, mmHg		
		키 백분위수			키 백분위수		
		5th	50th	95th	5th	50th	95th
5세	50th	89	93	96	52	54	56
	90th	103	106	109	66	68	70
	95th	107	110	113	70	72	74
	99th	114	117	120	78	79	81
10세	50th	98	102	105	59	60	62
	90th	112	115	118	73	74	78
	95th	116	**119**	122	77	**78**	80
	99th	123	126	129	84	86	88
15세	50th	107	110	113	67	65	67
	90th	120	123	127	78	79	81
	95th	124	127	131	82	83	85
	99th	131	134	138	89	91	93

예) 키가 50 백분위수인 10세 여아 혈압의 95 백분위수는 수축기 혈압이 119 mmHg, 이완기 혈압은 78 mmHg 정도로 이 이상이면 고혈압으로 진단할 수 있다.

자료 : 보건복지부·대한의학회

알아두기 우리나라 소아청소년 과체중, 비만 유병률 추이

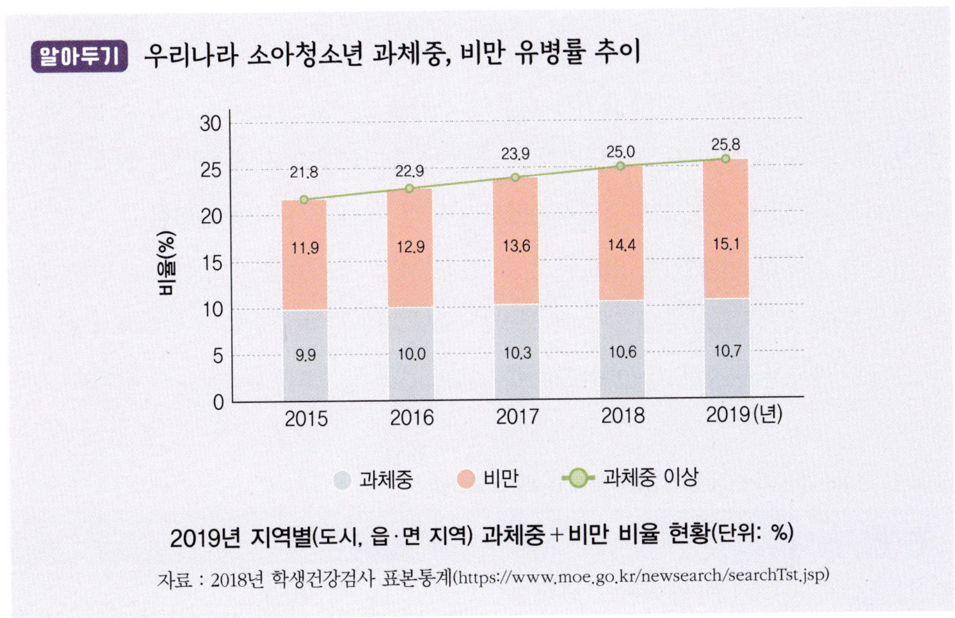

2019년 지역별(도시, 읍·면 지역) 과체중+비만 비율 현황(단위: %)

자료 : 2018년 학생건강검사 표본통계(https://www.moe.go.kr/newsearch/searchTst.jsp)

1) 신체계측조사

청소년의 신체계측은 신장, 체중, 체질량지수, 비만도, 신장별 표준 체중, 허리-엉덩이 둘레비, 삼두박근의 피부주름두께를 조사하여 연령별 성별 기준치와 비교하여 판정할 수 있다.

청소년 시기의 비만은 성인비만으로 이행될 가능성이 높고, 비만으로 인하여 각종 합병증에 노출되기 쉬우므로 신체계측을 통한 일차적인 영양판정에 관심을 가져야 한다. 한편, 청소년기에 신체의 성장 발달 정도를 평가할 때에는 체중이나 신장 외에 2차 성징의 성숙 정도를 반드시 함께 고려해야 한다.

2) 생화학적 검사

청소년기는 유전적인 요소와 식생활의 차이로 신체 발달의 개인차가 크게 나타난다. 또한 청소년기는 급격한 성장 발달에 따라 철 결핍이 일어나기 쉽다. 철결핍성빈혈의 발생률은 4~24개월, 성장 발육이 왕성하고 음식물 섭취가 불규칙한 청소년기(특히 여학생인 경우), 가임기 여성에서 가장 흔하게 일어나고 있다. 세계보건기구(WHO)에 의하면 1~2세(10~50%), 청소년(16~50%), 사춘기 여성(65%)의 발생률이 보고되어 있다.

3) 임상조사

청소년들의 학교폭력, 음주, 흡연과 더불어 우울증은 청소년들에게 흔하고 심각한 건강 문제로 대두되고 있다. 청소년기의 우울증이 관리되지 못하면 성인기 건강에도 영향을 미칠 수 있다고 보고 보건복지부에서 간단한 검사를 통하여 선별한 후 전문가와의 상담을 신속히 연결할 수 있도록 하고 있다. 또한 청소년의 자기 건강 관리를 위하여 신체 이상 증상의 항목을 정하여 증상이 해당되는 사항이 있다면 병원에서 의사에게 상담을 받도록 권장하고 있다(표 6-11).

표 6-11 청소년의 자기 건강 관리(병원에 가야 할 심각한 증상들)

항목	나타나는 증상
눈	• 눈이 빨갛게 충혈되고 아프다. • 눈으로 볼 수 있는 면적(시야)이 좁아졌다.
귀	• 귓속이 아프거나 진물이 나온다.
코	• 코가 막히고 콧물이 흐르거나 목 뒤로 넘어간다.
관절	• 관절이 쑤시고 아프다.
비뇨생식기	• 소변 색이 검거나 붉다. • 소변을 볼 때 아프다.
폐	• 2주 이상 기침과 가래가 있다. • 숨이 가빠지거나 가슴이 아프다.
복부(배)	• 윗배가 자주 아프고 소화가 안 된다. • 설사나 변비가 자주 있다. • 대변 색깔이 검거나 붉다.
심장	• 심장병을 진단 또는 수술받은 적이 있다. • 편안한 상태에서도 심장이 갑작스럽게 빨리 뛰는 것을 느낀 적이 있다. • 기절한 적이 있거나 자주 현기증이 있다. • 운동 시 심하게 숨이 차거나, 가슴이 조이고 압박하는 듯한 통증을 느낀다. • 50세 이전에 갑작스럽게 심장병으로 사망하거나 실신한 가족이 있다.
정신건강	• 자제할 수 없는 죽음의 공포 혹은 미칠 것 같은 공포가 주 1회 이상 3주간 지속된 적이 있다. • 죽고 싶은 생각이 자주 들거나 자살 시도를 해본 적이 있다. • 2주 이상 계속해서 잠이 오지 않고 깊은 잠을 이룰 수가 없다. • 원치 않는데도 계속해서 필요 없는 생각이나 행동을 되풀이하게 되어 불안하다.

자료 : 대한영양사협회(https://www.dietitian.or.kr)

알아두기 청소년의 우울증 자가 검사(CES-D)

다음은 사람들이 자기 자신을 묘사하는 말들입니다. 잘 읽어 보시고, 바로 지금 이 순간에 느끼고 있는 상태를 가장 잘 나타내 주는 것을 선택해 주세요.

문항	전혀 그렇지 않음	조금 그러함	보통 그러함	아주 그러함
1. 평소에는 아무렇지도 않던 일들이 괴롭고 귀찮게 느껴졌다.				
2. 먹고 싶지 않고 식욕이 없다.				
3. 어느 누가 도와준다 하더라도 나의 울적한 기분을 떨쳐버릴 수 없을 것 같다.				
4. 무슨 일을 하던 정신을 집중하기가 힘들다.				
5. 비교적 잘 지냈다.				
6. 상당히 우울했다.				
7. 모든 일이 힘들게 느껴졌다.				
8. 앞날이 암담하게 느껴졌다.				
9. 지금까지의 내 인생은 실패작이라는 생각이 들었다.				
10. 적어도 보통 사람들만큼의 능력은 있었다고 생각한다.				
11. 잠을 설쳤다(잠을 잘 이루지 못했다)				
12. 두려움을 느꼈다.				
13. 평소에 비해 말수가 적었다.				
14. 세상에 홀로 있는 듯한 외로움을 느꼈다.				
15. 큰 불만 없이 생활했다.				
16. 사람들이 나에게 차갑게 대하는 것 같았다.				
17. 갑자기 울음이 나왔다.				
18. 마음이 슬펐다.				
19. 사람들이 나를 싫어하는 것 같았다.				
20. 도무지 뭘 해 나갈 엄두가 나지 않았다.				

〈평가 기준〉 • 20점 이하 : 정상 범위 • 21점 이상 : 전문가와 상담 필요

자료 : 구로구 보건소(https://www.guro.go.kr/health/index.do)

4) 식사섭취조사

영양소 요구량의 증가로 규칙적인 정규 식사 이외에 간식으로의 영양소 보충이 매우 중요하다. 하지만 간편하게 섭취할 수 있는 간식은 에너지 위주의 식품이 대부분이고 아침 결식, 인스턴트, 패스트푸드, 탄산음료의 과다 섭취, 채소와 과일의 적은 섭취량, 운동 부족 등의 이유로 비만율이 증가하여 2018년 국민건강영양조사에 의하면 과체중 및 비만인 비율이 12~18세 남학생 23.3%, 여학생 18.2%로 나타났으며, 특히 2010년 남학생의 과체중 및 비만인 비율(16.9%)에 비해 1.4배 높게 나타났다.

한편, 여학생의 경우 마르고 여윈 미인상을 선호하여 거식증(anorexia nervosa, AN)과 폭식증(bulimia nervosa, BN), 마구먹기장애(binge-eating disorder)와 같은 정신적·생리적 섭식 장애, 빈혈 및 골다공증 등의 영양적인 문제가 성장기 사춘기 소녀의 건강을 위협하고 있다(표 6-12).

알아두기 사춘기 영양 위험을 판단할 수 있는 식생활지표

※ 문항을 읽고 '예', '아니오'에 체크하고 점수를 합산하세요.	예	아니오
1. 일주일에 결식이 3회 이상인가?	1	0
2. 하루에 채소, 과일 합쳐서 5회 미만 섭취하는가?	1	0
3. 하루에 우유 및 유제품을 2회 미만 섭취하는가?	1	0
4. 주 3회 이상의 패스트푸드를 섭취하는가?	1	0
5. 육류나 생선 종류를 싫어하는가?	1	0
6. 과거 6개월간 다이어트를 반복하였는가?	1	0
7. 일주일에 운동 횟수가 3번 미만인가?	1	0
8. 비만(표준체중의 120% 이상) 혹은 저체중(표준체중의 80% 이상)인가?	1	0
9. 만성질환으로 인한 약을 복용하고 있는가?	1	0
10. 음주 혹은 흡연을 하는가?	1	0

〈판정〉 • 6점 이상 : 영양 위험 높음 • 8점 이상 : 영양 위험 아주 높음

자료 : 대한보건협회 웹진(https://www.kpha.or.kr/webzine/200409/sp1.htm)

청소년 시기의 비만과 섭식 장애는 성인기로 이행될 가능성이 있고 이는 각종 합병증에 노출되기 쉽다. 또한 흡연, 음주, 식습관, 신체 활동 등의 건강습관은 청소년기부터 형성되어 성인기까지 이어져 평생 지속될 수 있으며, 일단 형성된 건강습관은 바꾸기가 어려워 청소년기에 건강한 생활습관을 갖도록 하는 것이 매우 중요하다. 그러므로 청소년들의 건강 행태 및 식습관을 체계적으로 판정하고, 올바른 식행동을 유도하는 정책이 필요하다.

표 6-12 섭식 장애의 분류, 정의, 증상

분류	거식증	폭식증
정의	• 날씬한 몸매에 대한 집착이 매우 극에 달하여 굉장히 수척해질 때까지 굶는 심리적 장애	• 한꺼번에 보통 사람들이 먹는 양보다 훨씬 많은 양의 음식을 먹고, 음식 섭취 후 고의로 장을 비우는 일을 반복하는 증상
증상	• 정상 범위의 체중을 유지하는 것에 대한 거부감(연령과 신장 대비 이상체중보다 15% 이상 저하) • 저체중임에도 불구하고 체중 증가, 비만에 대한 과도한 공포 • 체중, 체구, 외모에 대한 판단력 이상, 현재의 저체중의 심각성에 대한 부인, 자기평가 시 체중과 외모에 대한 과도한 치중 • 3주기 이상의 지속적인 무월경 또는 주기 이상	• 통제 불가능한 폭식 • 폭식 후의 과도한 보상적 제거 행동(고의적인 구토 유발, 하제 및 이뇨제의 남용)이나 과도한 운동, 금식 및 극도의 식이 절제 • 3개월 동안 주 2회 이상의 폭식과 그에 따른 보상적 제거 행동 • 외모, 체중에 대한 불만족
입원이 필요한 식이 장애 환자의 기준	• 심각한 영양불량(정상체중의 75% 이하) • 탈수 상태 • 전해질 이상 • 심장부정맥 • 생리학적 이상(중증서맥, 저혈압, 저체온, 기립 시의 혈압 변화) • 외래 치료의 실패 • 급성 식이 거절(acute food refusal) • 조절 불가능한 거식증(uncontrolled binging and purging) • 영양 결핍으로 인한 급성 합병증(실신, 발작, 심부전, 췌장염)의 발현 • 급성 정신병적 응급 상태(자살 시도, 정신병 증상) • 식이 장애 치료가 힘든 공존이환(중증 우울증, 강박증) 및 가족 구성원의 협조 불능	

자료 : 대한영양사협회(https://www.dietitian.or.kr)

알아두기 폭식 장애, 신경성 대식증, 야식 및 야간식사 증후군의 판정

폭식 장애(binge-eating disorder)

아래 ①번 문항을 '예'로 응답하고 ②~⑥번 문항 중 3개를 충족하는 경우

① 일정 시간 동안 다른 사람들이 먹는 양보다 훨씬 많은 양의 음식을 한꺼번에 빨리 먹어치우면서, 음식 먹는 행동을 그만둘 수 없다고 느끼거나 먹는 양을 스스로 조절하지 못한다고 느낀 적이 있다.
② 다른 사람들에 비해 식사 속도가 아주 빠르다.
③ 배가 너무 불러서 불편해질 때까지 먹는다.
④ 배고픔을 느끼지 않을 때에도 많은 양의 음식을 먹는다.
⑤ 많이 먹는 것이 부끄러워서 혼자 먹을 때가 있다.
⑥ 많이 먹고 난후 죄책감을 느끼거나 우울해한 적이 있다.

신경성 대식증(bulimia nervosa)

폭식 증상이 있고 난 다음에는 일부러 구토를 하거나, 굶거나, 과도하게 운동을 하거나 하는 부적절한 보상행동을 보인다고 응답한 경우

야식 증후군(night eating)

3-criteria : 아래 ①~⑤번 문항 중 ①~③번 문항에 해당하는 경우
5-criteria : 5개 문항 모두에 해당하는 경우

① 아침에 입맛이 없어 식사를 거르거나 식사를 하더라도 아주 적게 먹는다.
② 하루 섭취 에너지의 50% 이상을 저녁 7시 이후에 먹는다.
③ 잠들기 어렵거나 자다가 한 번 이상 잠에서 깨는 불면증이 적어도 일주일에 3일 이상 있다.
④ 자다가 깨어 있는 동안에는 고열량의 스낵을 먹는다.
⑤ 위 증상이 적어도 3개월 이상이 되었다.

자료 : Birketvedt et al. *DSM-IV(Diagnostic and Statistical Manual of Mental Disorders*, 4th ed.). APA. 282:657-663. 1999

3. 성인의 영양판정

성인기는 신체적, 생리적, 정신적, 정서적으로 성숙한 단계로 보통 20세부터 노년기 전까지의 연령층이 포함된다. 신체적으로는 나이가 증가함에 따라 체지방의 비율이 점점 증가하여 남성은 지방세포가 주로 복부 주위에, 여성은 주로 하체에 비만이 되기 쉽다. 비만하지 않은 젊은 여성은 총복부비만의 10%가 내장지방이지만 젊은 남성은 약 20%가 내장지방이어서 엉덩이나 허벅지가 비만인 하체형 비만의 여성보다 상체 비만일 경우의 남성이 대사적 질환의 발병률이 여성보다 높다(표 6-13). 또한 직장 및 사회

생활에서 잦은 외식, 음주, 흡연, 스트레스 및 운동 부족 등은 비만을 야기하고, 비만은 고혈압 등 주요 만성질환의 발생 및 증가 요인으로 작용하여 국가적으로도 건강한 성인의 건강 관리를 위한 국민건강증진종합계획을 수립·시행하고 있다. 성인기의 건강한 노동력의 확보, 건강한 인력의 양성, 각종 질환으로 발생되는 사회적 의료 비용의 감소, 건강한 노후를 위한 삶의 질의 향상 등 건강 관리의 목적을 이루기 위하여 성인의 영양 상태 평가가 중요시되고 있다.

표 6-13 선진국에서 비만에 동반된 건강 문제의 상대 위험도

매우 증가(위험도 > 3배)	중등도 증가(위험도 2~3배)	약간 증가(위험도 1~2배)
당뇨병 담낭질환 고혈압 인슐린 저항성 호흡곤란 수면무호흡	관상동맥질환 골관절염(무릎) 고요산혈증과 통풍	암(위장, 자궁내막, 대장) 생식호르몬 이상 다낭포난소증후군 불임 요통 마취 위험 증가 모체에서 태아 이상 발생

자료 : WHO. Obesity Preventing and the Global Epidemic-Report of a WHO Consultation on Obesity. 1997

알아두기 대사증후군 유병률 현황

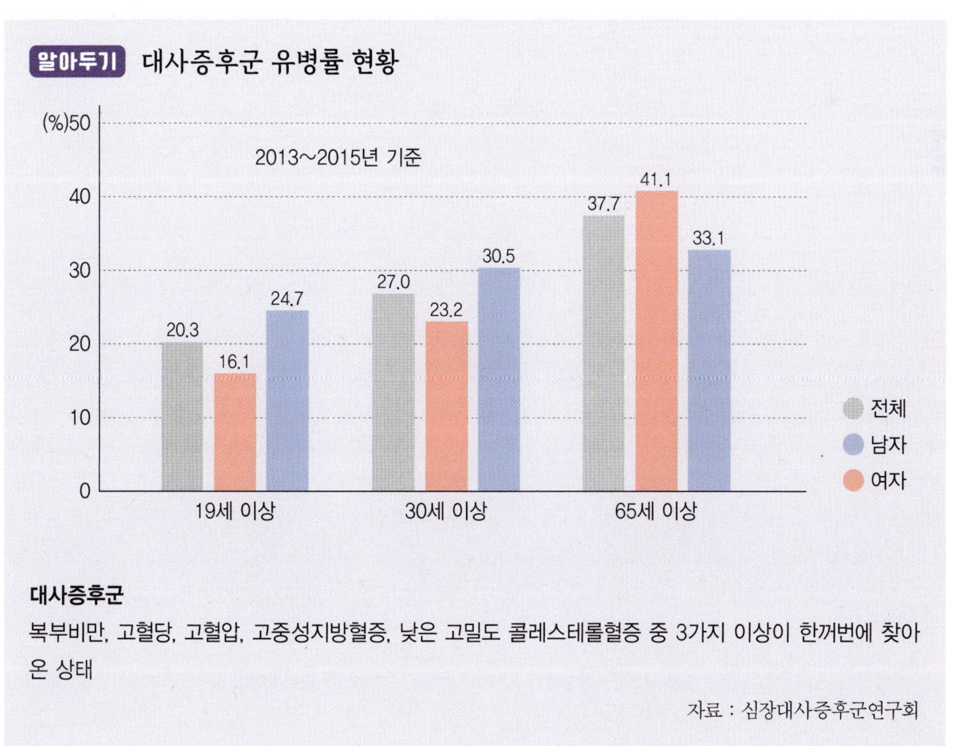

대사증후군

복부비만, 고혈당, 고혈압, 고중성지방혈증, 낮은 고밀도 콜레스테롤혈증 중 3가지 이상이 한꺼번에 찾아온 상태

자료 : 심장대사증후군연구회

> **알아두기** 국민건강증진종합계획
>
> 「국민건강증진법」에 따라 질병의 사전 예방 및 건강 증진을 위한 중장기 정책 방향을 제시하고자 2002년부터 10년 단위로 계획을 수립하고 5년마다 보완 계획을 마련하여, 현재까지 총 4차례 종합 계획을 수립·시행하며 효율적인 운영 및 목표 달성을 위해 모니터링, 평가, 환류하는 사업을 말한다.
>
> 자료 : 한국건강증진개발원(https://www.khealth.or.kr)

1) 신체계측조사

기본적으로 신장과 체중, 혈압, 상완둘레, 삼두근 피부두겹두께, 허리둘레와 엉덩이둘레를 측정한다. 가능하면 골밀도와 생체전기저항 측정법을 이용한 체지방량도 측정한다. 신체계측치를 이용하여 계산된 체격지수(비만도, 허리-엉덩이둘레비)가 영양 상태 및 만성퇴행성 질환의 이환율 등 건강상의 위험도를 평가하는 데 사용된다.

알아두기 만성질환 유병률 추이(30세 이상)

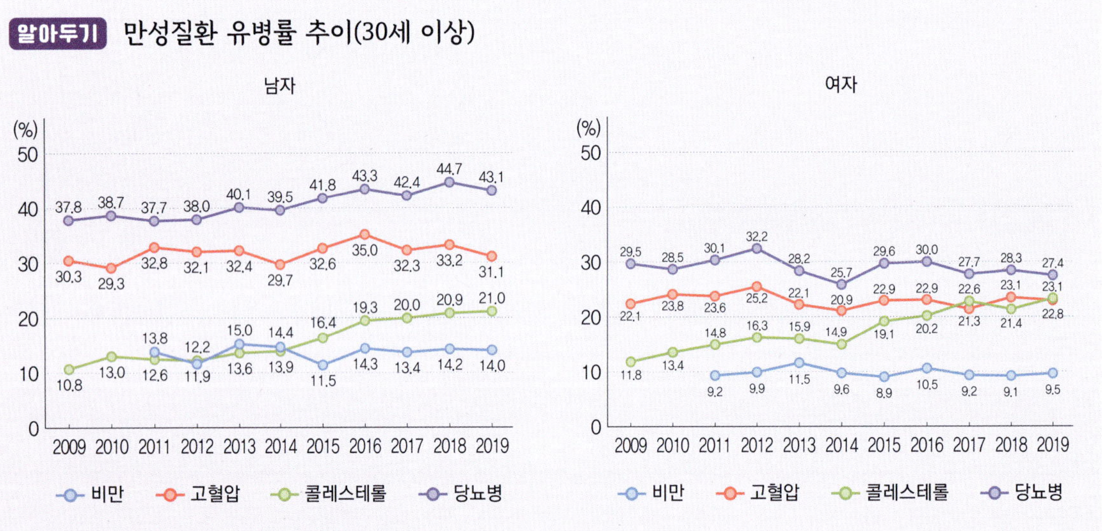

※비만 유병률 : 체질량지수가 25 kg/m² 이상인 분율, 만 30세 이상

※고혈압 유병률 : 수축기혈압이 140 mmHg 이상이거나 이완기혈압이 90 mmHg 이상 또는 고혈압 약물을 복용하는 분율, 만 30세 이상

※당뇨병 유병률 : 공복혈당이 126 mg/dL 이상이거나 의사 진단을 받았거나 혈당강하제 복용 또는 인슐린 주사를 사용하거나, 당화혈색소 6.5% 이상인 분율, 만 30세 이상

※고콜레스테롤혈증 유병률 : 혈중 총콜레스테롤이 240 mg/dL 이상이거나 콜레스테롤강하제를 복용하는 분율, 만 30세 이상

※2005년 추계인구로 연령표준화

자료 : 보건복지부·질병관리청. 2019 국민건강통계. 국민건강영양조사 제8기 1차년도. 2019

알아두기 연령별 고혈압 및 당뇨병 전단계 현황(%)

연령(세) \ 만성질환	고혈압		당뇨병	
	고혈압	고혈압 전단계	당뇨병	당뇨병 전단계
30～39	9.5	26.6	2.7	30.3
40～49	19.0	28.9	8.1	40.6
50～59	32.3	31.3	14.4	52.2
60～69	51.5	25.1	24.2	52.3
70+	67.2	20.4	31.0	49.9

※고혈압 : 수축기혈압이 140 mmHg 이상이거나 이완기혈압이 90 mmHg 이상 또는 고혈압 약물을 복용하는 분율

※고혈압 전단계 : 유병자가 아니면서 수축기혈압이 120～139 mmHg이거나 이완기혈압이 80～89 mmHg인 분율

※당뇨병 : 공복혈당이 126 mg/dL 이상이거나 의사 진단을 받았거나 혈당강하제 복용 또는 인슐린 주사를 사용하거나, 당화혈색소 6.5% 이상인 분율

※당뇨병 전단계 : 유병자가 아니면서 공복혈당이 100～125 mg/dL 또는 당화혈색소 5.7% 이상 6.4% 이하인 분율

자료 : 2019 국민건강영양조사

2) 생화학적 검사

성인을 대상으로 하는 식이 요인과 생화학적 지표의 관계는 혈중 지질 검사, 혈압 검사, 당뇨 및 당대사이상 검사, 간기능검사, 신장기능검사 및 철 상태 검사의 분석을 통해 알 수 있다. 총콜레스테롤·HDL-콜레스테롤·중성지방 수치로 고혈압, 뇌혈관질환, 허혈성심장질환의 위험도를 알 수 있으며, 공복혈당·당화혈색소 수치는 당뇨 및 당대사이상의 위험도, SGOT·SGPT 수치는 간질환의 위험도, BUN·크레아티닌 수치는 신장기능의 이상 여부를 판정하는 중요한 지표로 사용된다. 단, 생화학적 조사의 결과는 유전적 요소, 성별, 나이 등이 모두 영향을 미치므로 이런 것을 고려하여 해석하여야 한다.

3) 임상조사

영양소 섭취량을 알게 해 주는 중요한 조사로써 영양 상태의 변화에 의해서 나타나는 신체 증후를 조사한다. 일차적으로 외모, 몸무게, 근육의 상태, 신경조절기능, 소화

기관의 기능, 순환계의 기능, 머리카락, 피부, 얼굴과 목, 입술, 입과 입안의 피부, 잇몸의 상태, 혀, 치아, 눈 등에 나타나는 여러 신체 증후를 조사한다(제5장 표 5-1 참조).

4) 식사섭취조사

식사의 규칙성, 적절성, 다양성 등의 식사패턴 외에도 섭취하는 지방의 양과 종류, 소금의 섭취량, 알코올 남용, 유당불내증, 보충제 섭취 여부 등의 식사섭취조사를 한다. 식사섭취조사 방법으로는 24시간 회상법, 식사기록법, 식품섭취빈도법, 식사력조사법 등을 활용할 수 있다(제3장 참조).

4. 임신부의 영양판정

임신 2~8주는 배아기라 하는데 8주째에는 내부 신체 기관, 사지, 눈, 코, 입, 귀가 형성되는 시기로 태아의 성장과 발육, 산모의 체조직 유지를 위하여 임신 중에는 충분한 영양을 공급해 주어야 한다. 배아기를 지나 8~40주에는 태아 신장 성장이 먼저 일어나 20주경에 최대 증가 속도를 나타내어 33주에 최대가 되고, 체중은 임신 말기에 최대를 나타낸다. 이 시기에 불균형이 된 모체의 영양은 사산 및 미숙아 출산을 초래하게 되어 배아기 때보다 영양불량에 의한 영향에 더욱 민감하다. 뇌세포는 다른 세포와 달리 재생이 될 수 없고 태아기에 이미 세포분열 과정이 끝나 두뇌 전반적인 발달 시기는 태아기와 영아기에 걸친 짧은 기간에 국한되어 있다. 그러므로 임신 전·후반기에 걸친 균형 잡힌 영양 공급과 태아 및 모체에 영향을 미칠 수 있는 영양적 위험 요인이 잘 관리되어야 한다(표 6-14).

표 6-14 임신 시 영양적 위험 요소

임신 당시 위험 인자	임신 기간 중 위험 인자
• 10대 임신, 35세 이후 노산 • 터울이 적은 임신, 산과적 문제의 경험 • 잘못된 섭식 태도, 식습관, 흡연·음주·약물 복용 • 만성 질병 치료를 위한 식사요법 실시 • 비정상적인 체중(체중 미달, 체중 과다)	• 헤모글로빈 농도의 저하 • 헤마토크릿의 저하 • 비정상적인 체중 - 임신 초반 3개월 동안 1 kg 미만의 체중 증가 - 임신 중반기 이후 매주 1 kg 이상의 체중 증가

1) 신체계측조사

임신부의 신장, 현재 체중을 측정하고 임신 직전 체중을 조사하여 BMI를 구하고 비만도를 측정한다. 임신부의 정상적인 체중 증가는 임신을 정상으로 이끌어가는 가장 중요한 역할을 하는데 체중 증가의 정도는 인종, 영양 상태, 출산 횟수, 임신 전의 체중에 따라 차이가 있다. 체중 증가는 초산일 경우나 젊은 임신부일수록 크며, 태아와 그 부속물, 자궁, 유선, 혈액 및 세포외액 등의 증가에 기인한다. 또한 일부 대사산물로 모체에 저장되는 세포내액의 증가와 새로운 지방과 단백질의 축적에 의해서도 증가한다. 바람직한 체중 증가는 10~12 kg이지만 임신 기간 중 체중 증가의 적정 범위는 임신 전 체중 정도에 따라 다르며, 임신 전 체중이 표준체중의 120% 이상인 경우 최소의 체중 증가량인 7 kg을 권장한다(표 6-15). 임신부는 체중 증가보다는 증가 속도가 중요하며, 임신 전반에 걸친 적절한 체중 증가는 임신중독증을 예방할 수 있다. 한편, 임신 중 체중 증가가 원만하지 못할 경우 모체의 체중 증가를 저해하는 요인을 조사하여 모체의 영양 상태를 평가하는 것이 바람직하다(표 6-15, 6-16).

알아두기 가임여성이 임신 전에 살펴보아야 할 사항

- 유전학적 가족력 검사
- 식습관 조사
- 엽산제는 임신 전에 복용해야 함 : 임신 전 기간과 임신 시에 엽산이 결핍될 경우 태아 기형의 발생 빈도 높음
- 임신 전 당뇨 조절은 필수 : 임신 전 기간과 임신 시에 당 조절이 잘 안 된 경우 태아의 여러 가지 선천성 기형, 거대아, 임신중독증, 태반 조기 박리, 조산 발생 빈도 높음
- 감염에 노출된 직업, 유해물질 노출 여부 확인 : 감염으로 태아에게 심각한 기형을 일으키는 바이러스에 노출된 직업을 가진 여성들(신생아 중환자실 근무자, 소아와 접촉이 많은 기관 근무자, 투석실 근무자 등)은 감염 위험 높음
- 풍진, AIDS, 매독 등의 감염성 질환 : 태아에게 감염이 옮겨지거나 기형 등을 일으킬 수 있음
- 방광염이나 요도염 : 조기 진통과 관련이 있을 수 있음
- 자궁이나 난소에 기형 또는 종양이 있는지 검사 : 이러한 질환은 태아의 유산, 사산, 조산과 관련이 깊은 데다 임신 기간 중에는 치료하기 어려움
- 간이나 신장기능 장애 : 조산, 태아 사망과 관련
- 흡연, 과음, 약물 투여 기록 : 기형이나 조산, 사산의 원인

알아두기 가임여성이 풍진 예방주사를 맞아야 하는 이유

임신 첫 3개월 내에 산모가 풍진에 걸리면 탯줄을 통해 태아도 감염되어 정신지체, 백내장, 선천성 심장병이나 운동 장애, 신체상의 기형 등 심각한 장애를 가진 태아가 태어난다. 이런 장애아의 출산을 예방하기 위해서는 최소한 임신 2개월 전까지 풍진 예방주사를 맞아야 한다.

표 6-15 임신 전 체중 상태에 따른 체중 증가 범위

임신 전 체중 상태		체중 증가 범위
저체중(< 표준체중의 90%)		13～18 kg
정상 체중		11～16 kg
과체중	> 표준체중의 120%	7～11 kg
	> 표준체중의 135%	7 kg
쌍생아를 임신한 경우		16～20 kg

*단, 키가 157 cm 미만인 여성은 최저 범위에 해당하는 정도의 체중 증가가 적당함

자료 : 대한영양사협회. 임상영양관리지침서. 2008

알아두기 건강한 적정 체중의 여성이 3.5 kg의 아이를 출산하는 경우 체중 증가량

구성 요소	10주	20주	30주	40주
태아	5	300	1,500	3,550
태반	20	170	430	670
자궁	140	320	600	1,120
양수	30	350	750	896
유방	45	180	360	448
혈액 공급	100	600	1,300	1,344
세포외액	0	265	803	3,200
모체 지방축적	315	2,135	3,640	3,500
총체중 증가 = 14.7 kg				

표 6-16 임신 중 모체의 체중 증가를 저해하는 인자

- 16세 이하의 임신부(사춘기 미혼모)
- 과거 임신 중 경과가 불량하였던 임신부
- 다른 질병 때문에 상반된 식이요법을 하고 있는 임신부
- 식습관이 불량한 임신부
- 흡연, 음주, 습관성 마약을 사용하는 임신부
- 본래부터 허약한 임신부
- 헤마토크릿이 33%보다 훨씬 낮거나 헤모글로빈이 11 g/dL보다 현저히 낮은 임신부
- 임신 중반기와 임신 후반기에 체중 증가율이 1개월에 0.9 kg 이하인 임신부

2) 생화학적 검사

빈혈과 관계된 철 결핍 상태, 임신성 당뇨 및 고혈압 유무를 확인하며, 임신 기간 철은 모체와 태아의 적혈구에서 헤모글로빈 생성에 이용된다. 모체의 철 결핍은 임신 유지에 나쁜 영향을 주며, 헤모글로빈 농도의 감소는 태반이나 태아의 세포에 적절한 산소를 공급하기 위해 모체의 심장운동의 증가시켜 모체를 피곤하게 하고 생리적 스트레스에 민감한 반응을 나타나게 한다. 빈혈과 관련된 영양소는 철, 엽산, 비타민 B_6, 비타민 B_{12}, 비타민 E, 구리 등이 있으며, 헤모글로빈, 헤마토크릿, 트렌스페린 포화도 등을 검사함으로써 빈혈 여부를 판정할 수 있다. 우리나라 임신부를 위한 철 권장섭취량은 비임신 시 14 mg에서 임신 시 10 mg을 보충하도록 권장하고 있다. 빈혈 혈액학적 주요 평가지표를 임신부를 중심으로 숙지하는 것이 필요하다(제4장 표 4-5 참조).

임신성 고혈압이 진단되면 혈소판 수치, 간기능 효소치, 용혈 정도, 신장기능 등을 일정한 주기로 측정한다. 임신성 당뇨는 적절하게 치료되지 못할 경우, 과도한 태아 성장에 의해 출생 시 손상을 초래할 수 있으며 자궁 내 태아 사망의 원인이 되기도 한다. 최근에는 임신부를 대상으로 임신 24~28주에 70 g 당부하 검사를 실시하여 임신성 당뇨를 선별하고 있다.

알아두기 **다운증후군 출산의 예방**

보통 35세 이상의 고령 임신부는 정신지체의 가장 흔한 원인인 다운증후군 신생아를 출생할 가능성이 1/200이기 때문에 이를 예방하기 위해서는 임신 9주에 융모막 체취 검사법이나 임신 14~16주에 양수 검사를 받아야 한다. 35세 이상의 임신부 외에 특히 과거에 기형아를 출산한 경우, 직계가족 중에 혈우병 등의 유전적 질환이 있는 경우는 양수 검사를 받아보는 것이 좋다.

알아두기 임신 전과 고령 임신 시 필요한 검사

임신 전	고령 임신 시
• 기본 산전검사(혈액, 소변 등) • 풍진(Virus) 검사 • 초음파검사 • 간기능검사 • 심전도(Ekg) 검사 • 흉부 X-선 검사	• 기형 검사(혈액 : triple test - 염색체 검사, 양수 검사 또는 융모막 검사) • 양수(태아호흡기능) 검사 • 정밀초음파 검사 • 임신성당뇨 검사 • 태동 검사 • 태아심박동 검사-자궁수축 검사 • 태반혈류 검사 • 조산예측 검사 • 생물리학적 계수

3) 임상조사

모성 사망의 3대 원인은 임신성 고혈압, 임신 중 출혈 그리고 감염증이다. 임신성 고혈압은 대개 임신 20주 이후에 생기며, 고혈압만 있는 경우, 고혈압에 동반하여 단백뇨나 병적인 부종이 있는 경우(자간전증), 그리고 고혈압에 동반하는 단백뇨나 병적인 부종이 있으면서 발작이 동반되는 경우(자간증)로 분류할 수 있다. 자간전증은 초산부에서 흔하며, 10대나 35세 이상 초산부에서 더욱 흔하다(표 6-17).

표 6-17 임신성 고혈압의 임상적 양상

- 고혈압 : 임신 20주 이후 수축기 혈압 > 140 mmHg, 이완기 혈압 > 90 mmHg인 경우 진단된다.
- 체중 증가 : 체중이 갑자기 불거나 몸이 붓고 소변 양이 줄어든다.
- 단백뇨 : 초기에는 거의 나타나지 않거나 소량으로 나타나나 중증인 경우 거의 모두에게 나타난다. 고혈압이나 체중 증가보다는 늦게 나타난다.
- 두통이나 명치 부위의 통증이 있다.
- 자간전증이 심해지면 경련을 일으킬 수 있으며, 이때는 산모와 태아의 생명까지 위협받을 수 있다.
- 임신성 고혈압이 지속되면서 초음파상 태아의 성장 지연이 관찰될 수 있다.
- 시력 장애 : 중증에서 비교적 흔히 나타나며, 심한 경우 일시적인 실명이 올 수 있다. 예후는 수술적 치료 없이 수주일 내에 자연치료가 된다.

4) 식사섭취조사

임신부의 24시간 회상법이나 직접 면담을 통한 식품섭취빈도조사법을 이용하여 과거 1년간의 식품섭취빈도 및 섭취량을 조사한다(표 6-18).

표 6-18 임신부의 식사섭취조사 내용

문화적인 섭식 행동	지역·문화적 차이로 권장 식품과 금기 식품이 달라 임신 중 영양 상태에 영향을 미칠 수 있는 요인을 조사한다.
임신 중 특별한 식생활상의 문제	임신 초기의 오심, 구토, 기생충 감염, 설사 등의 문제가 있는지 조사한다.
보충제 복용	과거의 임신 정보를 고려하여 섭취하고 있는 비타민, 철, 무기질 보충제의 복용 여부를 조사한다.
알레르기 및 비식품의 섭취	알레르기성이 강한 식품(우유, 달걀, 고등어, 돼지고기, 복숭아 등) 및 비식품의 섭취 여부를 조사한다.
경제적 여건	경제적으로 풍족하지 못한 경우 다양한 식품의 섭취가 어려워 단백질 섭취가 부족할 수 있으므로 조사한다.

5. 노인의 영양판정

노인의 영양판정 목적은 노인의 질환을 사전 예방 또는 조기 발견하고 질환 상태에 따른 적절한 치료·요양으로 심신의 건강을 유지하는 데 있다. 나아가 노후의 생활 안정을 위하여 필요한 조치를 강구하고 적절한 식사섭취로 남은 삶을 활기차고 일상생활을 독립적으로 유지하는 기간을 연장해 주는 데 있다고 볼 수 있다.

노년기 삶의 질과 영양 상태에 영향을 주는 요인들로는 건강 문제, 식사 조절, 식사 준비 및 조리, 치아 건강, 가족관계, 빈곤, 약물 복용, 운동과 여가 활동, 심리적 변화, 치매 등 영양적 요인 외에도 사회적인 요인이나 심리적인 요인과 같은 영양 외적 요인에 의해서도 영향을 받는다.

노인들의 영양적인 위험을 판정하기 위해서 영양위험지표(nutritional risk index, NRI)가 개발되어 사용되고 있으며, 이 조사 방법은 노인 영양 중재의 필요성이나 보다 심화된 영양 상태 판정을 필요로 하는 사람을 선별하는 데 효과적인 방법이다(표 6-19).

2) 생화학적 검사

콜레스테롤, 단백질, 헤모글로빈, 철 및 엽산의 수치를 조사한다. 노인의 경우 단백질-에너지 불량, 이상지혈증, 엽산과 철결핍성빈혈은 흔히 나타나는 영양 문제이며, 특히 노년층에서의 빈혈은 흔히 단백질-열량 불량, 감염, 염증, 만성질환 및 여러 영양소 결핍과 연관되어 나타날 수 있다. 노인에서의 철 결핍은 일반적으로 철 섭취 부족, 흡수 불량, 위장관질환으로 인한 만성 혈액 손실, 과다한 아스피린이나 관절염 고통을 완화하기 위한 항염증성약 복용, 또는 무산증(achlorhydria)과 관련되어 있다. 빈혈은 건강이 나빠지거나 심각한 질병의 초기 지표로 혈액학적 비정상은 초기에 인식되고 평가되어야 한다.

3) 임상조사

노인의 경우 체중 감소로 인한 외모, 부종, 창백한 피부색, 무기력, 피부 손상, 입 주위의 염증, 전반적인 허약증 등 일반적인 임상적 징후와 증상들이다. 이러한 증상은 영양 외적 원인에 의해서도 나타날 수 있으므로 주의해야 하며, 이외 기능 상태, 인지능력, 구강 건강 상태 및 약물 복용 상태 등을 조사한다.

보건복지부에서 발표한 '2016년 전국치매역학 조사'에 의하면 경도인지장애의 유병률이 60세 기준 2020년에 20.22%, 2050년 22.82%로 전체 노인 인구의 1/5 이상으로 추정된다(그림 6-1).

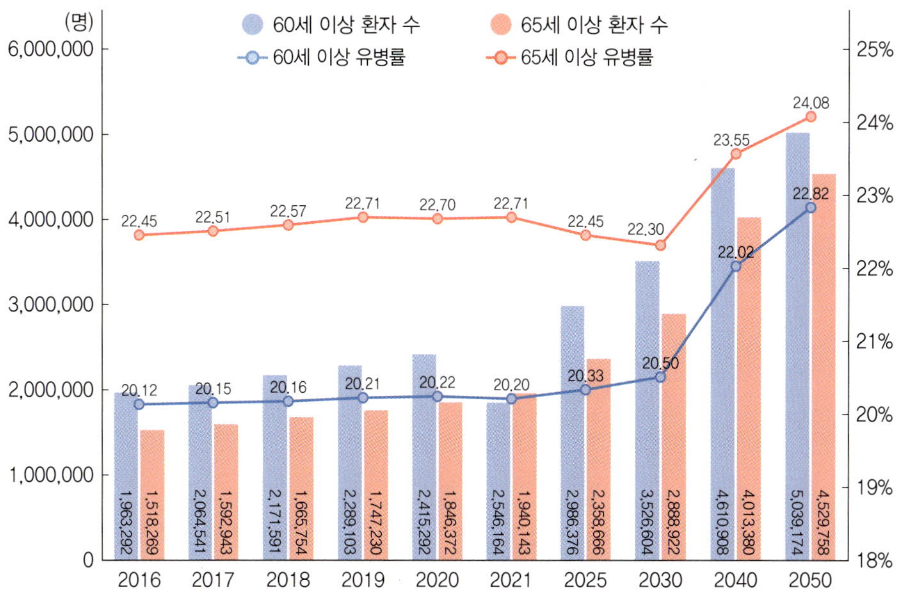

한국 노인의 경도인지장애 유병률 및 경도인지장애 환자 수 추이

*2015년 인구센서스 연령, 성별, 교육, 지역 표준화 경도인지장애 유병률을 장례인구에 적용하여 추산

그림 6-1 연령별·성별 치매 유병률

자료 : 보건복지부, 2016

알아두기 주관적 인지 저하, 경도인지장애 및 치매

정상 normal	주관적 인지 저하 subjective cognitive impairment	경도인지장애 mild cognitive impairment	치매 dementia
치매 예방 활동	**1단계 치매 예방 치료 시기**	**2단계 치매 예방 치료 시기**	**조기 발견 및 치료가 중요한 시기**
• 기억력 저하 호소 없음 • 치매 예방을 위한 사회 활동 및 대뇌 활동 • 정기적인 치매 조기검진 실시	• '기억력이 떨어져요' 호소 • 객관적인 인지지능 검사 시, 같은 나이, 학력이 비슷한 사람에 비해 기억력이 떨어지지 않는 경우 • 일상생활 수행 능력에 문제가 없음	• '기억력이 떨어져요' 호소 • 객관적인 인지지능 검사 시, 같은 나이, 학력이 비슷한 사람에 비해 기억력이 떨어지는 경우 • 일상생활 수행 능력에 문제가 없음	• 정상적으로 생활해 오던 사람이 후천적으로 • 여러 가지 인지기능의 지속적인 저하(기억 장애 + 다른 인지 장애)가 발생하여 • 일상생활 및 사회생활을 하는 데 어려움을 초래하는 상태

	주관적 인지 저하	경도인지장애	치매
기억 장애 호소	O	O	O
인지기능 검사 이상	×	O	O
일상생활 능력	×	×	O

자료 : 강남구치매안심센터(https://gangnam.seouldementia.or.kr)

알아두기 치매 체크리스트

※ 최근 6개월간의 해당 사항에 동그라미를 해 주세요.

1. (　) 어떤 일이 언제 일어났는지 기억하지 못할 때가 있다.
2. (　) 며칠 전에 들었던 이야기를 잊는다.
3. (　) 반복되는 일상생활에 변화가 생겼을 때 금방 적응하기가 힘들다.
4. (　) 본인에게 중요한 사항을 잊을 때가 있다(예, 배우자 생일, 결혼기념일 등)
5. (　) 어떤 일을 하고도 잊어버려 다시 반복한 적이 있다.
6. (　) 약속을 하고 잊은 때가 있다.
7. (　) 이야기 도중 방금 자기가 무슨 이야기를 하고 있었는지를 잊을 때가 있다.
8. (　) 약 먹는 시간을 놓치기도 한다.
9. (　) 하고 싶은 말이나 표현이 금방 떠오르지 않는다.
10. (　) 물건 이름이 금방 생각나지 않는다.
11. (　) 개인적 편지나 사무적 편지를 쓰기 힘들다.
12. (　) 갈수록 말수가 감소되는 경향이 있다.
13. (　) 신문이나 잡지를 읽을 때 이야기 줄거리를 파악하지 못한다.
14. (　) 책을 읽을 때 같은 문장을 여러 번 읽어야 이해가 된다.
15. (　) 텔레비전에 나오는 이야기를 따라 가기 힘들다.
16. (　) 전에 가 본 장소를 기억하지 못한다.
17. (　) 길을 잃거나 헤맨 적이 있다.
18. (　) 계산 능력이 떨어졌다.
19. (　) 돈 관리를 하는 데 실수가 있다.
20. (　) 과거에 쓰던 기구 사용이 서툴러졌다.

※ 동그라미 한 문항은 1점을 주어 20점 만점으로 계산한다. 이 설문지는 환자를 잘 아는 보호자가 작성하는 설문지로 20개 중 10개 이상이면 치매 가능성이 높다.

자료 : 서울삼성병원

알아두기 치매예방수칙 3·3·3 이란?

보건복지부가 치매 예방을 위해 제안하는 수칙으로, 권하고, 금하고, 해야 할 행동 3가지씩을 제안합니다.

- 3권(勸) : 일주일에 3번 이상 걷기, 생선과 채소 골고루 먹기, 부지런히 읽고 쓰기
- 3금(禁) : 술은 적게 마시기, 담배는 피우지 말기, 머리 다치지 않도록 조심하기
- 3행(行) : 정기적으로 건강검진 받기, 가족·친구들과 자주 소통하기, 매년 치매 조기검진 받기

알아두기 치매 예방법

- 균형 잡힌 영양 섭취를 해야 한다.
- 몸에 맞는 적절한 운동을 꾸준히 해야 한다.
- 금연하고, 절주해야 한다.
- 고혈압, 당뇨, 심장병을 철저히 치료해야 한다.
- 처방 받지 않은 약을 임의로 복용하지 않아야 한다.
- 검증되지 않은 비과학적인 요법은 중단해야 한다.
- 머리를 다치지 않도록 해야 한다.
- 두뇌 활동을 많이 하면 치매 발생 연령을 4~5년 정도 늦출 수 있다.
- 조기에 진료를 받아야 한다.

4) 식사섭취조사

노인의 식사섭취조사는 기억력 저하와 낮은 교육 수준, 식욕 감소 등으로 인해 조사의 어려움이 있다. 식사섭취조사 결과는 식사지침이나 식사구성안을 기준으로 평가할 수 있으며, 일반적으로 24시간 회상법, 식품섭취빈도조사법, 식사기록법, 평량법 등의 방법을 많이 사용한다. 노인들의 영양 상태 자가점검조사표(표 6-20)는 노인들의 기본적인 영양 정보 외 문제가 되는 영양 상태와 주요 위험 요인을 제공하며, 평균 이상의 영양 문제를 갖고 있는 개인을 찾아내는 데 도움이 된다. 표 6-21은 노인의 식사섭취조사 시 주의할 사항이다.

표 6-20 노인의 영양·건강 상태 자가점검조사표

점검 항목	체크	해당되면 체크하고 점수로 환산하기
1. 나는 아프거나 내가 먹고 있는 음식의 종류와 양이 바뀌고 있다.		2
2. 나는 매일 2끼 이하로 섭취한다.		3
3. 나는 과일이나 채소, 우유나 유제품을 거의 먹지 않는다.		2
4. 나는 거의 매일 3회 이상 맥주나 포도주, 소주 등을 마신다.		2
5. 나는 이가 아프거나 입안의 염증으로 식사하는 데 불편하다.		2
6. 나는 필요한 음식을 살만한 돈이 충분하지 않다.		4

(계속)

점검 항목	체크	해당되면 체크하고 점수로 환산하기
7. 나는 대부분 혼자서 식사한다.		1
8. 나는 하루에 3번 이상 여러 가지 약물들을 복용한다.		1
9. 나는 지난 6개월간 원하지 않았는데도 체중이 5 kg 줄거나 늘었다.		2
10. 내가 항상 스스로 장을 보거나 음식을 조리하거나 먹을 수 있는 것은 아니다.		2
합 계		

〈총점 평가하기〉

- 0～2점 : 영양 상태가 좋습니다. 6개월 이내에 다시 점검해 보세요.
- 3～5점 : 당신은 영양 위험 상태가 보통입니다. 당신의 식습관과 생활양식을 개선하기 위해 할 일을 살펴보십시오. 노인교실, 노인 영양프로그램, 노인센터 등이 도움을 줄 수 있습니다. 3개월 이내의 영양점수를 점검하십시오.
- 6점 이상 : 당신은 고위험군에 속합니다. 다음번에 의사나 영양사, 건강전문가를 만나러 갈 때 이 점검표를 가지고 가십시오. 당신의 영양 문제에 대해 상담하고 이것을 개선하기 위한 도움을 얻도록 하십시오.

자료 : Determine Your Nutritional Health. (Reprinted with permission from the Nutrition Screening Initiative, a project of the American Academy of Family Physicians, the American Dietetic Association, and the National Council on the Aging, and funded in part by a grant from Ross Products Division, Abbott Laboratories Inc.); https://nursekey.com/nutrition-5

표 6-21 노인의 식사섭취조사 시 주의점

1. 노인의 경우 읽거나 쓰는 것이 자유롭지 못한 경우도 있으므로 자기 기입 방법을 사용할 때는 이것을 고려해야 한다.
2. 노인의 기억력은 대부분 정확하지 않을 수 있으므로 식사를 회상해야 하는 방법을 사용할 때는 식사 준비를 도와주는 사람이나 같이 식사를 한 사람의 도움을 받도록 한다(특히 24시간 회상법의 경우 각 끼니에 섭취한 음식 종류의 혼동이 심하다).
3. 회상법을 사용하여 조사한 경우도 한 끼니 정도는 직접 관찰하여 일상적인 식사 내용을 확인하는 것이 좋다.
4. 복지시설 노인의 경우는 조리원이나 급식 담당자의 도움을 받도록 한다. 식품섭취빈도를 조사하는 경우는 대부분의 식품을 섭취한 것으로 응답하는 노인들이 많기 때문에 식품 목록을 작성할 때 노인들의 일상적인 섭취를 반영할 수 있도록 식품 목록을 산정하는 데 주의해야 한다.
5. 식사섭취조사를 할 때는 실물 크기의 그릇이나 사진을 사용하여 정확한 양적 조사를 하는 것이 중요하며, 특히 밥의 경우는 더욱 그렇다.
6. 노인의 경우 비디오 촬영 등의 방법으로 식사섭취조사를 할 수 있는 방법 개발이 필요하다.

6. 입원환자의 영양판정

입원환자의 영양판정 목적은 영양 상태를 정확하게 평가하여 영양불량 위험이 있는 환자를 조기에 발견하고 적절한 영양지원을 제공하여 질병 치료를 돕는 데 있다. 입원환자의 영양 상태는 수술 후 합병증이나 질병에 대한 회복, 환자의 사망, 입원 기간, 병균에 대한 저항성 및 질병 치료에 대한 반응 등에 영향을 미치므로 적절한 임상영양치료(medical nutrition therapy)가 필요하다. 임상영양치료란 임상적으로 필요한 영양치료, 정맥영양(parenteral nutrition), 경관급식(tube feeding) 등의 영양지원, 식사요법 및 교육, 영양상담 등 환자의 질병 치료를 위하여 필수적인 영양요법을 의미한다.

1) 입원환자의 영양판정 단계

환자의 영양판정은 영양검색(영양선별검사), 초기 영양판정, 대사영양프로필의 3단계로 이루어진다.

(1) 영양검색(영양선별검사)

영양검색은 조기에 영양불량이 있거나 위험이 있는 환자들을 정확하게 가려내기 위한 것으로 영양검색이 빨리 시행될수록 영양 공급이 필요한 환자들이 속히 영양지원을 받을 수 있으므로 입원 후 24~72시간 이내에 영양검색이 실시되어야 한다. 표 6-22은 Nutrition Risk Screening 2002에 따른 영양판정 기준이며, 표 6-23, 표 6-24, 표 6-25는 서울 시내 병원에서 사용하는 영양검색 시 위험 요인 평가 항목 및 기준의 예이다.

표 6-22 Nutrition Risk Screening 2002에 따른 영양판정 기준

NRS-2002	등록번호 :	병동 :	성별/나이 :	이름 :

◆ 초기 검색

	검색 항목	Yes	No
1	BMI<19.5		
2	지난 3개월 동안 체중 감소가 있다		
3	지난 한 주간 식사 섭취량의 감소가 있다		
4	심각한 질환을 가지고 있다(암, 신경계, 소화기계, 신장, 외상, 간담도계)		

Yes : 1~4번 중 'Yes'에 한 가지라도 해당할 경우, 최종 검색 시행
No : 1~4번 모두 해당 없을 경우, 치료 기간 동안 주 1회 초기 검색 재진행
수술 전 환자의 경우, 수술 후 영양불량 상태 예방을 위한 영양관리 계획 고려

* BMI : 기존 NRS 2002에서 사용한 WHO 기준(정상 18.5~24.9)을 참고하여 한국인에 적합하도록 대한비만학회 기준(정상 18.5~22.9)을 WHO 기준과 대비 환산하여 계산함

◆ 최종 검색

* 해당 사항 중복 합산하지 않음(항목당 중복 점수 있을 경우 상위점수로 적용)

A 영양불량 상태	
Absent (0점)	□ 정상
Mild (1점)	□ 체중 감소>5%(지난 3개월) □ 영양요구량 대비 식사 섭취량 <50~75%(지난 1주간)
Moderate (2점)	□ 체중 감소>5%(지난 2개월) □ BMI 18.5~19.5 + inpaired general condition □ 영양요구량 대비 식사 섭취량 <25~60%(지난 1주간)
Severe (3점)	□ 체중 감소>5%(지난 1개월) □ BMI<18.5 + inpaire general condition □ 영양요구량 대비 식사 섭취량 <0~25%(지난 1주간)

B 질병의 심각성	
Absent (0점)	□ 정상
Mild (1점)	□ 고관절(골반) 골절 □ 만성질환 중 급성합병증(간경화, COPD) □ 만성 혈액 투석, 당뇨, 암
Moderate (2점)	□ 복강 수술 □ 뇌졸중 □ 심각한 폐렴, 혈액암
Severe (3점)	□ 두부 외상 □ 골수 이식 □ 중환자

C 나이	□ ≥70세(1점)

총 NRS-2002 점수 = A + B + C =

◆ 총 NRS-2002 점수에 따른 영양판정 기준

≥3점 : 영양불량위험, 영양중재 필요
<3점 : 치료 기간 동안 주 1회 초기 검색 재실행
수술 전 환자의 경우, 수술 후 영양불량 상태 예방을 위한 영양관리 계획 고려

자료 : 경희대학교병원

표 6-23 성인의 영양검색 기준

번호	평가 구분	내용	평가기준
1	최근 3개월간 체중 감소(WL)	변화 없음 0 < 체중감소 ≤ 3 kg 3 < 체중감소 < 6 kg ≥ 6 kg 체중감소	0 1 2 3
2	BMI	≥ 20 18.0 ~ 19.9 15.0 ~ 17.9 < 15	0 1 2 3
3	식욕 상태(AP)	좋음, 보통(식욕 양호함) 나쁨(평소 섭취량의 1/2 이상 감소) 매우 나쁨(5일 이상 유동식을 섭취하거나 금식 지속)	0 2 3
4	소화기계 장애(GI)	이상 없음 오심(1) 연하곤란(2) 구토(3) 복부동통(3)	0
5	배변 장애(ST)	이상 없음 설사(2) 변비(1) 혈변(1)	0
6	활동 정도(AT)	의자에 앉을 수 있음/가끔 걸을 수 있음/자주 걸어 다님 꼼짝 못함	0 1
7	식사처방(DT)	치료식, 경장영양, TPN	1
8	나이(AGE)	70세 이상	1
평가점수 종합			

*평가 기준 : 총합이 4점 이상일 때 위험군으로 분류

자료 : 경희대학교병원

표 6-24 영양검색 시 위험 요인 평가 항목 및 기준

평가 항목	기준	
	위험도	고위험도
섭식 형태	치료식, 경관급식, 금식/유동식 > 5일	TPN(total parenteral nutrition)
진단명	신장, 췌장, 간, 소화기 종양, 신장, 신경계 질환 등	영양불량증
생화학적 검사	혈청 알부민 < 3.3 g/dL 총림프구 수 < 500 cell/mm³	혈청 알부민 < 2.8 g/dL 총림프구 수 < 1200 cell/mm³
체중	이상체중의 75 ~ 90%	이상체중의 75% 미만

* 두 가지 이상의 위험 인자를 가진 경우에는 위험도 환자로 분류한다. 위험도 환자 중 두 가지 이상의 고위험 인자를 가진 경우에는 고위험도 환자로 분류한다.

자료 : 서울중앙병원

표 6-25 영양검색 평가지의 예

생화학적 수치

1. □ Albumin ≤ 2.9 g/dL

6. □ Albumin < 3.5 g/dL

신체계측

키__________ 입원 시 체중__________ 평상시 체중__________ 바람직한 체중__________

BMI__________% 바람직한 체중__________% 체중손실률__________

2. □ < 80% 바람직한 체중
3. □ > 10% 체중 감소

7. □ 평상시 체중의 80 ~ 90%
8. □ 5 ~ 10% 체중 감소

식사 상황

4. □ TPN/PPN 또는 tube feeding

9. □ 식욕 감소(1/2식사)
10. □ 저작과 연하 곤란
11. □ > 3일 이상 금식, dextrose/유동식

영양과 관련된 문제들

5. □ 영양불량 □ 패혈증
   □ 욕창 □ AIDS
   □ 연하곤란/신장식이/간장식이

12. □ 영양과 관련된 진단/문제점
13. □ serum cholesterol ≥ 200 mg/dL
14. □ random glucose ≥ 200 mg/dL
15. □ 여성 : BMI ≥ 27 kg/m²
    남성 : BMI ≥ 28 kg/m²

□ 현재 더 이상의 영양평가가 필요하지 않음

□ 영양사에 의한 영양평가가 필요함

□ 치료 1단계 □ 치료 2단계 □ 치료 3단계

□ 13 ~ 15번 항목에 해당 사항이 있을 때는 의사의 지시 하에 영양상담/교육이 권장됨

최근의 식사요법 : ______________________________

조사자 : ______________________________

날짜 : ______________________________

자료 : Hedberg et al. *JADA* 88:1553-1556. 1988

(2) 초기 영양판정

영양검색에서 위험군으로 분류된 환자를 대상으로 근육 소모 여부, 부종, 복수 여부, 영양교육의 경험, 병원식의 섭취 상태와 같이 영양 및 약물과 관련된 문제점을 종합적으로 분석 평가한다. 초기 영양판정 시에는 환자의 에너지 및 단백질 필요량을 산출하여 환자에게 맞는 영양지원을 계획한다. 초기 영양판정을 위한 평가지의 예는 표 6-26과 같다.

(3) 대사영양프로필

영양검색에서 고위험도 환자로 분류되거나 2단계 초기 영양판정에서 대사영양프로필이 필요하다고 판정된 환자(식욕부진 환자, 화상, 외상, 패혈증, 대수술 등의 중환자 또는 영양지원을 받는 환자)를 대상으로 가장 심도 있고 구체적인 영양판정을 실시한다(표 6-27). 대사영양프로필에서는 체지방 축적 정도, 체단백 및 내장단백 감소, 면역기능 저하 등을 평가한 후 환자의 열량 및 단백질 필요량 및 그 외의 영양소 필요량을 산출하여 임상영양치료를 수행한 뒤 재평가를 실시한다. 영양불량 유형에 따른 판정수치의 변화는 표 6-28과 같다.

표 6-26 초기 영양판정 평가지의 예

등록번호
이 름
주민번호
나이/성별

영양판정
(Initial Nutrition Assessment)

날 짜 ____________ 진료과/병실 ____________ 혈압 ________
식사처방 ________________ 진 단 명 ________________
약 물 ________________
신 장 ________cm 체중 ________kg 표준체중 ________kg 평소 체중 ________kg
신체증후: □ 몹시 여윔/근육소모 □ 비만 □ 부종/복수 □ 기타 ________

검사 항목	결 과 /	검사 항목	결 과 /	검사 항목	결 과 /
Hb/Hct		FPG/PP_2/HbA1c			
Cholesterol/TG		AST			
HDL/LDL		Na/K			
Cr/BUN					

병원식 섭취 상태: □ 양호(>2/3) □ 보통(1/3~2/3) □ 불량(<1/3)
영양교육(경험) ________________ 현재 식사요법 ________________
건강식품/민간요법 ________________ 식품알레르기/불내증 ________________
음주 ____________ 흡연 ____________ 운동 ____________

영양 상태 평가

척도	수치	영양불량 정도			
		없음	약간의	보통의	심한
% 체중감소	1개월	거의 없음	<5%	5%	5%
	3개월	<7.5%	7.5%	7.5%	>7%
	6개월	<10%	10%	10%	>10%
% 표준체중		≥91%	90~85%	84~75%	<74%
Albumin		≥3.3	3.2~2.8	2.7~2.1	<2.1
식욕/식사 섭취 상태(밥, 죽, 미음)		양호하며 변화 없음	약간 감소 (>2주)	불량함 (>2주)	불량하고 계속 감소
식사 시 문제(메스꺼움, 변비, 구토, 설사, 연하/저작곤란)		없음	간간히 약간 있음	가끔 있음 (>2주)	자주/매일 있음(>2주)
피하지방/근육소모		없음	약간 있음	보통 있음	심함
기타					

1. 영양 상태: ________양호 ________보통 불량 ________약간 불량 ________심한 불량
2. 기타 영양과 관련된 문제점: ________________
3. 약물과 관련된 문제점: ________________

자료 : 중앙병원 영양실(초기 영양판정 평가지의 일부분임)

표 6-27 대사영양프로필 평가지의 예

등록번호 이 름 주민번호 나이/성별	**대사영양프로필 (Metabolic/Nutritional Profile)**

날 짜 ______________ 진료과/병실 ______________ 혈압 __________

진단명 ____

약 물 ____

신 장 ________cm 현재체중 ________kg 평소체중 ________kg 표준체중 ________kg

신체증후: ☐ 부종 ☐ 복수 ☐ 욕창 ☐ 비만

식사 시 문제점: ☐ 구토 ☐ 메스꺼움 ☐ 식욕부진 ☐ 연하 곤란 ☐ 저작 곤란
☐ 설사 ☐ 변비 ☐ 식품 알레르기

척도	수치	영양불량 정도			
		없음	약간의	보통의	심한
% 표준체중(현재/평소)		≥91%	90~81%	80~70%	< 70%
% 체중감소		0~4%	5~9%	10~20%	> 20%
Albumin		≥3.3	3.2~2.8	2.7~2.1	2.1
Total Lymphocyte Count		≥1501	1500~1201	1200~800	< 800
TSF(% standard)		≥91	90~51	50~30	< 30
MAMC(% standard)		≥91	90~81	80~70	< 70
피하지방 손실		없음	약간 있음	보통 있음	심함
근육소모		없음	약간 있음	보통 있음	심함

기타 Labs :

평가

1. 영양 상태: ☐ Adequate ☐ Kwashiorkor-type ☐ Moderate Malnutrition
☐ Marasmus-type ☐ Mild Malnutrition ☐ Protein-Calorie Malnutrition
2. Metabolic Stress: ☐ 없음 ☐ 약간 ☐ 보통 ☐ 심함
3. 현재 영양 섭취량: ______________ kcal, __________g protein
Calorie – ☐ 적절 ☐ 과다 ☐ 부족 Protein – ☐ 적절 ☐ 과다 ☐ 부족
4. 영양적 문제 : ______________________________________
5. 영양 목표: 체중/지방 – ☐ 충족 ☐ 유지 ☐ 감소 단백질 – ☐ 충족 ☐ 유지 기타 –
6. 지원경로: ☐ Oral ☐ Tube feeding ☐ Parenteral
7. Enteral/Parenteral Nutrition Support가 필요한 경우 ______________________

자료 : 중앙병원 영양실(대사영양프로필 평가지의 일부분임)

표 6-28 영양불량 유형에 따른 판정수치 변화

판정 수치	콰시오커	마라스무스	심한 혼합형 단백질-에너지 영양불량
% 표준체중	정상	↓	↓
% 체중 감소	정상	↓	↓
혈청 알부민	↓	정상	↓
트랜스페린	↓	정상	↓
프리알부민	↓	정상	↓
총림프구 수	↓	↓	↓

자료 : 서울중앙병원 영양실. 임상영양핸드북, 1995

영양판정을 위해 요구되는 정보를 수집하여 분석한 후 환자의 현재 영양 상태를 판정하고 어떠한 영양 문제가 있는지 파악한다. 환자가 영양적으로 결핍된 상태에 있을 경우를 영양불량으로 판정하게 되는데 환자의 단백질-에너지 영양불량을 진단하기 위해서 사용되는 기준 및 척도는 표 6-29와 같다.

표 6-29 입원환자 영양판정에 사용되는 기준 및 척도

기준	척도
체지방 축적	상완위 피부두께
체단백	% 표준체중, % 체중 감소/기간, 상완위근육둘레, 크레아티닌-신장지수
내장단백	혈청 알부민, 트랜스페린, 프리알부민
면역기능	총림프구 수, 지연형 피부반응

7. 고혈압 환자의 영양판정

고혈압은 혈관벽에 미치는 압력이 비정상적으로 높아 뇌졸중이나 심장질환을 일으키는 질병으로써 가장 흔한 성인병의 하나이며 뇌졸중과 관상동맥질환의 위험인자이다. 미국심장협회는 2017년, 대한고혈압학회와 유럽고혈압학회는 2018년 각각 새 고혈압 기준과 당뇨병 및 심·뇌혈관질환 유무를 반영한 진료지침을 표 6-30, 표 6-31과 같이 발표하였다.

표 6-30 미국, 한국, 유럽의 고혈압 기준

<table>
<tr><th>혈압</th><th>2017년 미국심장협회</th><th>2018년 대한고혈압학회</th><th>2018년 유럽고혈압학회</th></tr>
<tr><td>< 120/80</td><td>정상혈압</td><td>정상혈압</td><td>최적혈압</td></tr>
<tr><td>120 ~ 129/80</td><td>상승혈압(Elebated)</td><td>주의혈압</td><td>정상혈압(확장기 혈압 80 ~ 84)</td></tr>
<tr><td>130 ~ 139/80 ~ 89</td><td>1단계 고혈압</td><td>고혈압 전단계</td><td>높은 정상혈압(확장기 혈압 85 ~ 89)</td></tr>
<tr><td>140 ~ 159/90 ~ 99</td><td rowspan="3">2단계 고혈압</td><td>1기 고혈압</td><td>1기 고혈압</td></tr>
<tr><td>160 ~ 179/100 ~ 109</td><td rowspan="2">2기 고혈압</td><td>2기 고혈압</td></tr>
<tr><td>≥ 180/110</td><td>3기 고혈압</td></tr>
</table>

자료 : 헬스포커스(http://www.healthfocus.co.kr)

표 6-31 미국, 한국, 유럽의 고혈압 진료지침 목표 혈압 비교

<table>
<tr><th>상황</th><th>2017년 미국심장협회</th><th>2018년 대한고혈압학회</th><th>2018년 유럽고혈압학회
(혈압 조절 하한치 제시 120/70)</th></tr>
<tr><td>단순고혈압
(65세 미만)</td><td>130/80 미만
(단일화된 목표 혈압)</td><td>140/90</td><td>120 ~ 130/70 ~ 79</td></tr>
<tr><td>노인고혈압
(65세 이상)</td><td>수축기 혈압 < 130
(동반 질환 많고/여명 제한적이면 개별 목표)</td><td>140/90</td><td>130 ~ 139/70 ~ 79</td></tr>
<tr><td>당뇨병</td><td rowspan="4">130/80 미만
(단일화된 목표 혈압)</td><td>심혈관질환 없음 140/85
심혈관질환 없음 130/80</td><td>65세 미만 120 ~ 130/70 ~ 79
65세 이상 130 ~ 139/70 ~ 79</td></tr>
<tr><td>심혈관질환</td><td>130/80</td><td>65세 미만 120 ~ 130/70 ~ 79
65세 이상 130 ~ 139/70 ~ 79</td></tr>
<tr><td>뇌졸중</td><td>140/90</td><td>65세 미만 120 ~ 130/70 ~ 79
65세 이상 130 ~ 139/70 ~ 79</td></tr>
<tr><td>만성콩팥병</td><td>(미세)알부민뇨 없음 140/90
(미세)알부민뇨 동반 130/80</td><td>65세 미만 130 ~ 139 미만/70 ~ 79
65세 이상 130 ~ 139/70 ~ 79</td></tr>
</table>

자료 : 헬스포커스(http://www.healthfocus.co.kr)

(1) 신체계측조사

표준체중과 허리-엉덩이둘레비를 측정한다.

(2) 생화학적 조사

혈중 콜레스테롤, LDL-콜레스테롤, HDL-콜레스테롤 및 중성지방 농도, 혈청 K 농도, 소변 K 배설량 등을 조사한다.

(3) 임상조사

어지럼증, 구토 증상, 심장박동 수 등을 확인한다.

(4) 식사섭취조사

에너지 섭취량, 동물성 단백질 섭취비, 알코올 섭취량, 식이섬유·포화지방산 섭취량 및 염장식품과 발효식품 섭취량 등을 조사한다.

알아두기 **고혈압 예방을 위한 식습관 진단표**

다음 문항의 해당 사항에 O표 해주시기 바랍니다. 표시된 항목들이 왼쪽으로 치우쳐 있다면 오른쪽으로 이동될 수 있도록 노력하시는 것이 바람직합니다.

흡연	하루에 한 갑 이상	반 갑~한 갑 정도	거의 피우지 않는다
음주	많이 마시는 편이다	하루 소주 1~2잔 정도	거의 마시지 않는다
음식의 간	짜게 먹는 편이다	보통 정도	싱겁게 먹는다
외식	매일 한 끼 이상	1주일에 3~4회 이상	1주일에 2회 이하
국 또는 찌개	국물까지 남김없이 먹는다	국물은 남기는 편이다.	자주 먹지 않는다
라면	매일 한 끼 이상	1주일에 3~4회 이상	1주일에 2회 이하
가공식품(육가공, 통조림 등)	매일 한 끼 이상	1주일에 3~4회 이상	1주일에 2회 이하
식탁 소금 또는 간장의 사용	자주 사용한다	가끔 사용한다	거의 사용하지 않는다
화학조미료(미원, 다시다 등)	자주 사용한다	가끔 사용한다	사용하지 않는다
채소류 및 해조류	잘 먹지 않는 편이다	1일 1~2끼는 먹는다	매끼 먹는다
과일	1주일에 2회 이하	1주일에 3~4회 이상	하루 한 번 이상
유제품	1주일에 2회 이하	1주일에 3~4회 이상	하루 한 번 이상
식사의 양	배부르게 먹는다	많이 먹을 때도 있고 적게 먹을 때도 있다.	8부 정도 먹는다

자료 : 대한영양사회

알아두기 고혈압 환자에 대한 식사 및 생활양식 수정 처방

- 금연
- 비만인 경우 체중 감량 : 이상체중의 5% 이내로 유지
- 나트륨 섭취 제한(≤ 2,400 mg) : 식염 제한(≤6 g/dL)
- 칼륨 섭취 증가 : 가공식품보다는 자연식품 이용
- 결핍이 있을 경우 칼슘 및 마그네슘 보충
- 식이섬유 섭취 증가
- 포화지방 및 콜레스테롤 섭취 제한
- 절제된 음주(알코올 ≤ 30 g/dL)
- 신체 활동량 증가, 규칙적 운동(최대 작업 능력)
- 필요할 경우 긴장 이완요법 이용

다른 약 복용 시 혈압강하제 사용에 주의

감기약, 위장약 : 혈압을 높이거나 낮출 수 있는 성분이 포함되어 있으므로 반드시 의사의 처방에 따라야 한다(부록 3. 참조).

고혈압 예방과 관리를 위한 생활 개선 요법

개선 항목	권장 내용	수축기 혈압 강하 정도
체중 감량	정상체중 유지(BMI 18.5～24.9 kg/m²)	5～20 mmHg/10 kg 체중 감소
식이(DASH diet)*	저지방 고섬유식이(채소·과일 많이, 포화지방·총지방 적게)	8～14 mmHg
식염 섭취 제한	식염 섭취 1일 6 g으로 제한(Na 2,400 mg, 100 mmol)	2～8 mmHg
활발한 활동	속보 같은 규칙적인 유산소 운동(거의 매일 30분 이상)	4～9 mmHg
음주량 조절	2단위 이하로 절주(100% 에탄올 30 mL)	2～4 mmHg

*DASH : dietary approaches to stop hypertension

자료 : The seventh report of the Joint National Committee on prevention, detection, evaluation, and treatment of high blood pressure. *JAMA* 289:2560-2572. 2003

8. 심혈관계 질환의 영양판정

여러 가지 요인에 의해 심장의 혈액 흐름에 장애가 생긴 질환을 심혈관계 질환이라고 한다. 최근 생활 습관의 변화로 인한 에너지 소모의 감소 및 동물성 지방의 섭취 증가 등의 요인으로 심혈관계 질환의 발병이 증가하고 있다(표 6-32). 특히 이상지질혈증과 고

혈압이 심혈관계 질환의 중요 위험인자이므로 이에 대한 영양판정은 중요하다. 표 6-33은 국민건강영양조사의 결과에서 나타난 지질 농도의 분포를 감안하여 제시한 한국인의 이상지질혈증 진단 기준이다.

표 6-32 심혈관계 질환의 위험인자

양의 위험 요인	부의 위험 요인
• 현재 흡연 중 • 고혈압(140 mmHg 이상, 혈압약 복용) • HDL-콜레스테롤이 낮음(<40 mg/dL) • 조기 CHD의 가족력[1)] • 연령(남성 45세 이상, 여성 55세 이상) • 당뇨병	• HDL-콜레스테롤 ≥60 mg/dL (HDL-콜레스테롤 60 mg/dL 이상이면 양의 위험 요인을 하나 줄인다)

1) 부모, 형제, 자매 중 남성의 경우 55세 이전, 여성의 경우 65세 이전 발병

자료 : Third report of the expert panel on detection, evaluation, and treatment of high blood cholesterol in adults. *JAMA* 285:2486-2497. 2001

표 6-33 한국인의 이상지질혈증 진단 기준

LDL-콜레스테롤(mg/dL)	매우 높음	≥190
	높음	160~189
	경계	130~159
	정상	100~129
	적정	<100
총콜레스테롤(mg/dL)	높음	≥240
	경계	200~239
	적정	〈200
HDL-콜레스테롤(mg/dL)	낮음	≤40
	높음	≥60
중성지방(mg/dL)	매우 높음	≥500
	높음	200~499
	경계	150~199
	적정	<150

자료 : 한국지질·동맥경화학회(https://www.lipid.or.kr)

(1) 병력

고혈압, 당뇨, 흡연, 음주, 비만, 스트레스, 성급한 성격, 유전 등의 요인을 조사한다.

(2) 신체계측조사

체중, 신장, 체지방량, 복부 지방량, 허리-엉덩이둘레비, 혈압 및 체중의 변화를 조사한다.

(3) 생화학적 조사

혈중 중성지방, 총콜레스테롤, LDL-콜레스테롤, HDL-콜레스테롤, 이뇨제 사용 시 혈중 칼륨 농도 조사를 측정한다.

(4) 임상조사

영양소 결핍 증상 및 부종 여부, 심장박동 수, 숨이 차거나 가슴 통증이 있는지를 확인한다. 또한 칼륨 불균형으로 오는 근육 허약, 감각기관이 저리고 통증이 있는지, 불규칙한 심장박동 등의 요인을 관찰한다.

(5) 식사섭취조사

총열량, 총지방량, 포화/불포화지방산 섭취비율, 콜레스테롤·나트륨·식이섬유 섭취량, 알코올 섭취량 및 섭취빈도, 단순 또는 복합당질의 섭취량, 칼슘 섭취량 등을 조사한다.

(6) 기타

운동량, 복용 중인 약물, 민간요법 여부, 비타민·무기질 또는 영양제 섭취 여부, 외식 정도 등을 조사한다.

9. 당뇨병의 영양판정

당뇨병(diabetes mellitus)은 인슐린의 결핍이나 조직에서의 인슐린의 저항에 의해 고혈당 및 이에 수반되는 대사 장애이다. 우리나라에서는 최근 에너지 섭취량의 증가에 따른 비만의 증가, 운동 부족, 스트레스의 증가와 단순당 및 포화지방의 섭취 증가, 식이섬유 섭취량의 감소 등으로 당뇨병의 발생 빈도가 증가하고 있다. 당뇨병은 췌장 베타세포 파괴에 의한 인슐린 결핍으로 발생한 제1형 당뇨병, 인슐린 저항성과 점진적인 인슐린 분비 결함으로 인한 제2형 당뇨병, 임신 중 진단된 임신성당뇨병 등이 있다.

알아두기 **당뇨병 진단 기준**

① 당화혈색소 6.5% 이상 또는
② 8시간 이상 공복혈장포도당 126 mg/dL 이상 또는
③ 75 g 경구당부하 후 2시간 혈장포도당 200 mg/dL 이상 또는
④ 당뇨병의 전형적인 증상(다뇨, 다음, 설명되지 않는 체중 감소)이 있으면서 무작위 혈장포도당 200 mg/dL 이상

(1) 병력

당뇨병의 종류, 유전, 열량 섭취량의 증가에 따른 비만증, 운동 부족, 스트레스, 고혈압 등을 조사한다.

(2) 신체계측조사

체중, 신장, 체중의 변화, 신체지방량, 복부지방량, 허리-엉덩이둘레비, 체골격 크기 등을 조사한다.

(3) 생화학적 조사

공복 시 혈당, 식후 혈당, 당화혈색소, 총콜레스테롤, 중성지방, LDL-콜레스테롤, HDL-콜레스테롤, 케톤뇨, 요단백 등을 검사한다.

(4) 임상조사

고혈당, 저혈당 현상, 피로감, 체중 감소, 시력 장애 여부를 조사한다.

(5) 식사섭취조사

섭취 에너지(탄수화물, 지방, 단백질 섭취비율), 식사의 규칙성, 영양소 배분 평가, 간식, 총지방량, 포화지방, 단순당 섭취 정도, 외식 정도, 알코올 섭취량, 식이섬유 섭취 정도 등을 조사한다(표 6-34).

(6) 기타

운동량, 약물(인슐린, 경구 혈당강하제), 민간요법 여부, 비타민·무기질 또는 영양제 섭취 등을 조사한다.

표 6-34 당뇨병 환자의 식생활 평가지

나의 식생활 평가

나는 남자( ), 여자( )이고 나이는 ( )세입니다.
내가 당뇨병과 함께한 지는 ( )째입니다
나는 당뇨병에 관한 교육을 받아본 경험이 있습니다 ( ), 없습니다( )
나의 키는 ( )cm이고, 현재 체중은 ( )kg입니다.
따라서 나의 정상체중 범위는 ( )kg으로 앞으로 체중조절이 필요( ), 불필요( )합니다.

1) 식사의 정규성(Regularity) 하루에 3회 식사를 한다 …………………… 3점( ) 식사간격은 4~6시간을 유지 …………… 2점( ) 오전과 오후에 간식을 한다 ……………… 2점( ) 식사와 간식의 간격은 2~3시간을 유지한다 …… 1점( ) 야식을 하고 있다 ………………………… 1점( ) 야식에 단백질식품을 ……………………… 1점( ) 10점( )	A 8~10점 양호한 수준 B 5~7점 보통 수준 C 4점 이하 주의 요함 요령 • 식사시간은 … 일정한 시간대 • 식사 횟수는 … 3회 • 식사와 식사 간격은 … 4~6시간 • 식사와 간식과의 간격 … 2~3시간
2) 식사의 섭취 상태(Intake) 매끼 고기나 생선, 콩, 두부를 먹고 있다 … 3점( ) 채소를 두끼 이상 먹고 있다 …………… 2점( ) 기름을 넣고 조리한 음식을 먹고 있다 … 2점( ) 식사를 할 때 식품의 배합을 생각한다 … 1점( ) 우유를 매일 마시고 있다 ………………… 1점( ) 과일을 매일 먹고 있다 …………………… 1점( ) 10점( )	A 8~10점 양호한 수준 B 5~7점 보통 수준 C 4점이하 주의 요함 요령 • 식사시간은 매끼 비슷한 양으로 하고, 과식, 절식, 편식은 금물 • 균형있는 식사 어육류, 채소류 결손 방지 • 약물요법과의 조화 간식, 야식의 배분 • 동물성지방은 줄이고, 음식의 간은 싱겁게, 식사 중 적당한 양의 섬유소를, 식사는 천천히

자료 : 국립의료원

알아두기 당뇨병 위험도 체크 리스트

질문	문항		점수
1. 당신의 나이는?	35세 미만		0점
	35～44세		2점
	45세 이상		3점
2. 당신의 부모형제 중 한 명이라도 당뇨병 환자가 있습니까?	아니오		0점
	예		1점
3. 당신은 현재 혈압약을 복용하고 있거나 혈압이 140/90 mmHg 이상인가요?	아니오		0점
	예		1점
4. 당신의 허리둘레는 얼마인가요?	남자	84 cm 미만	0점
		84～89.9 cm	2점
		90 cm 이상	3점
	여자	77 cm 미만	0점
		77～83.9 cm	2점
		84 cm 이상	3점
5. 당신은 현재 담배를 피나요?	아니오		0점
	예		1점
6. 당신의 음주량은 하루 평균 몇 잔 인가요?(술 종류 관계없이)	하루 1잔 미만		0점
	하루 1～4.9잔		1점
	하루 5잔 이상		2점
총점			

※ 결과 해석 : 점수가 높을수록 당뇨병 위험이 높아진다. 8～9점은 5～7점보다 당뇨병 발생 위험이 2배, 10점 이상일 경우 3배 이상 높아진다. 총점이 5점 이상일 경우 당뇨병이 있을 위험이 높으므로 혈당검사(공복혈당 또는 식후혈당)가 권고된다.

자료 : 대한당뇨병학회. 2019 당뇨병 치료지침, 2019

10. 대사증후군의 영양판정

대사증후군(metabolic syndrome)은 인슐린저항증후군 또는 X증후군(syndrome X)이라고도 하며, 인슐린이 제대로 만들어지지 않거나 제 기능을 못할 경우에 나타나는 당뇨병·고혈압·뇌졸중·심장병 등 인슐린 저항성으로 인해 나타나는 복합적인 병증을 일컫는다.

우리나라는 2014년 대사증후군 판정 기준을 다음의 5가지 중 3가지 이상일 경우를 대사증후군이라 한다.

① 허리둘레 : 남자 ≥ 90 cm, 여자 ≥ 85 cm

② 중성지방 : ≥ 150 mg/dL

③ HDL-콜레스테롤 : 남자 < 40 mg/dL, 여자 < 50 mg/dL 또는 이상지질혈증 관련 약 복용자

④ 혈압 : ≥ 130/85 mmHg 또는 고혈압 약재 복용 중인 자

⑤ 혈당 : 공복 시 혈당 ≥ 100 mg/dL 또는 당뇨병 관련 약재 복용자

(1) 병력

고혈압, 당뇨, 흡연, 음주, 비만, 운동 부족, 스트레스, 성급한 성격, 유전 등의 요인이 있는지 조사한다.

(2) 신체계측

체중, 신장, 체지방량 체중, 신장, 체지방량, 복부 지방량, 허리-엉덩이둘레비, 체중의 변화, 신체 골격 크기를 측정한다.

(3) 생화학적 검사

혈중 중성지방, 총콜레스테롤, LDL-콜레스테롤, HDL-콜레스테롤, 이뇨제 사용 시 혈중 칼륨 농도, 공복 시 혈당, 식후 혈당, 당화혈색소, 케톤뇨, 요단백 등을 검사한다.

(4) 임상조사

영양소 결핍 증상 및 부종 확인하고, 심장박동 수와 숨이 차거나 가슴 통증이 있는지

를 확인한다. 또한 고혈당, 저혈당 현상, 피로감, 체중 감소, 시력 장애 여부 조사하고 칼륨 불균형으로 오는 근육 허약, 감각기관이 저리고 통증이 있는지 등을 관찰한다.

(5) 식사섭취조사

섭취 에너지(탄수화물, 지질, 단백질 섭취비율 평가), 포화/불포화지방산 섭취비율, 콜레스테롤, 나트륨, 식이섬유 섭취량, 알코올 섭취량 및 섭취 빈도, 식사의 규칙성, 단순당·간식·외식 섭취 빈도 등을 조사한다.

알아두기 대사증후군 관리 목표

요인	목표
체중	신체질량지수 18.5～24.9
혈압	140/90 mmHg 이하
당뇨 있을 경우 혈압	130/80 mmHg 이하
혈당	100 mg/dL
중성지방	150 mg/dL
흡연	금연
운동	매일 60분
음주	20 g/day

자료 : 한국의학통신(http://www.kmpnews.co.kr)

11. 간질환의 영양판정

간은 여러 영양소 및 화학물질 대사 과정에서 중심적인 역할을 하는 기관이며, 체세포의 기능을 유지하는 데도 매우 중요한 역할을 하므로 간질환의 영양 상태 파악은 중요하다.

(1) 병력

환자의 의무기록(간질환 형태와 원인, 알코올 중독 여부, 간염, 담즙관 폐쇄, 고혈압 등)을 확인하고 진행성 간질환과 영양불량 여부를 조사한다.

(2) 신체계측조사

부종과 복수가 있는 환자인 경우 신체계측 결과에 대한 조심스러운 해석이 필요하다. 진행성 간질환 환자인 경우 매일 체중 체크 및 복부둘레를 측정하여 체액 상태 변화를 확인해야 한다.

(3) 생화학적 조사

진단명에 따라 주요 생화학적 검사치가 달라지나 총빌리루빈, SGOT(AST)/SGPT(ALT), 혈청알부민, 암모니아, 총단백질, ALP, 요소질소, 프로트롬빈 시간, 헤모글로빈(hemoglobin), 헤미토크릿(hematocrit), Na, K, Mg, Ca 등을 조사한다.

(4) 임상조사

복수, 부종, 황달 증상 여부를 조사하고, 간부전증 환자인 경우 여성형 유방(남성 유선의 과도한 발육)과 고환 위축 여부를 확인한다. 또한 간기능 장애의 다른 증상인 혈관종 및 복부 혈관팽창 여부와 간성혼수 상태의 임박이 예상되는 떨리는 증상이 있는지를 확인한다.

(5) 식사섭취조사

영양 상태 및 영양소 요구량이 충족되고 있는지 정확한 식사력 및 위험 음주 여부 등을 조사한다(표 6-35). 또한 진행성 간질환 환자의 경우 섭취 가능한 단백질 식품의 섭취 여부를 확인한다. 알코올 중독 환자인 경우 병원 입원 시 충분한 에너지 및 영양소를 섭취하고 있었는지를 조사한다.

표 6-35 위험 음주 및 알코올 사용 장애 선별검사(Alcohol Use Disorders Identifcation Test)

문항	0점	1점	2점	3점	4점
1. 얼마나 술을 자주 마십니까?	전혀 안 마심	월 1회 미만	월 2~4회	주 2~3회	주 4회 이상
2. 술을 마시는 날은 한 번에 몇 잔 정도 마십니까?(소수, 맥주 등 술의 종류에 상관없이 각각의 잔 수로 계산)	1~2잔	3~4잔	5~6잔	7~9잔	10잔 이상
3. 한 번의 술좌석에서 소주 한 병 또는 맥주 4병 이상 마시는 경우는 얼마나 자주 있습니까?	없음	월 1회 미만	월 1회	주 1회	거의 매일
4. 지난 1년간 한번 술을 마시기 시작하면 멈출 수 없었던 때가 얼마나 자주 있습니까?					
5. 지난 1년간 평소 같으면 할 수 있던 일을 음주 때문에 실패한 적이 얼마나 자주 있습니까?	없음	월 1회 미만	월 1회	주 1회	거의 매일
6. 지난 1년간 술을 마신 다음날 일어나기 위해 해장술이 필요했던 적은 얼마나 자주 있습니까?	없음	월 1회 미만	월 1회	주 1회	거의 매일
7. 지난 1년간 음주 후에 죄책감이 든 적이 얼마나 자주 있습니까?	없음	월 1회 미만	월 1회	주 1회	거의 매일
8. 지난 1년간 음주 때문에 전날 밤에 있었던 일이 기억나지 않았던 적이 얼마나 자주 있습니까?	없음	월 1회 미만	월 1회	주 1회	거의 매일
9. 음주로 인해 자신이나 다른 사람이 다친 적이 있습니까?	없음	-	있지만 지난 일 년간은 없었다	-	지난 일 년간은 있었다
10. 친척이나 친구, 의사가 당신의 음주에 대해 걱정을 하거나 당신에게 술 끊기를 권유한 적이 있습니까?	없음	-	있지만 지난 일 년간은 없었다	-	지난 일 년간은 있었다
점수 누계					
총점					

〈평가〉

점수	정상 음주군	위험 음주군	알코올 사용 장애 추정군
남자	0~9	10~19	20~40
여자	0~5	6~9	10~40

자료 : 다원병원(https://dauern2.modoo.at)

알아두기 AUDIT-K란?

Alcohol Use Disorder Identification Test-Korea의 약자로 세계적으로 신뢰를 얻고 있는 AUDIT를 국내 실정에 맞게 수정하고 신뢰도 및 타당도 검사를 시행하여 95%의 신뢰도를 가지고 있는 알코올 사용 장애 선별검사이다. 이 검사 도구는 세계보건기구인 WHO에서 개발한 선별 도구로 음주 문제를 가질 위험이 있는 개인을 조기에 선별하는 데 유용하게 사용되며, 우리나라에서도 각 지자체의 중독 관리 통합 지원센터 같은 공공기관에서 참고 자료로 유용하게 사용하고 있다.

12. 골다공증의 영양판정

세계보건기구(WHO)에서는 골다공증을 '골량의 감소와 미세구조의 이상을 특징으로 하는 전신적인 골격계 질환으로, 결과적으로 뼈가 약해져서 부러지기 쉬운 상태가 되는 질환'이라 정의하고 있다. 최근 미국 국립보건원(NIH)에서는 이를 축약하여 '골강도의 약화로 골절의 위험성이 증가하게 되는 골격계 질환'으로 규정하였다. 골강도는 골량(quantity)과 골질(quality)에 의해 결정된다. 골량은 주로 골밀도에 의해 표현되고 골질은 구조, 골교체율, 무기질화, 미세 손상 축적 등으로 구성된다. 현재는 골밀도를 측정하여 골다공증을 진단하고 있다.

골다공증은 일차성 골다공증(또는 원발성 골다공증)과 이차성 골다공증으로 분류된다. 폐경으로 인한 제1형 골다공증과 노화로 인한 제2형 골다공증으로 편의상 분류하지만 거의 같은 시기에 병합되어 진행되어 정확히 분류하기 어렵다.

(1) 병력 및 위험인자

골다공증의 원인으로 가족력, 내분비질환, 위장관질환, 골수질환, 결체조직질환, 약물 등이 있다(표 6-36).

표 6-36 골다공증의 유발 위험 요인

• 골다공증의 가족력 • 여성 • 백인과 아시안 • 빈약한 체격 • 에스트로겐 결핍 폐경기 조기 난소 절제 여성 • 성선 기능 저하증의 남성 • 과다한 운동으로 무월경(amenorrhea)이 초래된 여성 • 연령, 특히 60세 이상 • 운동 부족 • 일부 약물의 지속적인 복용 알루미늄 함유 제산제 스테로이드 테트라사이클론(tetracyclone) 항경련제 외인성 갑상선호르몬	• 몸의 칼슘 균형을 유발하는 질환 및 상태 갑상샘기능항진증 당뇨병 만성신부전 만성 설사와 흡수부진 부갑상샘기능항진증 만성폐쇄성폐질환 부분 위절제 반신불수 저체중 흡연 알코올 과다섭취 섬유소 과다섭취 카페인 과다섭취 칼슘과 비타민 D 섭취 부족

자료 : 대한영양사협회. 임상영양관리지침서, 제3판. 2008

(2) 신체계측조사

골다공증을 진단하기 위하여 골밀도를 측정한다(그림 6-2). 1994년 WHO에서 척추, 둔부 또는 아래팔을 DEXA(Dual Energy X-ray Absorptiometry, 이중에너지 방사선흡수법)로 측정하여 T점수 표준편차 단위로 측정한 골밀도를 기본으로 골다공증의 진단을 표 6-37에 제시하였다.

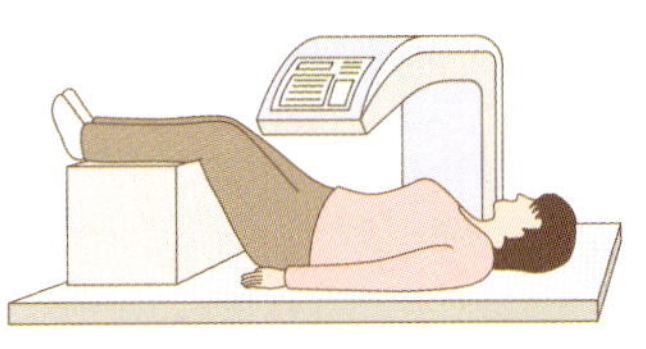

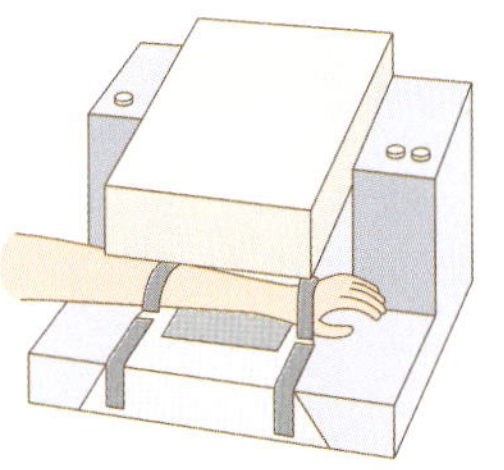

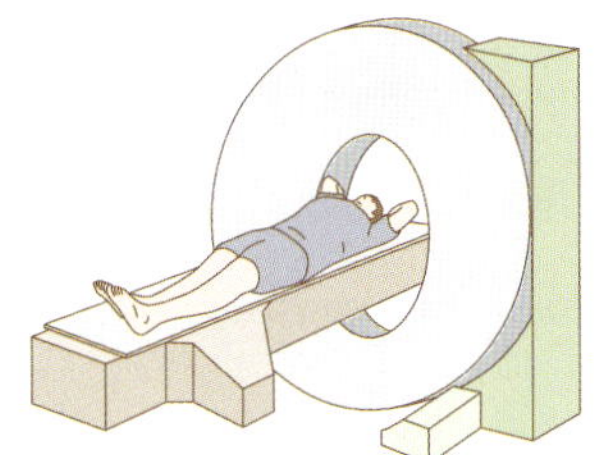

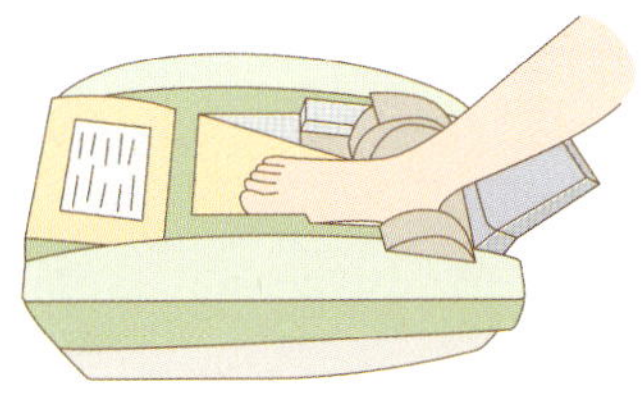

그림 6-2 골밀도 측정 방법

표 6-37 골다공증의 진단

T-score	판정
T-score ≥ -1.0	정상
-1.0 > T-score > -2.5	골감소증(osteopenia) 또는 낮은 골밀도(low bone mass)
T-score ≤ -2.5	골다공증
T-score ≤ -2.5 + 골다공증 골절	심한 골다공증

(3) 생화학적 조사

임상에서 골교체율을 쉽게 평가할 수 있는 방법이 없었으나, 최근 쉽게 측정할 수 있는 여러 가지 생화학적 표지자들이 많이 개발되어 임상에서 쉽게 활용 가능하게 되었다. 골표지자는 골절의 위험성이 있는 사람을 판단하고 골다공증을 포함하는 골격질환에 대해 치료를 받는 환자들의 약물 치료 경과를 모니터하기 위해 사용될 수 있다. 대부분의 생화학적 골표지자들은 골흡수를 관장하는 파골세포나 골형성을 관장하는 조골세포에서 분비하는 효소이거나, 골흡수 및 골형성 과정에서 유리되는 골의 기질 성분

들로써 혈액이나 소변에서 측정한다(표 6-38). 일반적으로 골다공증을 진단하거나 골밀도를 예측하기 위해 골밀도를 직접 측정하는 것이 훨씬 효율적이다.

표 6-38 생화학적 골표지자(Biochemical markers of bone metabolism)

골흡수표지자	소변	Free and total pyridinoline (PYD)
		Free and total deoxypyridinoline (DPD)
		N-telopeptide of type I collagen (NTX)
		C-telopeptide of type I collagen (CTX)
	혈청	N-telopeptide of type I collagen (NTX)
		C-telopeptide of type I collagen (CTX)
골형성표지자	혈청	Bone-specific alkaline phosphatase (BSALP)
		Osteocalcin (OC)
		Carboxyterminal propeptide of type I collangen (PICP)
		Aminoterminal propeptide of type I collagen (PINP)

자료 : e-의료정보(http://www.kmedinfo.co.kr)

(4) 임상조사

허리 통증 및 서있는 자세(등이 굽었는지 여부)를 조사한다. 신장의 감소, 척추, 손목, 골반 등의 뼈 골절 여부도 조사한다.

(5) 식사섭취조사

과도한 음주와 카페인 섭취 여부, 흡연 습관, 짠 음식 선호 여부, 단백질 보충제나 동물성 단백질을 지나치게 많이 섭취하는지, 적절한 칼슘 섭취 여부 등의 식습관을 조사한다(표 6-39).

표 6-39 골다공증 예방을 위한 식사 및 생활 습관 진단표

다음 문항의 해당 사항에 O표 해 주시기 바랍니다.			
체중	왜소하고 마른 편	살이 찐 편	정상 체중
흡연(하루)	한 갑 이상	반 갑~한 갑	거의 피우지 않음
음주	많이 마시는 편	하루 소주 1~2잔	거의 마시지 않음
정신적 스트레스	많은 편	보통	거의 느끼지 못함
우유, 유제품	주 1회 이하	주 2~3회 정도	거의 매일
뼈째 먹는 생선	주 1회 이하	주 2~3회 정도	주 4회 이상
두부 및 콩제품	주 2회 이하	주 3~4회 정도	거의 매일
녹황색 채소, 과일	주 2회 이하	주 3~4회 정도	거의 매일
인스턴트 식품	주 4회 이상	주 2~3회 정도	주 1회 이하
운동량	거의 하지 않음	주 2~3회 정도	거의 매일
증가 ←—— 위험도 ——→ 감소			

appendix

부록

1. 소아발육표준치 : 2017 소아청소년 성장도표

2. 2020 한국인 영양소 섭취기준

3. 약물과 영양소의 상호작용

연령별 신장 백분위수

남자 0~35개월

만나이 (세)	만나이 (개월)	신장(cm) 백분위수										
		3rd	5th	10th	15th	25th	50th	75th	85th	90th	95th	97th
0	0	46.3	46.8	47.5	47.9	48.6	49.9	51.2	51.8	52.3	53.0	53.4
	1	51.1	51.5	52.2	52.7	53.4	54.7	56.0	56.7	57.2	57.9	58.4
	2	54.7	55.1	55.9	56.4	57.1	58.4	59.8	60.5	61.0	61.7	62.2
	3	57.6	58.1	58.8	59.3	60.1	61.4	62.8	63.5	64.0	64.8	65.3
	4	60.0	60.5	61.2	61.7	62.5	63.9	65.3	66.0	66.6	67.3	67.8
	5	61.9	62.4	63.2	63.7	64.5	65.9	67.3	68.1	68.6	69.4	69.9
	6	63.6	64.1	64.9	65.4	66.2	67.6	69.1	69.8	70.4	71.1	71.6
	7	65.1	65.6	66.4	66.9	67.7	69.2	70.6	71.4	71.9	72.7	73.2
	8	66.5	67.0	67.8	68.3	69.1	70.6	72.1	72.9	73.4	74.2	74.7
	9	67.7	68.3	69.1	69.6	70.5	72.0	73.5	74.3	74.8	75.7	76.2
	10	69.0	69.5	70.4	70.9	71.7	73.3	74.8	75.6	76.2	77.0	77.6
	11	70.2	70.7	71.6	72.1	73.0	74.5	76.1	77.0	77.5	78.4	78.9
1	12	71.3	71.8	72.7	73.3	74.1	75.7	77.4	78.2	78.8	79.7	80.2
	13	72.4	72.9	73.8	74.4	75.3	76.9	78.6	79.4	80.0	80.9	81.5
	14	73.4	74.0	74.9	75.5	76.4	78.0	79.7	80.6	81.2	82.1	82.7
	15	74.4	75.0	75.9	76.5	77.4	79.1	80.9	81.8	82.4	83.3	83.9
	16	75.4	76.0	76.9	77.5	78.5	80.2	82.0	82.9	83.5	84.5	85.1
	17	76.3	76.9	77.9	78.5	79.5	81.2	83.0	84.0	84.6	85.6	86.2
	18	77.2	77.8	78.8	79.5	80.4	82.3	84.1	85.1	85.7	86.7	87.3
	19	78.1	78.7	79.7	80.4	81.4	83.2	85.1	86.1	86.8	87.8	88.4
	20	78.9	79.6	80.6	81.3	82.3	84.2	86.1	87.1	87.8	88.8	89.5
	21	79.7	80.4	81.5	82.2	83.2	85.1	87.1	88.1	88.8	89.9	90.5
	22	80.5	81.2	82.3	83.0	84.1	86.0	88.0	89.1	89.8	90.9	91.6
	23	81.3	82.0	83.1	83.8	84.9	86.9	89.0	90.0	90.8	91.9	92.6
2	24*	81.4	82.1	83.2	83.9	85.1	87.1	89.2	90.3	91.0	92.1	92.9
	25	82.1	82.8	84.0	84.7	85.9	88.0	90.1	91.2	92.0	93.1	93.8
	26	82.8	83.6	84.7	85.5	86.7	88.8	90.9	92.1	92.9	94.0	94.8
	27	83.5	84.3	85.5	86.3	87.4	89.6	91.8	93.0	93.8	94.9	95.7
	28	84.2	85.0	86.2	87.0	88.2	90.4	92.6	93.8	94.6	95.8	96.6
	29	84.9	85.7	86.9	87.7	88.9	91.2	93.4	94.7	95.5	96.7	97.5
	30	85.5	86.3	87.6	88.4	89.6	91.9	94.2	95.5	96.3	97.5	98.3
	31	86.2	87.0	88.2	89.1	90.3	92.7	95.0	96.2	97.1	98.4	99.2
	32	86.8	87.6	88.9	89.7	91.0	93.4	95.7	97.0	97.9	99.2	100.0
	33	87.4	88.2	89.5	90.4	91.7	94.1	96.5	97.8	98.6	99.9	100.8
	34	88.0	88.8	90.1	91.0	92.3	94.8	97.2	98.5	99.4	100.7	101.5
	35	88.5	89.4	90.7	91.6	93.0	95.4	97.9	99.2	100.1	101.4	102.3

*2세(24개월)부터 누운 키에서 선 키로 신장측정방법 변경

자료 : 질병관리본부·대한소아과학회, 2017 소아청소년 성장도표, 2017

여자 0~35개월

만나이 (세)	만나이 (개월)	신장(cm) 백분위수										
		3rd	5th	10th	15th	25th	50th	75th	85th	90th	95th	97th
0	0	45.6	46.1	46.8	47.2	47.9	49.1	50.4	51.1	51.5	52.2	52.7
	1	50.0	50.5	51.2	51.7	52.4	53.7	55.0	55.7	56.2	56.9	57.4
	2	53.2	53.7	54.5	55.0	55.7	57.1	58.4	59.2	59.7	60.4	60.9
	3	55.8	56.3	57.1	57.6	58.4	59.8	61.2	62.0	62.5	63.3	63.8
	4	58.0	58.5	59.3	59.8	60.6	62.1	63.5	64.3	64.9	65.7	66.2
	5	59.9	60.4	61.2	61.7	62.5	64.0	65.5	66.3	66.9	67.7	68.2
	6	61.5	62.0	62.8	63.4	64.2	65.7	67.3	68.1	68.6	69.5	70.0
	7	62.9	63.5	64.3	64.9	65.7	67.3	68.8	69.7	70.3	71.1	71.6
	8	64.3	64.9	65.7	66.3	67.2	68.7	70.3	71.2	71.8	72.6	73.2
	9	65.6	66.2	67.0	67.6	68.5	70.1	71.8	72.6	73.2	74.1	74.7
	10	66.8	67.4	68.3	68.9	69.8	71.5	73.1	74.0	74.6	75.5	76.1
	11	68.0	68.6	69.5	70.2	71.1	72.8	74.5	75.4	76.0	76.9	77.5
1	12	69.2	69.8	70.7	71.3	72.3	74.0	75.8	76.7	77.3	78.3	78.9
	13	70.3	70.9	71.8	72.5	73.4	75.2	77.0	77.9	78.6	79.5	80.2
	14	71.3	72.0	72.9	73.6	74.6	76.4	78.2	79.2	79.8	80.8	81.4
	15	72.4	73.0	74.0	74.7	75.7	77.5	79.4	80.3	81.0	82.0	82.7
	16	73.3	74.0	75.0	75.7	76.7	78.6	80.5	81.5	82.2	83.2	83.9
	17	74.3	75.0	76.0	76.7	77.7	79.7	81.6	82.6	83.3	84.4	85.0
	18	75.2	75.9	77.0	77.7	78.7	80.7	82.7	83.7	84.4	85.5	86.2
	19	76.2	76.9	77.9	78.7	79.7	81.7	83.7	84.8	85.5	86.6	87.3
	20	77.0	77.7	78.8	79.6	80.7	82.7	84.7	85.8	86.6	87.7	88.4
	21	77.9	78.6	79.7	80.5	81.6	83.7	85.7	86.8	87.6	88.7	89.4
	22	78.7	79.5	80.6	81.4	82.5	84.6	86.7	87.8	88.6	89.7	90.5
	23	79.6	80.3	81.5	82.2	83.4	85.5	87.7	88.8	89.6	90.7	91.5
2	24*	79.6	80.4	81.6	82.4	83.5	85.7	87.9	89.1	89.9	91.0	91.8
	25	80.4	81.2	82.4	83.2	84.4	86.6	88.8	90.0	90.8	92.0	92.8
	26	81.2	82.0	83.2	84.0	85.2	87.4	89.7	90.9	91.7	92.9	93.7
	27	81.9	82.7	83.9	84.8	86.0	88.3	90.6	91.8	92.6	93.8	94.6
	28	82.6	83.5	84.7	85.5	86.8	89.1	91.4	92.7	93.5	94.7	95.6
	29	83.4	84.2	85.4	86.3	87.6	89.9	92.2	93.5	94.4	95.6	96.4
	30	84.0	84.9	86.2	87.0	88.3	90.7	93.1	94.3	95.2	96.5	97.3
	31	84.7	85.6	86.9	87.7	89.0	91.4	93.9	95.2	96.0	97.3	98.2
	32	85.4	86.2	87.5	88.4	89.7	92.2	94.6	95.9	96.8	98.2	99.0
	33	86.0	86.9	88.2	89.1	90.4	92.9	95.4	96.7	97.6	99.0	99.8
	34	86.7	87.5	88.9	89.8	91.1	93.6	96.2	97.5	98.4	99.8	100.6
	35	87.3	88.2	89.5	90.5	91.8	94.4	96.9	98.3	99.2	100.5	101.4

*2세(24개월)부터 누운 키에서 선 키로 신장측정방법 변경

남자 3~18세

만나이 (세)	만나이 (개월)	신장(cm) 백분위수										
		3rd	5th	10th	15th	25th	50th	75th	85th	90th	95th	97th
3	36*	89.7	90.5	91.8	92.6	93.9	96.5	99.2	100.7	101.8	103.4	104.4
	37	90.2	91.0	92.3	93.2	94.5	97.0	99.8	101.3	102.3	103.9	105.0
	38	90.7	91.5	92.8	93.7	95.0	97.6	100.3	101.8	102.9	104.5	105.6
	39	91.2	92.0	93.3	94.2	95.5	98.1	100.9	102.4	103.5	105.1	106.1
	40	91.7	92.5	93.8	94.7	96.1	98.7	101.4	103.0	104.0	105.6	106.7
	41	92.2	93.0	94.3	95.3	96.6	99.2	102.0	103.5	104.6	106.2	107.2
	42	92.7	93.5	94.9	95.8	97.1	99.8	102.6	104.1	105.1	106.7	107.8
	43	93.2	94.0	95.4	96.3	97.7	100.3	103.1	104.6	105.7	107.3	108.4
	44	93.7	94.5	95.9	96.8	98.2	100.9	103.7	105.2	106.3	107.9	108.9
	45	94.2	95.0	96.4	97.3	98.7	101.4	104.2	105.8	106.8	108.4	109.5
	46	94.7	95.5	96.9	97.9	99.3	102.0	104.8	106.3	107.4	109.0	110.1
	47	95.2	96.0	97.4	98.4	99.8	102.5	105.3	106.9	108.0	109.6	110.6
4	48	95.6	96.5	97.9	98.9	100.3	103.1	105.9	107.5	108.5	110.1	111.2
	49	96.1	97.0	98.5	99.4	100.9	103.6	106.5	108.0	109.1	110.7	111.7
	50	96.6	97.5	99.0	99.9	101.4	104.2	107.0	108.6	109.6	111.3	112.3
	51	97.1	98.0	99.5	100.5	101.9	104.7	107.6	109.1	110.2	111.8	112.9
	52	97.6	98.6	100.0	101.0	102.5	105.3	108.1	109.7	110.8	112.4	113.4
	53	98.1	99.1	100.5	101.5	103.0	105.8	108.7	110.3	111.3	112.9	114.0
	54	98.6	99.6	101.0	102.0	103.5	106.3	109.2	110.8	111.9	113.5	114.6
	55	99.1	100.1	101.5	102.5	104.0	106.9	109.8	111.4	112.5	114.1	115.1
	56	99.6	100.6	102.0	103.1	104.6	107.4	110.3	111.9	113.0	114.6	115.7
	57	100.1	101.1	102.6	103.6	105.1	108.0	110.9	112.5	113.6	115.2	116.3
	58	100.6	101.6	103.1	104.1	105.6	108.5	111.5	113.1	114.1	115.8	116.8
	59	101.1	102.1	103.6	104.6	106.2	109.1	112.0	113.6	114.7	116.3	117.4
5	60	101.6	102.5	104.1	105.1	106.7	109.6	112.6	114.2	115.3	116.9	118.0
	61	102.0	103.0	104.6	105.6	107.2	110.1	113.1	114.7	115.8	117.5	118.6
	62	102.5	103.5	105.1	106.1	107.7	110.7	113.7	115.3	116.4	118.1	119.1
	63	103.0	104.0	105.6	106.6	108.2	111.2	114.2	115.8	117.0	118.6	119.7
	64	103.5	104.5	106.1	107.1	108.7	111.7	114.8	116.4	117.5	119.2	120.3
	65	104.0	105.0	106.6	107.7	109.2	112.2	115.3	117.0	118.1	119.8	120.9
	66	104.5	105.5	107.1	108.2	109.8	112.8	115.8	117.5	118.7	120.4	121.5
	67	105.0	106.0	107.6	108.7	110.3	113.3	116.4	118.1	119.2	120.9	122.1
	68	105.5	106.5	108.1	109.2	110.8	113.8	116.9	118.6	119.8	121.5	122.6
	69	105.9	107.0	108.6	109.7	111.3	114.4	117.5	119.2	120.3	122.1	123.2
	70	106.4	107.5	109.1	110.2	111.8	114.9	118.0	119.7	120.9	122.7	123.8
	71	106.9	108.0	109.6	110.7	112.3	115.4	118.6	120.3	121.5	123.3	124.4
6	72	107.4	108.4	110.1	111.2	112.8	115.9	119.1	120.8	122.0	123.8	125.0
	73	107.9	108.9	110.5	111.6	113.3	116.4	119.6	121.4	122.6	124.4	125.6
	74	108.3	109.4	111.0	112.1	113.8	117.0	120.2	121.9	123.2	125.0	126.1
	75	108.8	109.9	111.5	112.6	114.3	117.5	120.7	122.5	123.7	125.5	126.7
	76	109.3	110.4	112.0	113.1	114.8	118.0	121.3	123.0	124.3	126.1	127.3
	77	109.8	110.8	112.5	113.6	115.3	118.5	121.8	123.6	124.8	126.7	127.9
	78	110.3	111.3	113.0	114.1	115.8	119.0	122.3	124.1	125.4	127.2	128.4
	79	110.7	111.8	113.5	114.6	116.3	119.5	122.8	124.7	125.9	127.8	129.0
	80	111.2	112.3	113.9	115.1	116.8	120.0	123.4	125.2	126.4	128.3	129.5
	81	111.7	112.7	114.4	115.6	117.3	120.5	123.9	125.7	127.0	128.9	130.1
	82	112.1	113.2	114.9	116.1	117.8	121.0	124.4	126.2	127.5	129.4	130.6
	83	112.6	113.7	115.4	116.5	118.3	121.6	124.9	126.8	128.0	129.9	131.2

*3세(36개월)부터 「WHO Growth Standards」에서 「2017 소아청소년 성장도표」로 변경

만나이	만나이	신장(cm) 백분위수										
(세)	(개월)	3rd	5th	10th	15th	25th	50th	75th	85th	90th	95th	97th
7	84	113.1	114.2	115.9	117.0	118.8	122.1	125.4	127.3	128.6	130.5	131.7
	85	113.5	114.6	116.3	117.5	119.2	122.5	126.0	127.8	129.1	131.0	132.3
	86	114.0	115.1	116.8	118.0	119.7	123.0	126.5	128.3	129.6	131.5	132.8
	87	114.4	115.6	117.3	118.4	120.2	123.5	127.0	128.8	130.1	132.1	133.3
	88	114.9	116.0	117.7	118.9	120.7	124.0	127.5	129.4	130.7	132.6	133.9
	89	115.4	116.5	118.2	119.4	121.2	124.5	128.0	129.9	131.2	133.1	134.4
	90	115.8	116.9	118.7	119.9	121.6	125.0	128.5	130.4	131.7	133.6	134.9
	91	116.3	117.4	119.1	120.3	122.1	125.5	129.0	130.9	132.2	134.1	135.4
	92	116.7	117.8	119.6	120.8	122.6	126.0	129.5	131.4	132.7	134.6	135.9
	93	117.1	118.3	120.0	121.2	123.0	126.5	130.0	131.9	133.2	135.1	136.4
	94	117.6	118.7	120.5	121.7	123.5	126.9	130.4	132.4	133.7	135.7	136.9
	95	118.0	119.2	121.0	122.2	124.0	127.4	130.9	132.9	134.2	136.2	137.5
8	96	118.5	119.6	121.4	122.6	124.4	127.9	131.4	133.3	134.7	136.6	137.9
	97	118.9	120.0	121.8	123.1	124.9	128.3	131.9	133.8	135.1	137.1	138.4
	98	119.3	120.5	122.3	123.5	125.3	128.8	132.4	134.3	135.6	137.6	138.9
	99	119.8	120.9	122.7	124.0	125.8	129.3	132.8	134.8	136.1	138.1	139.4
	100	120.2	121.4	123.2	124.4	126.3	129.7	133.3	135.3	136.6	138.6	139.9
	101	120.6	121.8	123.6	124.9	126.7	130.2	133.8	135.8	137.1	139.1	140.4
	102	121.0	122.2	124.0	125.3	127.2	130.7	134.3	136.2	137.6	139.6	140.9
	103	121.5	122.6	124.5	125.7	127.6	131.1	134.7	136.7	138.1	140.1	141.4
	104	121.9	123.1	124.9	126.2	128.0	131.6	135.2	137.2	138.5	140.6	141.9
	105	122.3	123.5	125.4	126.6	128.5	132.1	135.7	137.7	139.0	141.0	142.4
	106	122.7	123.9	125.8	127.1	128.9	132.5	136.2	138.1	139.5	141.5	142.9
	107	123.2	124.4	126.2	127.5	129.4	133.0	136.6	138.6	140.0	142.0	143.4
9	108	123.6	124.8	126.6	127.9	129.8	133.4	137.1	139.1	140.5	142.5	143.9
	109	124.0	125.2	127.1	128.3	130.2	133.9	137.6	139.6	141.0	143.0	144.4
	110	124.4	125.6	127.5	128.8	130.7	134.3	138.0	140.1	141.5	143.6	144.9
	111	124.8	126.0	127.9	129.2	131.1	134.8	138.5	140.6	142.0	144.1	145.4
	112	125.2	126.4	128.3	129.6	131.5	135.2	139.0	141.0	142.4	144.6	146.0
	113	125.6	126.8	128.7	130.0	132.0	135.6	139.4	141.5	142.9	145.1	146.5
	114	126.0	127.2	129.1	130.4	132.4	136.1	139.9	142.0	143.4	145.6	147.0
	115	126.4	127.6	129.5	130.9	132.8	136.6	140.4	142.5	143.9	146.1	147.5
	116	126.8	128.0	130.0	131.3	133.3	137.0	140.9	143.0	144.5	146.6	148.1
	117	127.2	128.4	130.4	131.7	133.7	137.5	141.4	143.5	145.0	147.2	148.6
	118	127.6	128.8	130.8	132.1	134.1	137.9	141.8	144.0	145.5	147.7	149.1
	119	128.0	129.2	131.2	132.5	134.6	138.4	142.3	144.5	146.0	148.2	149.7
10	120	128.4	129.7	131.6	133.0	135.0	138.8	142.8	145.0	146.5	148.7	150.2
	121	128.8	130.1	132.1	133.4	135.4	139.3	143.3	145.5	147.0	149.3	150.8
	122	129.2	130.5	132.5	133.8	135.9	139.8	143.8	146.0	147.5	149.8	151.3
	123	129.6	130.9	132.9	134.3	136.3	140.3	144.3	146.5	148.1	150.4	151.9
	124	130.0	131.3	133.3	134.7	136.8	140.7	144.8	147.1	148.6	150.9	152.4
	125	130.4	131.7	133.7	135.1	137.2	141.2	145.3	147.6	149.1	151.4	153.0
	126	130.8	132.1	134.2	135.6	137.7	141.7	145.8	148.1	149.7	152.0	153.6
	127	131.2	132.5	134.6	136.0	138.2	142.2	146.4	148.7	150.2	152.6	154.1
	128	131.6	132.9	135.0	136.5	138.6	142.7	146.9	149.2	150.8	153.2	154.7
	129	132.0	133.4	135.5	136.9	139.1	143.2	147.4	149.7	151.3	153.7	155.3
	130	132.4	133.8	135.9	137.4	139.5	143.7	147.9	150.3	151.9	154.3	155.9
	131	132.8	134.2	136.3	137.8	140.0	144.2	148.5	150.8	152.4	154.9	156.5

남자 3~18세

만나이 (세)	만나이 (개월)	신장(cm) 백분위수										
		3rd	5th	10th	15th	25th	50th	75th	85th	90th	95th	97th
11	132	133.2	134.6	136.8	138.3	140.5	144.7	149.0	151.4	153.0	155.5	157.1
	133	133.6	135.0	137.2	138.7	141.0	145.2	149.6	152.0	153.6	156.1	157.7
	134	134.0	135.5	137.7	139.2	141.5	145.8	150.2	152.6	154.2	156.7	158.3
	135	134.4	135.9	138.1	139.7	141.9	146.3	150.7	153.2	154.8	157.3	159.0
	136	134.8	136.3	138.6	140.1	142.4	146.8	151.3	153.8	155.4	157.9	159.6
	137	135.2	136.7	139.0	140.6	142.9	147.4	151.9	154.3	156.0	158.5	160.2
	138	135.7	137.2	139.5	141.1	143.5	147.9	152.5	155.0	156.7	159.2	160.8
	139	136.1	137.6	140.0	141.6	144.0	148.5	153.1	155.6	157.3	159.8	161.5
	140	136.5	138.1	140.5	142.1	144.5	149.1	153.7	156.2	157.9	160.5	162.1
	141	136.9	138.5	140.9	142.6	145.1	149.7	154.3	156.8	158.6	161.1	162.8
	142	137.4	139.0	141.4	143.1	145.6	150.2	154.9	157.5	159.2	161.8	163.4
	143	137.8	139.4	141.9	143.6	146.1	150.8	155.6	158.1	159.8	162.4	164.1
12	144	138.2	139.9	142.4	144.1	146.7	151.4	156.2	158.7	160.5	163.0	164.7
	145	138.7	140.4	143.0	144.7	147.2	152.0	156.8	159.4	161.1	163.7	165.4
	146	139.2	140.9	143.5	145.2	147.8	152.6	157.4	160.0	161.7	164.3	166.0
	147	139.6	141.3	144.0	145.8	148.4	153.2	158.1	160.6	162.4	165.0	166.6
	148	140.1	141.8	144.5	146.3	149.0	153.8	158.7	161.3	163.0	165.6	167.3
	149	140.6	142.3	145.0	146.8	149.5	154.4	159.3	161.9	163.7	166.2	167.9
	150	141.1	142.9	145.6	147.4	150.1	155.0	159.9	162.5	164.2	166.8	168.5
	151	141.6	143.4	146.1	148.0	150.7	155.6	160.5	163.1	164.8	167.4	169.1
	152	142.1	143.9	146.7	148.6	151.3	156.2	161.1	163.7	165.4	168.0	169.6
	153	142.6	144.4	147.2	149.1	151.9	156.8	161.7	164.3	166.0	168.6	170.2
	154	143.1	145.0	147.8	149.7	152.4	157.4	162.3	164.9	166.6	169.2	170.8
	155	143.6	145.5	148.4	150.3	153.0	158.1	162.9	165.5	167.2	169.8	171.4
13	156	144.2	146.1	148.9	150.8	153.6	158.6	163.5	166.1	167.8	170.3	171.9
	157	144.7	146.6	149.5	151.4	154.2	159.2	164.1	166.6	168.3	170.8	172.4
	158	145.2	147.1	150.0	152.0	154.7	159.8	164.6	167.1	168.8	171.3	172.8
	159	145.8	147.7	150.6	152.5	155.3	160.3	165.2	167.7	169.3	171.8	173.3
	160	146.3	148.2	151.2	153.1	155.9	160.9	165.7	168.2	169.9	172.3	173.8
	161	146.8	148.8	151.7	153.7	156.5	161.5	166.3	168.8	170.4	172.8	174.3
	162	147.4	149.3	152.3	154.2	157.0	162.0	166.7	169.2	170.8	173.2	174.7
	163	147.9	149.9	152.8	154.8	157.6	162.5	167.2	169.6	171.3	173.6	175.1
	164	148.5	150.4	153.4	155.3	158.1	163.0	167.7	170.1	171.7	174.0	175.5
	165	149.0	151.0	153.9	155.9	158.6	163.5	168.2	170.5	172.1	174.4	175.8
	166	149.5	151.5	154.5	156.4	159.2	164.0	168.6	171.0	172.5	174.8	176.2
	167	150.1	152.1	155.0	157.0	159.7	164.5	169.1	171.4	173.0	175.2	176.6
14	168	150.6	152.6	155.5	157.4	160.2	165.0	169.5	171.8	173.3	175.5	176.9
	169	151.2	153.1	156.0	157.9	160.6	165.4	169.8	172.1	173.6	175.8	177.2
	170	151.7	153.6	156.5	158.4	161.1	165.8	170.2	172.5	174.0	176.1	177.5
	171	152.2	154.2	157.0	158.9	161.5	166.2	170.6	172.8	174.3	176.4	177.8
	172	152.8	154.7	157.5	159.4	162.0	166.6	171.0	173.2	174.6	176.7	178.0
	173	153.3	155.2	158.0	159.9	162.5	167.0	171.3	173.5	174.9	177.0	178.3
	174	153.8	155.6	158.4	160.2	162.8	167.4	171.6	173.8	175.2	177.3	178.6
	175	154.2	156.1	158.8	160.6	163.2	167.7	171.9	174.0	175.4	177.5	178.8
	176	154.7	156.5	159.3	161.0	163.6	168.0	172.2	174.3	175.7	177.7	179.0
	177	155.2	157.0	159.7	161.4	163.9	168.3	172.4	174.6	175.9	178.0	179.2
	178	155.6	157.4	160.1	161.8	164.3	168.6	172.7	174.8	176.2	178.2	179.5
	179	156.1	157.9	160.5	162.2	164.6	169.0	173.0	175.1	176.4	178.4	179.7

만나이	만나이	신장(cm) 백분위수										
(세)	(개월)	3rd	5th	10th	15th	25th	50th	75th	85th	90th	95th	97th
15	180	156.5	158.2	160.8	162.5	164.9	169.2	173.2	175.3	176.6	178.6	179.9
	181	156.8	158.6	161.1	162.8	165.2	169.4	173.4	175.5	176.8	178.8	180.0
	182	157.2	158.9	161.4	163.1	165.4	169.6	173.6	175.6	177.0	179.0	180.2
	183	157.6	159.2	161.7	163.4	165.7	169.9	173.8	175.8	177.2	179.1	180.4
	184	158.0	159.6	162.0	163.6	166.0	170.1	174.0	176.0	177.4	179.3	180.6
	185	158.3	159.9	162.3	163.9	166.2	170.3	174.2	176.2	177.6	179.5	180.7
	186	158.6	160.2	162.6	164.1	166.4	170.5	174.3	176.4	177.7	179.6	180.9
	187	158.9	160.5	162.8	164.4	166.6	170.6	174.5	176.5	177.8	179.8	181.0
	188	159.2	160.7	163.0	164.6	166.8	170.8	174.6	176.6	178.0	179.9	181.2
	189	159.5	161.0	163.3	164.8	167.0	171.0	174.8	176.8	178.1	180.1	181.3
	190	159.8	161.3	163.5	165.0	167.2	171.1	174.9	176.9	178.3	180.2	181.5
	191	160.1	161.5	163.8	165.2	167.4	171.3	175.1	177.1	178.4	180.3	181.6
16	192	160.3	161.7	163.9	165.4	167.5	171.4	175.2	177.2	178.5	180.5	181.7
	193	160.5	161.9	164.1	165.5	167.7	171.5	175.3	177.3	178.6	180.6	181.8
	194	160.7	162.1	164.3	165.7	167.8	171.6	175.4	177.4	178.7	180.7	182.0
	195	160.9	162.3	164.4	165.9	167.9	171.8	175.5	177.5	178.8	180.8	182.1
	196	161.2	162.5	164.6	166.0	168.1	171.9	175.6	177.6	179.0	180.9	182.2
	197	161.4	162.7	164.8	166.2	168.2	172.0	175.7	177.7	179.1	181.0	182.3
	198	161.5	162.8	164.9	166.3	168.3	172.1	175.8	177.8	179.2	181.1	182.4
	199	161.6	163.0	165.0	166.4	168.4	172.2	175.9	177.9	179.3	181.3	182.5
	200	161.8	163.1	165.1	166.5	168.5	172.3	176.0	178.0	179.4	181.4	182.6
	201	161.9	163.2	165.2	166.6	168.6	172.4	176.1	178.1	179.5	181.5	182.8
	202	162.0	163.3	165.3	166.7	168.7	172.5	176.2	178.2	179.6	181.6	182.9
	203	162.1	163.4	165.5	166.8	168.8	172.6	176.3	178.3	179.7	181.7	183.0
17	204	162.2	163.5	165.5	166.9	168.9	172.6	176.4	178.4	179.7	181.8	183.1
	205	162.3	163.6	165.6	167.0	169.0	172.7	176.5	178.5	179.8	181.9	183.2
	206	162.4	163.7	165.7	167.1	169.1	172.8	176.5	178.6	179.9	182.0	183.3
	207	162.5	163.8	165.8	167.1	169.1	172.9	176.6	178.6	180.0	182.0	183.4
	208	162.6	163.9	165.9	167.2	169.2	173.0	176.7	178.7	180.1	182.1	183.5
	209	162.7	164.0	166.0	167.3	169.3	173.0	176.8	178.8	180.2	182.2	183.6
	210	162.8	164.1	166.1	167.4	169.4	173.1	176.9	178.9	180.3	182.3	183.7
	211	162.9	164.2	166.1	167.5	169.5	173.2	177.0	179.0	180.4	182.4	183.8
	212	163.0	164.3	166.2	167.6	169.6	173.3	177.0	179.1	180.5	182.5	183.9
	213	163.1	164.3	166.3	167.7	169.6	173.4	177.1	179.2	180.6	182.6	184.0
	214	163.2	164.4	166.4	167.7	169.7	173.4	177.2	179.3	180.6	182.7	184.1
	215	163.3	164.5	166.5	167.8	169.8	173.5	177.3	179.3	180.7	182.8	184.2
18	216	163.3	164.6	166.6	167.9	169.9	173.6	177.4	179.4	180.8	182.9	184.3
	217	163.4	164.7	166.7	168.0	170.0	173.7	177.5	179.5	180.9	183.0	184.4
	218	163.5	164.8	166.7	168.1	170.0	173.8	177.5	179.6	181.0	183.1	184.5
	219	163.6	164.9	166.8	168.2	170.1	173.8	177.6	179.7	181.1	183.2	184.6
	220	163.7	165.0	166.9	168.2	170.2	173.9	177.7	179.8	181.2	183.3	184.7
	221	163.8	165.1	167.0	168.3	170.3	174.0	177.8	179.9	181.3	183.4	184.8
	222	163.9	165.1	167.1	168.4	170.4	174.1	177.9	179.9	181.3	183.5	184.8
	223	164.0	165.2	167.2	168.5	170.4	174.2	177.9	180.0	181.4	183.6	184.9
	224	164.1	165.3	167.3	168.6	170.5	174.2	178.0	180.1	181.5	183.7	185.0
	225	164.2	165.4	167.3	168.6	170.6	174.3	178.1	180.2	181.6	183.7	185.1
	226	164.3	165.5	167.4	168.7	170.7	174.4	178.2	180.3	181.7	183.8	185.2
	227	164.4	165.6	167.5	168.8	170.8	174.5	178.3	180.4	181.8	183.9	185.3

여자 3~18세

만나이 (세)	만나이 (개월)	신장(cm) 백분위수 3rd	5th	10th	15th	25th	50th	75th	85th	90th	95th	97th
3	36*	88.1	89.0	90.4	91.4	92.8	95.4	98.1	99.5	100.5	102.0	103.0
	37	88.7	89.6	90.9	91.9	93.3	95.9	98.6	100.1	101.1	102.6	103.5
	38	89.2	90.1	91.5	92.4	93.8	96.5	99.2	100.6	101.6	103.1	104.1
	39	89.7	90.6	92.0	93.0	94.4	97.0	99.7	101.2	102.2	103.7	104.7
	40	90.2	91.1	92.5	93.5	94.9	97.6	100.3	101.8	102.8	104.3	105.3
	41	90.8	91.7	93.1	94.0	95.4	98.1	100.8	102.3	103.3	104.8	105.8
	42	91.3	92.2	93.6	94.5	96.0	98.6	101.4	102.9	103.9	105.4	106.4
	43	91.8	92.7	94.1	95.1	96.5	99.2	101.9	103.4	104.5	106.0	107.0
	44	92.4	93.3	94.7	95.6	97.0	99.7	102.5	104.0	105.0	106.5	107.6
	45	92.9	93.8	95.2	96.1	97.6	100.3	103.0	104.5	105.6	107.1	108.1
	46	93.4	94.3	95.7	96.7	98.1	100.8	103.6	105.1	106.1	107.7	108.7
	47	93.9	94.8	96.2	97.2	98.6	101.4	104.1	105.7	106.7	108.3	109.3
4	48	94.5	95.4	96.8	97.7	99.2	101.9	104.7	106.2	107.3	108.8	109.8
	49	95.0	95.9	97.3	98.3	99.7	102.4	105.2	106.8	107.8	109.4	110.4
	50	95.5	96.4	97.8	98.8	100.2	103.0	105.8	107.3	108.4	110.0	111.0
	51	96.0	96.9	98.4	99.3	100.8	103.5	106.3	107.9	108.9	110.5	111.6
	52	96.6	97.5	98.9	99.9	101.3	104.1	106.9	108.4	109.5	111.1	112.1
	53	97.1	98.0	99.4	100.4	101.8	104.6	107.4	109.0	110.1	111.6	112.7
	54	97.6	98.5	99.9	100.9	102.4	105.1	108.0	109.5	110.6	112.2	113.3
	55	98.1	99.1	100.5	101.5	102.9	105.7	108.5	110.1	111.2	112.8	113.8
	56	98.7	99.6	101.0	102.0	103.4	106.2	109.1	110.7	111.7	113.3	114.4
	57	99.2	100.1	101.5	102.5	104.0	106.8	109.6	111.2	112.3	113.9	115.0
	58	99.7	100.6	102.1	103.0	104.5	107.3	110.2	111.8	112.8	114.5	115.5
	59	100.2	101.2	102.6	103.6	105.0	107.8	110.7	112.3	113.4	115.0	116.1
5	60	100.7	101.7	103.1	104.1	105.6	108.4	111.3	112.9	114.0	115.6	116.7
	61	101.2	102.2	103.6	104.6	106.1	108.9	111.8	113.4	114.5	116.1	117.2
	62	101.7	102.7	104.1	105.1	106.6	109.4	112.4	114.0	115.1	116.7	117.8
	63	102.2	103.2	104.6	105.6	107.1	110.0	112.9	114.5	115.6	117.3	118.3
	64	102.7	103.7	105.2	106.2	107.7	110.5	113.4	115.0	116.2	117.8	118.9
	65	103.3	104.2	105.7	106.7	108.2	111.0	114.0	115.6	116.7	118.4	119.5
	66	103.7	104.7	106.2	107.2	108.7	111.6	114.5	116.1	117.3	118.9	120.0
	67	104.2	105.2	106.7	107.7	109.2	112.1	115.1	116.7	117.8	119.5	120.6
	68	104.7	105.7	107.2	108.2	109.7	112.6	115.6	117.2	118.4	120.0	121.1
	69	105.2	106.1	107.7	108.7	110.2	113.2	116.1	117.8	118.9	120.6	121.7
	70	105.6	106.6	108.2	109.2	110.7	113.7	116.7	118.3	119.4	121.1	122.2
	71	106.1	107.1	108.6	109.7	111.3	114.2	117.2	118.9	120.0	121.7	122.8
6	72	106.6	107.6	109.1	110.2	111.8	114.7	117.8	119.4	120.5	122.2	123.3
	73	107.1	108.1	109.6	110.7	112.3	115.2	118.3	120.0	121.1	122.8	123.9
	74	107.5	108.5	110.1	111.2	112.8	115.8	118.8	120.5	121.6	123.3	124.5
	75	108.0	109.0	110.6	111.7	113.3	116.3	119.4	121.0	122.2	123.9	125.0
	76	108.5	109.5	111.1	112.2	113.8	116.8	119.9	121.6	122.7	124.5	125.6
	77	108.9	110.0	111.6	112.6	114.3	117.3	120.4	122.1	123.3	125.0	126.1
	78	109.4	110.4	112.0	113.1	114.8	117.8	121.0	122.7	123.8	125.6	126.7
	79	109.9	110.9	112.5	113.6	115.2	118.3	121.5	123.2	124.4	126.1	127.3
	80	110.3	111.4	113.0	114.1	115.7	118.8	122.0	123.7	124.9	126.7	127.9
	81	110.8	111.8	113.4	114.6	116.2	119.3	122.5	124.3	125.5	127.3	128.4
	82	111.2	112.3	113.9	115.0	116.7	119.8	123.1	124.8	126.0	127.8	129.0
	83	111.7	112.8	114.4	115.5	117.2	120.3	123.6	125.3	126.6	128.4	129.6

*3세(36개월)부터 「WHO Growth Standards」에서 「2017 소아청소년 성장도표」로 변경

만나이	만나이	신장(cm) 백분위수										
(세)	(개월)	3rd	5th	10th	15th	25th	50th	75th	85th	90th	95th	97th
7	84	112.2	113.2	114.8	116.0	117.6	120.8	124.1	125.9	127.1	128.9	130.2
	85	112.6	113.7	115.3	116.4	118.1	121.3	124.6	126.4	127.6	129.5	130.7
	86	113.1	114.1	115.8	116.9	118.6	121.8	125.1	126.9	128.2	130.1	131.3
	87	113.5	114.6	116.2	117.4	119.0	122.3	125.6	127.5	128.7	130.6	131.9
	88	114.0	115.0	116.7	117.8	119.5	122.8	126.1	128.0	129.3	131.2	132.5
	89	114.4	115.5	117.1	118.3	120.0	123.3	126.7	128.5	129.8	131.8	133.0
	90	114.8	115.9	117.6	118.7	120.5	123.8	127.2	129.1	130.4	132.3	133.6
	91	115.3	116.4	118.0	119.2	120.9	124.2	127.7	129.6	130.9	132.9	134.2
	92	115.7	116.8	118.5	119.6	121.4	124.7	128.2	130.1	131.4	133.4	134.8
	93	116.2	117.2	118.9	120.1	121.8	125.2	128.7	130.6	132.0	134.0	135.3
	94	116.6	117.7	119.4	120.6	122.3	125.7	129.2	131.2	132.5	134.6	135.9
	95	117.0	118.1	119.8	121.0	122.8	126.2	129.7	131.7	133.1	135.1	136.5
8	96	117.5	118.6	120.3	121.5	123.2	126.7	130.2	132.2	133.6	135.7	137.1
	97	117.9	119.0	120.7	121.9	123.7	127.2	130.8	132.8	134.1	136.2	137.6
	98	118.4	119.5	121.2	122.4	124.2	127.6	131.3	133.3	134.7	136.8	138.2
	99	118.8	119.9	121.7	122.9	124.7	128.1	131.8	133.8	135.2	137.4	138.8
	100	119.3	120.4	122.1	123.3	125.1	128.6	132.3	134.4	135.8	137.9	139.4
	101	119.7	120.8	122.6	123.8	125.6	129.1	132.8	134.9	136.3	138.5	139.9
	102	120.1	121.3	123.0	124.2	126.1	129.6	133.3	135.4	136.9	139.1	140.5
	103	120.6	121.7	123.5	124.7	126.5	130.1	133.9	136.0	137.4	139.6	141.1
	104	121.0	122.2	123.9	125.2	127.0	130.6	134.4	136.5	138.0	140.2	141.7
	105	121.5	122.6	124.4	125.6	127.5	131.1	134.9	137.1	138.5	140.8	142.3
	106	121.9	123.1	124.9	126.1	128.0	131.6	135.5	137.6	139.1	141.4	142.9
	107	122.4	123.5	125.3	126.6	128.5	132.1	136.0	138.2	139.7	141.9	143.5
9	108	122.8	124.0	125.8	127.1	129.0	132.6	136.5	138.7	140.2	142.5	144.1
	109	123.3	124.4	126.3	127.5	129.5	133.2	137.1	139.3	140.8	143.1	144.7
	110	123.7	124.9	126.7	128.0	129.9	133.7	137.6	139.8	141.4	143.7	145.2
	111	124.1	125.3	127.2	128.5	130.4	134.2	138.2	140.4	141.9	144.3	145.8
	112	124.6	125.8	127.7	129.0	130.9	134.7	138.7	141.0	142.5	144.9	146.4
	113	125.0	126.2	128.1	129.5	131.4	135.3	139.3	141.5	143.1	145.5	147.0
	114	125.5	126.7	128.6	130.0	132.0	135.8	139.9	142.1	143.7	146.1	147.6
	115	125.9	127.2	129.1	130.5	132.5	136.4	140.4	142.7	144.3	146.6	148.2
	116	126.4	127.6	129.6	131.0	133.0	136.9	141.0	143.3	144.9	147.2	148.8
	117	126.8	128.1	130.1	131.5	133.5	137.5	141.6	143.9	145.4	147.8	149.4
	118	127.3	128.6	130.6	132.0	134.0	138.0	142.2	144.4	146.0	148.4	150.0
	119	127.7	129.0	131.1	132.5	134.5	138.6	142.7	145.0	146.6	149.0	150.6
10	120	128.2	129.5	131.6	133.0	135.1	139.1	143.3	145.6	147.2	149.6	151.2
	121	128.6	130.0	132.1	133.5	135.6	139.7	143.9	146.2	147.8	150.2	151.7
	122	129.1	130.4	132.6	134.0	136.1	140.2	144.5	146.8	148.4	150.7	152.3
	123	129.5	130.9	133.0	134.5	136.7	140.8	145.0	147.3	148.9	151.3	152.9
	124	130.0	131.4	133.5	135.0	137.2	141.4	145.6	147.9	149.5	151.9	153.4
	125	130.5	131.9	134.0	135.5	137.7	141.9	146.2	148.5	150.1	152.5	154.0
	126	130.9	132.3	134.6	136.0	138.3	142.5	146.7	149.1	150.6	153.0	154.5
	127	131.4	132.8	135.1	136.6	138.8	143.0	147.3	149.6	151.2	153.5	155.1
	128	131.9	133.3	135.6	137.1	139.3	143.6	147.8	150.2	151.7	154.1	155.6
	129	132.3	133.8	136.1	137.6	139.9	144.1	148.4	150.7	152.3	154.6	156.1
	130	132.8	134.3	136.6	138.1	140.4	144.7	149.0	151.3	152.8	155.1	156.6
	131	133.3	134.8	137.1	138.6	140.9	145.2	149.5	151.8	153.4	155.7	157.2

여자 3~18세

만나이 (세)	만나이 (개월)	신장(cm) 백분위수 3rd	5th	10th	15th	25th	50th	75th	85th	90th	95th	97th
11	132	133.8	135.3	137.6	139.2	141.5	145.8	150.0	152.3	153.9	156.1	157.6
	133	134.2	135.8	138.1	139.7	142.0	146.3	150.5	152.8	154.3	156.6	158.1
	134	134.7	136.3	138.6	140.2	142.5	146.8	151.1	153.3	154.8	157.1	158.5
	135	135.2	136.8	139.1	140.7	143.1	147.3	151.6	153.8	155.3	157.6	159.0
	136	135.7	137.3	139.6	141.2	143.6	147.9	152.1	154.3	155.8	158.0	159.5
	137	136.2	137.8	140.2	141.8	144.1	148.4	152.6	154.8	156.3	158.5	159.9
	138	136.7	138.2	140.6	142.3	144.6	148.9	153.1	155.3	156.7	158.9	160.3
	139	137.1	138.7	141.1	142.7	145.1	149.4	153.5	155.7	157.2	159.3	160.7
	140	137.6	139.2	141.6	143.2	145.6	149.8	154.0	156.1	157.6	159.7	161.1
	141	138.1	139.7	142.1	143.7	146.1	150.3	154.4	156.6	158.0	160.1	161.5
	142	138.6	140.2	142.6	144.2	146.5	150.8	154.9	157.0	158.4	160.5	161.9
	143	139.1	140.7	143.1	144.7	147.0	151.3	155.3	157.4	158.9	160.9	162.3
12	144	139.5	141.1	143.5	145.1	147.5	151.7	155.7	157.8	159.2	161.3	162.6
	145	140.0	141.6	144.0	145.6	147.9	152.1	156.1	158.2	159.6	161.6	162.9
	146	140.5	142.1	144.4	146.0	148.3	152.5	156.5	158.5	159.9	162.0	163.3
	147	140.9	142.5	144.9	146.5	148.8	152.9	156.8	158.9	160.3	162.3	163.6
	148	141.4	143.0	145.3	146.9	149.2	153.3	157.2	159.3	160.6	162.6	163.9
	149	141.9	143.4	145.8	147.3	149.6	153.7	157.6	159.6	161.0	163.0	164.2
	150	142.3	143.8	146.2	147.7	150.0	154.0	157.9	159.9	161.3	163.2	164.5
	151	142.7	144.2	146.6	148.1	150.3	154.3	158.2	160.2	161.6	163.5	164.8
	152	143.1	144.6	146.9	148.5	150.7	154.7	158.5	160.5	161.8	163.8	165.0
	153	143.5	145.0	147.3	148.8	151.0	155.0	158.8	160.8	162.1	164.1	165.3
	154	143.9	145.4	147.7	149.2	151.4	155.3	159.1	161.1	162.4	164.3	165.6
	155	144.3	145.8	148.1	149.6	151.8	155.7	159.4	161.4	162.7	164.6	165.8
13	156	144.7	146.2	148.4	149.9	152.0	155.9	159.7	161.6	162.9	164.8	166.0
	157	145.0	146.5	148.7	150.2	152.3	156.2	159.9	161.8	163.1	165.0	166.2
	158	145.3	146.8	149.0	150.5	152.6	156.4	160.1	162.1	163.3	165.2	166.4
	159	145.7	147.1	149.3	150.7	152.8	156.7	160.3	162.3	163.6	165.4	166.7
	160	146.0	147.4	149.6	151.0	153.1	156.9	160.6	162.5	163.8	165.7	166.9
	161	146.3	147.7	149.9	151.3	153.4	157.2	160.8	162.7	164.0	165.9	167.1
	162	146.5	148.0	150.1	151.5	153.6	157.3	161.0	162.9	164.2	166.0	167.2
	163	146.8	148.2	150.3	151.7	153.8	157.5	161.1	163.0	164.3	166.2	167.4
	164	147.0	148.4	150.5	151.9	154.0	157.7	161.3	163.2	164.5	166.3	167.5
	165	147.2	148.6	150.7	152.1	154.1	157.8	161.5	163.4	164.6	166.5	167.7
	166	147.5	148.8	150.9	152.3	154.3	158.0	161.6	163.5	164.8	166.6	167.8
	167	147.7	149.1	151.1	152.5	154.5	158.2	161.8	163.7	164.9	166.8	168.0
14	168	147.9	149.2	151.3	152.6	154.6	158.3	161.9	163.8	165.0	166.9	168.1
	169	148.0	149.4	151.4	152.8	154.8	158.4	162.0	163.9	165.2	167.0	168.2
	170	148.2	149.5	151.5	152.9	154.9	158.6	162.1	164.0	165.3	167.1	168.3
	171	148.3	149.6	151.7	153.1	155.0	158.7	162.2	164.1	165.4	167.2	168.4
	172	148.4	149.8	151.8	153.2	155.2	158.8	162.4	164.2	165.5	167.3	168.5
	173	148.6	149.9	152.0	153.3	155.3	158.9	162.5	164.3	165.6	167.4	168.6
	174	148.7	150.0	152.1	153.4	155.4	159.0	162.6	164.4	165.7	167.5	168.7
	175	148.8	150.1	152.2	153.5	155.5	159.1	162.6	164.5	165.8	167.6	168.8
	176	148.9	150.2	152.3	153.6	155.6	159.2	162.7	164.6	165.8	167.7	168.9
	177	149.0	150.3	152.4	153.7	155.7	159.3	162.8	164.7	165.9	167.8	168.9
	178	149.1	150.5	152.5	153.8	155.8	159.4	162.9	164.7	166.0	167.8	169.0
	179	149.2	150.6	152.6	153.9	155.8	159.4	163.0	164.8	166.1	167.9	169.1

만나이	만나이	신장(cm) 백분위수										
(세)	(개월)	3rd	5th	10th	15th	25th	50th	75th	85th	90th	95th	97th
15	180	149.3	150.6	152.6	154.0	155.9	159.5	163.0	164.9	166.1	168.0	169.2
	181	149.4	150.7	152.7	154.0	156.0	159.5	163.1	164.9	166.2	168.0	169.2
	182	149.5	150.8	152.8	154.1	156.0	159.6	163.1	165.0	166.3	168.1	169.3
	183	149.6	150.9	152.8	154.2	156.1	159.7	163.2	165.1	166.3	168.2	169.4
	184	149.7	151.0	152.9	154.2	156.2	159.7	163.2	165.1	166.4	168.2	169.4
	185	149.8	151.0	153.0	154.3	156.2	159.8	163.3	165.2	166.4	168.3	169.5
	186	149.9	151.1	153.1	154.4	156.3	159.8	163.3	165.2	166.5	168.3	169.6
	187	149.9	151.2	153.1	154.4	156.3	159.9	163.4	165.2	166.5	168.4	169.6
	188	150.0	151.3	153.2	154.5	156.4	159.9	163.4	165.3	166.6	168.4	169.7
	189	150.1	151.3	153.2	154.5	156.4	159.9	163.4	165.3	166.6	168.5	169.7
	190	150.2	151.4	153.3	154.6	156.5	160.0	163.5	165.4	166.6	168.5	169.8
	191	150.2	151.5	153.3	154.6	156.5	160.0	163.5	165.4	166.7	168.6	169.8
16	192	150.3	151.5	153.4	154.7	156.5	160.0	163.5	165.4	166.7	168.6	169.8
	193	150.4	151.6	153.4	154.7	156.6	160.0	163.6	165.4	166.7	168.6	169.9
	194	150.4	151.6	153.5	154.7	156.6	160.1	163.6	165.5	166.7	168.6	169.9
	195	150.5	151.7	153.5	154.8	156.6	160.1	163.6	165.5	166.8	168.7	169.9
	196	150.6	151.7	153.6	154.8	156.6	160.1	163.6	165.5	166.8	168.7	169.9
	197	150.6	151.8	153.6	154.8	156.7	160.1	163.6	165.5	166.8	168.7	170.0
	198	150.7	151.8	153.7	154.9	156.7	160.1	163.6	165.5	166.8	168.7	170.0
	199	150.7	151.9	153.7	154.9	156.7	160.2	163.6	165.5	166.8	168.7	170.0
	200	150.8	152.0	153.7	154.9	156.8	160.2	163.6	165.5	166.8	168.8	170.0
	201	150.9	152.0	153.8	155.0	156.8	160.2	163.7	165.5	166.8	168.8	170.0
	202	150.9	152.1	153.8	155.0	156.8	160.2	163.7	165.6	166.9	168.8	170.1
	203	151.0	152.1	153.9	155.1	156.8	160.2	163.7	165.6	166.9	168.8	170.1
17	204	151.0	152.2	153.9	155.1	156.9	160.2	163.7	165.6	166.9	168.8	170.1
	205	151.1	152.2	154.0	155.1	156.9	160.3	163.7	165.6	166.9	168.9	170.1
	206	151.1	152.3	154.0	155.2	157.0	160.3	163.8	165.7	167.0	168.9	170.2
	207	151.2	152.3	154.0	155.2	157.0	160.4	163.8	165.7	167.0	168.9	170.2
	208	151.3	152.4	154.1	155.3	157.0	160.4	163.8	165.7	167.0	169.0	170.2
	209	151.3	152.4	154.1	155.3	157.1	160.4	163.9	165.7	167.0	169.0	170.3
	210	151.4	152.5	154.2	155.4	157.1	160.5	163.9	165.8	167.1	169.0	170.3
	211	151.4	152.5	154.2	155.4	157.1	160.5	163.9	165.8	167.1	169.0	170.3
	212	151.4	152.5	154.3	155.4	157.2	160.5	163.9	165.8	167.1	169.1	170.3
	213	151.5	152.6	154.3	155.5	157.2	160.5	164.0	165.9	167.1	169.1	170.4
	214	151.5	152.6	154.3	155.5	157.3	160.6	164.0	165.9	167.2	169.1	170.4
	215	151.6	152.7	154.4	155.5	157.3	160.6	164.0	165.9	167.2	169.1	170.4
18	216	151.6	152.7	154.4	155.6	157.3	160.6	164.1	165.9	167.2	169.2	170.4
	217	151.7	152.8	154.5	155.6	157.4	160.7	164.1	166.0	167.3	169.2	170.5
	218	151.7	152.8	154.5	155.7	157.4	160.7	164.1	166.0	167.3	169.2	170.5
	219	151.8	152.9	154.5	155.7	157.4	160.8	164.2	166.0	167.3	169.3	170.5
	220	151.8	152.9	154.6	155.7	157.5	160.8	164.2	166.1	167.3	169.3	170.6
	221	151.9	152.9	154.6	155.8	157.5	160.8	164.2	166.1	167.4	169.3	170.6
	222	151.9	153.0	154.7	155.8	157.6	160.9	164.3	166.1	167.4	169.3	170.6
	223	152.0	153.0	154.7	155.9	157.6	160.9	164.3	166.2	167.4	169.4	170.6
	224	152.0	153.1	154.8	155.9	157.6	160.9	164.3	166.2	167.5	169.4	170.7
	225	152.1	153.1	154.8	156.0	157.7	161.0	164.4	166.2	167.5	169.4	170.7
	226	152.1	153.2	154.9	156.0	157.7	161.0	164.4	166.3	167.5	169.5	170.7
	227	152.2	153.2	154.9	156.1	157.8	161.1	164.4	166.3	167.6	169.5	170.8

연령별 체중 백분위수

남자 0~35개월

만나이 (세)	만나이 (개월)	체중(kg) 백분위수										
		3rd	5th	10th	15th	25th	50th	75th	85th	90th	95th	97th
0	0	2.5	2.6	2.8	2.9	3.0	3.3	3.7	3.9	4.0	4.2	4.3
	1	3.4	3.6	3.8	3.9	4.1	4.5	4.9	5.1	5.3	5.5	5.7
	2	4.4	4.5	4.7	4.9	5.1	5.6	6.0	6.3	6.5	6.8	7.0
	3	5.1	5.2	5.5	5.6	5.9	6.4	6.9	7.2	7.4	7.7	7.9
	4	5.6	5.8	6.0	6.2	6.5	7.0	7.6	7.9	8.1	8.4	8.6
	5	6.1	6.2	6.5	6.7	7.0	7.5	8.1	8.4	8.6	9.0	9.2
	6	6.4	6.6	6.9	7.1	7.4	7.9	8.5	8.9	9.1	9.5	9.7
	7	6.7	6.9	7.2	7.4	7.7	8.3	8.9	9.3	9.5	9.9	10.2
	8	7.0	7.2	7.5	7.7	8.0	8.6	9.3	9.6	9.9	10.3	10.5
	9	7.2	7.4	7.7	7.9	8.3	8.9	9.6	10.0	10.2	10.6	10.9
	10	7.5	7.7	8.0	8.2	8.5	9.2	9.9	10.3	10.5	10.9	11.2
	11	7.7	7.9	8.2	8.4	8.7	9.4	10.1	10.5	10.8	11.2	11.5
1	12	7.8	8.1	8.4	8.6	9.0	9.6	10.4	10.8	11.1	11.5	11.8
	13	8.0	8.2	8.6	8.8	9.2	9.9	10.6	11.1	11.4	11.8	12.1
	14	8.2	8.4	8.8	9.0	9.4	10.1	10.9	11.3	11.6	12.1	12.4
	15	8.4	8.6	9.0	9.2	9.6	10.3	11.1	11.6	11.9	12.3	12.7
	16	8.5	8.8	9.1	9.4	9.8	10.5	11.3	11.8	12.1	12.6	12.9
	17	8.7	8.9	9.3	9.6	10.0	10.7	11.6	12.0	12.4	12.9	13.2
	18	8.9	9.1	9.5	9.7	10.1	10.9	11.8	12.3	12.6	13.1	13.5
	19	9.0	9.3	9.7	9.9	10.3	11.1	12.0	12.5	12.9	13.4	13.7
	20	9.2	9.4	9.8	10.1	10.5	11.3	12.2	12.7	13.1	13.6	14.0
	21	9.3	9.6	10.0	10.3	10.7	11.5	12.5	13.0	13.3	13.9	14.3
	22	9.5	9.8	10.2	10.5	10.9	11.8	12.7	13.2	13.6	14.2	14.5
	23	9.7	9.9	10.3	10.6	11.1	12.0	12.9	13.4	13.8	14.4	14.8
2	24	9.8	10.1	10.5	10.8	11.3	12.2	13.1	13.7	14.1	14.7	15.1
	25	10.0	10.2	10.7	11.0	11.4	12.4	13.3	13.9	14.3	14.9	15.3
	26	10.1	10.4	10.8	11.1	11.6	12.5	13.6	14.1	14.6	15.2	15.6
	27	10.2	10.5	11.0	11.3	11.8	12.7	13.8	14.4	14.8	15.4	15.9
	28	10.4	10.7	11.1	11.5	12.0	12.9	14.0	14.6	15.0	15.7	16.1
	29	10.5	10.8	11.3	11.6	12.1	13.1	14.2	14.8	15.2	15.9	16.4
	30	10.7	11.0	11.4	11.8	12.3	13.3	14.4	15.0	15.5	16.2	16.6
	31	10.8	11.1	11.6	11.9	12.4	13.5	14.6	15.2	15.7	16.4	16.9
	32	10.9	11.2	11.7	12.1	12.6	13.7	14.8	15.5	15.9	16.6	17.1
	33	11.1	11.4	11.9	12.2	12.8	13.8	15.0	15.7	16.1	16.9	17.3
	34	11.2	11.5	12.0	12.4	12.9	14.0	15.2	15.9	16.3	17.1	17.6
	35	11.3	11.6	12.2	12.5	13.1	14.2	15.4	16.1	16.6	17.3	17.8

여자 0~35개월

만나이 (세)	만나이 (개월)	체중(kg) 백분위수										
		3rd	5th	10th	15th	25th	50th	75th	85th	90th	95th	97th
0	0	2.4	2.5	2.7	2.8	2.9	3.2	3.6	3.7	3.9	4.0	4.2
	1	3.2	3.3	3.5	3.6	3.8	4.2	4.6	4.8	5.0	5.2	5.4
	2	4.0	4.1	4.3	4.5	4.7	5.1	5.6	5.9	6.0	6.3	6.5
	3	4.6	4.7	5.0	5.1	5.4	5.8	6.4	6.7	6.9	7.2	7.4
	4	5.1	5.2	5.5	5.6	5.9	6.4	7.0	7.3	7.5	7.9	8.1
	5	5.5	5.6	5.9	6.1	6.4	6.9	7.5	7.8	8.1	8.4	8.7
	6	5.8	6.0	6.2	6.4	6.7	7.3	7.9	8.3	8.5	8.9	9.2
	7	6.1	6.3	6.5	6.7	7.0	7.6	8.3	8.7	8.9	9.4	9.6
	8	6.3	6.5	6.8	7.0	7.3	7.9	8.6	9.0	9.3	9.7	10.0
	9	6.6	6.8	7.0	7.3	7.6	8.2	8.9	9.3	9.6	10.1	10.4
	10	6.8	7.0	7.3	7.5	7.8	8.5	9.2	9.6	9.9	10.4	10.7
	11	7.0	7.2	7.5	7.7	8.0	8.7	9.5	9.9	10.2	10.7	11.0
1	12	7.1	7.3	7.7	7.9	8.2	8.9	9.7	10.2	10.5	11.0	11.3
	13	7.3	7.5	7.9	8.1	8.4	9.2	10.0	10.4	10.8	11.3	11.6
	14	7.5	7.7	8.0	8.3	8.6	9.4	10.2	10.7	11.0	11.5	11.9
	15	7.7	7.9	8.2	8.5	8.8	9.6	10.4	10.9	11.3	11.8	12.2
	16	7.8	8.1	8.4	8.7	9.0	9.8	10.7	11.2	11.5	12.1	12.5
	17	8.0	8.2	8.6	8.8	9.2	10.0	10.9	11.4	11.8	12.3	12.7
	18	8.2	8.4	8.8	9.0	9.4	10.2	11.1	11.6	12.0	12.6	13.0
	19	8.3	8.6	8.9	9.2	9.6	10.4	11.4	11.9	12.3	12.9	13.3
	20	8.5	8.7	9.1	9.4	9.8	10.6	11.6	12.1	12.5	13.1	13.5
	21	8.7	8.9	9.3	9.6	10.0	10.9	11.8	12.4	12.8	13.4	13.8
	22	8.8	9.1	9.5	9.8	10.2	11.1	12.0	12.6	13.0	13.6	14.1
	23	9.0	9.2	9.7	9.9	10.4	11.3	12.3	12.8	13.3	13.9	14.3
2	24	9.2	9.4	9.8	10.1	10.6	11.5	12.5	13.1	13.5	14.2	14.6
	25	9.3	9.6	10.0	10.3	10.8	11.7	12.7	13.3	13.8	14.4	14.9
	26	9.5	9.8	10.2	10.5	10.9	11.9	12.9	13.6	14.0	14.7	15.2
	27	9.6	9.9	10.4	10.7	11.1	12.1	13.2	13.8	14.3	15.0	15.4
	28	9.8	10.1	10.5	10.8	11.3	12.3	13.4	14.0	14.5	15.2	15.7
	29	10.0	10.2	10.7	11.0	11.5	12.5	13.6	14.3	14.7	15.5	16.0
	30	10.1	10.4	10.9	11.2	11.7	12.7	13.8	14.5	15.0	15.7	16.2
	31	10.3	10.5	11.0	11.3	11.9	12.9	14.1	14.7	15.2	16.0	16.5
	32	10.4	10.7	11.2	11.5	12.0	13.1	14.3	15.0	15.5	16.2	16.8
	33	10.5	10.8	11.3	11.7	12.2	13.3	14.5	15.2	15.7	16.5	17.0
	34	10.7	11.0	11.5	11.8	12.4	13.5	14.7	15.4	15.9	16.8	17.3
	35	10.8	11.1	11.6	12.0	12.5	13.7	14.9	15.7	16.2	17.0	17.6

남자 3~18세

만나이 (세)	만나이 (개월)	체중(kg) 백분위수										
		3rd	5th	10th	15th	25th	50th	75th	85th	90th	95th	97th
3	36*	12.3	12.6	13.0	13.3	13.8	14.7	15.7	16.3	16.7	17.3	17.7
	37	12.4	12.7	13.2	13.5	14.0	14.9	15.9	16.5	16.9	17.5	17.9
	38	12.5	12.8	13.3	13.6	14.1	15.1	16.1	16.7	17.1	17.8	18.2
	39	12.7	13.0	13.4	13.8	14.3	15.3	16.3	16.9	17.4	18.0	18.5
	40	12.8	13.1	13.6	13.9	14.4	15.4	16.5	17.2	17.6	18.3	18.7
	41	12.9	13.2	13.7	14.0	14.6	15.6	16.7	17.4	17.8	18.5	19.0
	42	13.0	13.4	13.8	14.2	14.7	15.8	16.9	17.6	18.1	18.8	19.3
	43	13.2	13.5	14.0	14.3	14.9	16.0	17.1	17.8	18.3	19.1	19.6
	44	13.3	13.6	14.1	14.5	15.0	16.1	17.3	18.0	18.5	19.3	19.8
	45	13.4	13.8	14.3	14.6	15.2	16.3	17.5	18.3	18.8	19.6	20.1
	46	13.6	13.9	14.4	14.8	15.3	16.5	17.7	18.5	19.0	19.8	20.4
	47	13.7	14.0	14.5	14.9	15.5	16.7	17.9	18.7	19.2	20.1	20.7
4	48	13.8	14.2	14.7	15.1	15.6	16.8	18.1	18.9	19.5	20.4	20.9
	49	14.0	14.3	14.8	15.2	15.8	17.0	18.4	19.1	19.7	20.6	21.2
	50	14.1	14.4	15.0	15.4	16.0	17.2	18.6	19.4	20.0	20.9	21.5
	51	14.2	14.6	15.1	15.5	16.1	17.4	18.8	19.6	20.2	21.1	21.8
	52	14.4	14.7	15.3	15.7	16.3	17.5	19.0	19.8	20.4	21.4	22.1
	53	14.5	14.8	15.4	15.8	16.4	17.7	19.2	20.0	20.7	21.7	22.3
	54	14.6	15.0	15.5	15.9	16.6	17.9	19.4	20.3	20.9	21.9	22.6
	55	14.7	15.1	15.7	16.1	16.7	18.1	19.6	20.5	21.1	22.2	22.9
	56	14.9	15.2	15.8	16.2	16.9	18.2	19.8	20.7	21.4	22.5	23.2
	57	15.0	15.4	16.0	16.4	17.1	18.4	20.0	20.9	21.6	22.7	23.5
	58	15.1	15.5	16.1	16.5	17.2	18.6	20.2	21.2	21.9	23.0	23.8
	59	15.3	15.6	16.3	16.7	17.4	18.8	20.4	21.4	22.1	23.3	24.1
5	60	15.4	15.8	16.4	16.8	17.5	19.0	20.6	21.6	22.4	23.5	24.3
	61	15.5	15.9	16.5	17.0	17.7	19.1	20.8	21.9	22.6	23.8	24.6
	62	15.7	16.1	16.7	17.1	17.9	19.3	21.0	22.1	22.9	24.1	24.9
	63	15.8	16.2	16.8	17.3	18.0	19.5	21.3	22.3	23.1	24.4	25.2
	64	15.9	16.3	17.0	17.4	18.2	19.7	21.5	22.6	23.4	24.6	25.5
	65	16.1	16.5	17.1	17.6	18.3	19.9	21.7	22.8	23.6	24.9	25.8
	66	16.2	16.6	17.3	17.8	18.5	20.1	21.9	23.1	23.9	25.2	26.2
	67	16.4	16.8	17.4	17.9	18.7	20.3	22.2	23.3	24.2	25.6	26.5
	68	16.5	16.9	17.6	18.1	18.9	20.5	22.4	23.6	24.5	25.9	26.9
	69	16.7	17.1	17.8	18.3	19.0	20.7	22.7	23.9	24.8	26.2	27.3
	70	16.8	17.2	17.9	18.4	19.2	20.9	22.9	24.1	25.1	26.5	27.6
	71	16.9	17.4	18.1	18.6	19.4	21.1	23.2	24.4	25.3	26.9	28.0
6	72	17.1	17.5	18.3	18.8	19.6	21.3	23.4	24.7	25.7	27.2	28.3
	73	17.2	17.7	18.4	19.0	19.8	21.6	23.7	25.0	26.0	27.6	28.7
	74	17.4	17.8	18.6	19.1	20.0	21.8	24.0	25.3	26.3	27.9	29.1
	75	17.5	18.0	18.8	19.3	20.2	22.0	24.2	25.6	26.6	28.3	29.5
	76	17.7	18.2	18.9	19.5	20.4	22.3	24.5	25.9	27.0	28.7	29.9
	77	17.8	18.3	19.1	19.7	20.6	22.5	24.8	26.2	27.3	29.0	30.3
	78	18.0	18.5	19.3	19.9	20.8	22.7	25.1	26.5	27.6	29.4	30.7
	79	18.2	18.7	19.5	20.1	21.0	23.0	25.4	26.9	28.0	29.8	31.1
	80	18.3	18.8	19.6	20.2	21.2	23.2	25.7	27.2	28.3	30.2	31.5
	81	18.5	19.0	19.8	20.4	21.4	23.5	25.9	27.5	28.7	30.6	31.9
	82	18.6	19.2	20.0	20.6	21.6	23.7	26.2	27.8	29.0	30.9	32.3
	83	18.8	19.3	20.2	20.8	21.8	24.0	26.5	28.2	29.4	31.3	32.8

*3세(36개월)부터 「WHO Growth Standards」에서 「2017 소아청소년 성장도표」로 변경

만나이 (세)	만나이 (개월)	체중(kg) 백분위수										
		3rd	5th	10th	15th	25th	50th	75th	85th	90th	95th	97th
7	84	18.9	19.5	20.4	21.0	22.0	24.2	26.9	28.5	29.7	31.7	33.2
	85	19.1	19.7	20.6	21.2	22.3	24.5	27.2	28.9	30.1	32.2	33.7
	86	19.3	19.8	20.7	21.4	22.5	24.7	27.5	29.2	30.5	32.6	34.1
	87	19.4	20.0	20.9	21.6	22.7	25.0	27.8	29.5	30.9	33.0	34.5
	88	19.6	20.2	21.1	21.8	22.9	25.3	28.1	29.9	31.2	33.4	35.0
	89	19.8	20.3	21.3	22.0	23.1	25.5	28.4	30.2	31.6	33.8	35.4
	90	19.9	20.5	21.5	22.2	23.4	25.8	28.8	30.6	32.0	34.3	35.9
	91	20.1	20.7	21.7	22.4	23.6	26.1	29.1	31.0	32.4	34.7	36.4
	92	20.2	20.9	21.9	22.6	23.8	26.4	29.4	31.4	32.8	35.2	36.8
	93	20.4	21.0	22.1	22.9	24.1	26.7	29.8	31.7	33.2	35.6	37.3
	94	20.6	21.2	22.3	23.1	24.3	26.9	30.1	32.1	33.6	36.0	37.8
	95	20.7	21.4	22.5	23.3	24.5	27.2	30.5	32.5	34.0	36.5	38.3
8	96	20.9	21.6	22.7	23.5	24.8	27.5	30.8	32.9	34.4	36.9	38.7
	97	21.1	21.8	22.9	23.7	25.0	27.8	31.2	33.3	34.8	37.4	39.2
	98	21.3	22.0	23.1	24.0	25.3	28.1	31.6	33.7	35.3	37.9	39.7
	99	21.4	22.1	23.3	24.2	25.5	28.4	31.9	34.1	35.7	38.3	40.2
	100	21.6	22.3	23.5	24.4	25.8	28.7	32.3	34.5	36.1	38.8	40.7
	101	21.8	22.5	23.7	24.6	26.0	29.1	32.7	34.9	36.5	39.2	41.1
	102	21.9	22.7	24.0	24.9	26.3	29.4	33.0	35.3	37.0	39.7	41.6
	103	22.1	22.9	24.2	25.1	26.6	29.7	33.4	35.7	37.4	40.2	42.2
	104	22.3	23.1	24.4	25.3	26.8	30.0	33.8	36.1	37.9	40.7	42.7
	105	22.5	23.3	24.6	25.6	27.1	30.3	34.2	36.6	38.3	41.1	43.2
	106	22.6	23.5	24.8	25.8	27.4	30.7	34.6	37.0	38.8	41.6	43.7
	107	22.8	23.7	25.0	26.0	27.6	31.0	35.0	37.4	39.2	42.1	44.2
9	108	23.0	23.8	25.3	26.3	27.9	31.3	35.4	37.9	39.7	42.6	44.7
	109	23.2	24.0	25.5	26.5	28.2	31.7	35.8	38.3	40.1	43.1	45.2
	110	23.3	24.2	25.7	26.8	28.5	32.0	36.2	38.7	40.6	43.6	45.7
	111	23.5	24.4	25.9	27.0	28.7	32.3	36.6	39.2	41.1	44.1	46.3
	112	23.7	24.6	26.2	27.3	29.0	32.7	37.0	39.6	41.5	44.6	46.8
	113	23.9	24.8	26.4	27.5	29.3	33.0	37.4	40.1	42.0	45.1	47.3
	114	24.1	25.0	26.6	27.8	29.6	33.4	37.8	40.5	42.5	45.7	47.9
	115	24.3	25.2	26.9	28.0	29.9	33.7	38.3	41.0	43.0	46.2	48.4
	116	24.4	25.4	27.1	28.3	30.2	34.1	38.7	41.5	43.5	46.7	49.0
	117	24.6	25.6	27.3	28.5	30.4	34.4	39.1	41.9	44.0	47.2	49.5
	118	24.8	25.9	27.6	28.8	30.7	34.8	39.5	42.4	44.5	47.8	50.1
	119	25.0	26.1	27.8	29.1	31.0	35.2	40.0	42.9	45.0	48.3	50.6
10	120	25.2	26.3	28.1	29.3	31.3	35.5	40.4	43.3	45.5	48.8	51.2
	121	25.4	26.5	28.3	29.6	31.6	35.9	40.8	43.8	46.0	49.4	51.8
	122	25.6	26.7	28.6	29.9	32.0	36.3	41.3	44.3	46.5	49.9	52.3
	123	25.8	26.9	28.8	30.2	32.3	36.7	41.7	44.8	47.0	50.5	52.9
	124	26.0	27.2	29.1	30.4	32.6	37.0	42.2	45.3	47.5	51.0	53.4
	125	26.2	27.4	29.3	30.7	32.9	37.4	42.6	45.7	48.0	51.5	54.0
	126	26.4	27.6	29.6	31.0	33.2	37.8	43.1	46.2	48.5	52.1	54.6
	127	26.6	27.9	29.9	31.3	33.5	38.2	43.6	46.7	49.0	52.7	55.1
	128	26.8	28.1	30.1	31.6	33.9	38.6	44.0	47.2	49.6	53.2	55.7
	129	27.1	28.3	30.4	31.9	34.2	39.0	44.5	47.7	50.1	53.8	56.3
	130	27.3	28.6	30.7	32.2	34.5	39.4	44.9	48.2	50.6	54.3	56.9
	131	27.5	28.8	30.9	32.5	34.9	39.8	45.4	48.7	51.1	54.9	57.5

남자 3~18세

만나이 (세)	만나이 (개월)	체중(kg) 백분위수 3rd	5th	10th	15th	25th	50th	75th	85th	90th	95th	97th
11	132	27.7	29.1	31.2	32.8	35.2	40.2	45.9	49.3	51.7	55.5	58.1
	133	28.0	29.3	31.5	33.1	35.6	40.6	46.4	49.8	52.2	56.1	58.7
	134	28.2	29.6	31.8	33.4	35.9	41.1	46.9	50.3	52.8	56.6	59.3
	135	28.4	29.8	32.1	33.7	36.3	41.5	47.4	50.8	53.3	57.2	59.9
	136	28.7	30.1	32.4	34.0	36.6	41.9	47.9	51.4	53.9	57.8	60.5
	137	28.9	30.3	32.7	34.3	37.0	42.3	48.3	51.9	54.4	58.4	61.1
	138	29.2	30.6	33.0	34.7	37.3	42.8	48.9	52.4	55.0	59.0	61.7
	139	29.4	30.9	33.3	35.0	37.7	43.2	49.4	53.0	55.6	59.6	62.4
	140	29.7	31.2	33.6	35.4	38.1	43.6	49.9	53.5	56.1	60.2	63.0
	141	30.0	31.5	34.0	35.7	38.5	44.1	50.4	54.1	56.7	60.8	63.6
	142	30.2	31.8	34.3	36.1	38.9	44.5	50.9	54.6	57.3	61.4	64.2
	143	30.5	32.1	34.6	36.4	39.2	45.0	51.4	55.1	57.8	62.0	64.8
12	144	30.8	32.4	35.0	36.8	39.6	45.4	51.9	55.7	58.4	62.6	65.4
	145	31.1	32.7	35.3	37.2	40.0	45.9	52.4	56.2	58.9	63.1	66.0
	146	31.4	33.1	35.7	37.5	40.4	46.3	52.9	56.8	59.5	63.7	66.6
	147	31.7	33.4	36.0	37.9	40.8	46.8	53.4	57.3	60.0	64.3	67.2
	148	32.1	33.7	36.4	38.3	41.3	47.3	53.9	57.8	60.6	64.9	67.8
	149	32.4	34.0	36.7	38.7	41.7	47.7	54.5	58.4	61.2	65.5	68.4
	150	32.7	34.4	37.1	39.1	42.1	48.2	55.0	58.9	61.7	66.0	69.0
	151	33.0	34.7	37.5	39.4	42.5	48.6	55.4	59.4	62.2	66.6	69.5
	152	33.4	35.1	37.9	39.8	42.9	49.1	55.9	59.9	62.7	67.1	70.1
	153	33.7	35.4	38.2	40.2	43.3	49.5	56.4	60.4	63.3	67.6	70.6
	154	34.0	35.8	38.6	40.6	43.7	50.0	56.9	61.0	63.8	68.2	71.2
	155	34.3	36.1	39.0	41.0	44.1	50.5	57.4	61.5	64.3	68.7	71.7
13	156	34.7	36.5	39.4	41.4	44.6	50.9	57.9	61.9	64.8	69.2	72.2
	157	35.1	36.9	39.8	41.8	45.0	51.3	58.4	62.4	65.3	69.7	72.7
	158	35.4	37.2	40.1	42.2	45.4	51.8	58.8	62.9	65.8	70.2	73.2
	159	35.8	37.6	40.5	42.6	45.8	52.2	59.3	63.4	66.2	70.7	73.6
	160	36.1	38.0	40.9	43.0	46.2	52.7	59.8	63.8	66.7	71.1	74.1
	161	36.5	38.3	41.3	43.4	46.6	53.1	60.2	64.3	67.2	71.6	74.6
	162	36.9	38.7	41.7	43.8	47.0	53.5	60.6	64.7	67.6	72.0	75.0
	163	37.2	39.1	42.1	44.2	47.4	53.9	61.1	65.1	68.0	72.4	75.4
	164	37.6	39.5	42.5	44.6	47.9	54.4	61.5	65.6	68.4	72.8	75.8
	165	38.0	39.9	42.9	45.0	48.3	54.8	61.9	66.0	68.8	73.2	76.2
	166	38.4	40.3	43.3	45.4	48.7	55.2	62.3	66.4	69.2	73.6	76.6
	167	38.8	40.7	43.7	45.8	49.1	55.6	62.7	66.8	69.7	74.0	77.0
14	168	39.2	41.0	44.1	46.2	49.5	56.0	63.1	67.1	70.0	74.4	77.3
	169	39.6	41.4	44.5	46.6	49.9	56.4	63.5	67.5	70.3	74.7	77.6
	170	39.9	41.8	44.9	47.0	50.2	56.7	63.8	67.8	70.7	75.0	77.9
	171	40.3	42.2	45.2	47.4	50.6	57.1	64.2	68.2	71.0	75.4	78.3
	172	40.7	42.6	45.6	47.8	51.0	57.5	64.5	68.5	71.4	75.7	78.6
	173	41.1	43.0	46.0	48.1	51.4	57.9	64.9	68.9	71.7	76.0	78.9
	174	41.5	43.4	46.4	48.5	51.8	58.2	65.2	69.2	72.0	76.3	79.1
	175	41.9	43.7	46.8	48.9	52.1	58.5	65.5	69.5	72.3	76.5	79.4
	176	42.2	44.1	47.1	49.2	52.4	58.9	65.8	69.8	72.5	76.8	79.6
	177	42.6	44.5	47.5	49.6	52.8	59.2	66.1	70.0	72.8	77.0	79.9
	178	43.0	44.9	47.8	49.9	53.1	59.5	66.4	70.3	73.1	77.3	80.1
	179	43.4	45.2	48.2	50.3	53.5	59.8	66.7	70.6	73.3	77.5	80.3

만나이 (세)	만나이 (개월)	체중(kg) 백분위수										
		3rd	5th	10th	15th	25th	50th	75th	85th	90th	95th	97th
15	180	43.7	45.6	48.5	50.6	53.8	60.1	66.9	70.8	73.6	77.7	80.5
	181	44.0	45.9	48.9	50.9	54.1	60.4	67.2	71.1	73.8	77.9	80.7
	182	44.4	46.2	49.2	51.2	54.4	60.7	67.4	71.3	74.0	78.1	80.9
	183	44.7	46.6	49.5	51.6	54.7	60.9	67.7	71.5	74.2	78.3	81.1
	184	45.1	46.9	49.8	51.9	55.0	61.2	67.9	71.7	74.4	78.5	81.2
	185	45.4	47.2	50.1	52.2	55.3	61.5	68.2	72.0	74.6	78.7	81.4
	186	45.7	47.5	50.4	52.5	55.6	61.7	68.4	72.1	74.8	78.9	81.6
	187	46.0	47.8	50.7	52.7	55.8	61.9	68.6	72.3	75.0	79.0	81.7
	188	46.3	48.1	51.0	53.0	56.1	62.2	68.8	72.5	75.2	79.2	81.9
	189	46.6	48.4	51.3	53.3	56.3	62.4	69.0	72.7	75.3	79.4	82.1
	190	46.9	48.7	51.6	53.5	56.6	62.6	69.2	72.9	75.5	79.5	82.2
	191	47.2	49.0	51.8	53.8	56.8	62.9	69.4	73.1	75.7	79.7	82.4
16	192	47.5	49.3	52.1	54.0	57.1	63.1	69.6	73.3	75.9	79.9	82.5
	193	47.8	49.5	52.3	54.3	57.3	63.2	69.7	73.4	76.0	80.0	82.7
	194	48.0	49.8	52.5	54.5	57.5	63.4	69.9	73.6	76.2	80.2	82.9
	195	48.3	50.0	52.8	54.7	57.7	63.6	70.1	73.8	76.4	80.4	83.0
	196	48.5	50.3	53.0	54.9	57.9	63.8	70.2	73.9	76.5	80.5	83.2
	197	48.8	50.5	53.2	55.2	58.1	64.0	70.4	74.1	76.7	80.7	83.4
	198	49.0	50.7	53.4	55.3	58.3	64.2	70.6	74.2	76.8	80.8	83.5
	199	49.2	50.9	53.6	55.5	58.4	64.3	70.7	74.4	77.0	81.0	83.7
	200	49.3	51.0	53.8	55.7	58.6	64.5	70.9	74.5	77.1	81.1	83.8
	201	49.5	51.2	53.9	55.8	58.8	64.6	71.0	74.7	77.3	81.2	83.9
	202	49.7	51.4	54.1	56.0	58.9	64.8	71.1	74.8	77.4	81.4	84.1
	203	49.9	51.6	54.3	56.2	59.1	64.9	71.3	74.9	77.5	81.5	84.2
17	204	50.1	51.7	54.4	56.3	59.2	65.0	71.4	75.1	77.7	81.7	84.3
	205	50.2	51.9	54.6	56.5	59.4	65.2	71.5	75.2	77.8	81.8	84.5
	206	50.4	52.1	54.7	56.6	59.5	65.3	71.7	75.3	77.9	81.9	84.6
	207	50.6	52.2	54.9	56.8	59.7	65.5	71.8	75.5	78.0	82.0	84.7
	208	50.7	52.4	55.1	56.9	59.8	65.6	72.0	75.6	78.2	82.2	84.8
	209	50.9	52.5	55.2	57.1	60.0	65.8	72.1	75.7	78.3	82.3	85.0
	210	51.0	52.7	55.4	57.2	60.1	65.9	72.2	75.9	78.4	82.4	85.1
	211	51.2	52.9	55.5	57.4	60.3	66.0	72.4	76.0	78.6	82.5	85.2
	212	51.4	53.0	55.7	57.5	60.4	66.2	72.5	76.1	78.7	82.7	85.4
	213	51.5	53.2	55.8	57.7	60.6	66.3	72.6	76.3	78.8	82.8	85.5
	214	51.7	53.3	56.0	57.8	60.7	66.4	72.7	76.4	79.0	82.9	85.6
	215	51.8	53.5	56.1	58.0	60.8	66.6	72.9	76.5	79.1	83.1	85.7
18	216	52.0	53.6	56.3	58.1	61.0	66.7	73.0	76.6	79.2	83.2	85.9
	217	52.1	53.8	56.4	58.3	61.1	66.9	73.1	76.8	79.3	83.3	86.0
	218	52.3	53.9	56.6	58.4	61.3	67.0	73.3	76.9	79.5	83.4	86.1
	219	52.5	54.1	56.7	58.6	61.4	67.1	73.4	77.0	79.6	83.6	86.3
	220	52.6	54.2	56.9	58.7	61.6	67.3	73.5	77.2	79.7	83.7	86.4
	221	52.8	54.4	57.0	58.9	61.7	67.4	73.7	77.3	79.9	83.8	86.5
	222	52.9	54.5	57.2	59.0	61.8	67.5	73.8	77.4	80.0	84.0	86.6
	223	53.1	54.7	57.3	59.1	62.0	67.7	73.9	77.6	80.1	84.1	86.8
	224	53.2	54.8	57.5	59.3	62.1	67.8	74.1	77.7	80.2	84.2	86.9
	225	53.4	55.0	57.6	59.4	62.3	67.9	74.2	77.8	80.4	84.3	87.0
	226	53.5	55.1	57.7	59.6	62.4	68.1	74.3	77.9	80.5	84.5	87.1
	227	53.7	55.3	57.9	59.7	62.5	68.2	74.5	78.1	80.6	84.6	87.3

여자 3~18세

만나이 (세)	만나이 (개월)	체중(kg) 백분위수 3rd	5th	10th	15th	25th	50th	75th	85th	90th	95th	97th
3	36*	11.7	12.0	12.4	12.8	13.3	14.2	15.2	15.7	16.1	16.6	17.0
	37	11.8	12.1	12.6	12.9	13.4	14.4	15.4	15.9	16.3	16.9	17.2
	38	11.9	12.2	12.7	13.1	13.6	14.5	15.6	16.1	16.5	17.1	17.5
	39	12.1	12.4	12.9	13.2	13.7	14.7	15.8	16.3	16.8	17.4	17.8
	40	12.2	12.5	13.0	13.3	13.9	14.9	16.0	16.6	17.0	17.6	18.1
	41	12.3	12.7	13.1	13.5	14.0	15.1	16.2	16.8	17.2	17.9	18.3
	42	12.5	12.8	13.3	13.6	14.2	15.2	16.4	17.0	17.5	18.1	18.6
	43	12.6	12.9	13.4	13.8	14.3	15.4	16.6	17.2	17.7	18.4	18.9
	44	12.7	13.1	13.6	13.9	14.5	15.6	16.8	17.4	17.9	18.7	19.2
	45	12.9	13.2	13.7	14.1	14.6	15.7	17.0	17.7	18.2	18.9	19.5
	46	13.0	13.3	13.9	14.2	14.8	15.9	17.2	17.9	18.4	19.2	19.7
	47	13.1	13.5	14.0	14.4	14.9	16.1	17.4	18.1	18.6	19.5	20.0
4	48	13.3	13.6	14.1	14.5	15.1	16.3	17.6	18.3	18.9	19.7	20.3
	49	13.4	13.7	14.3	14.7	15.2	16.4	17.8	18.5	19.1	20.0	20.6
	50	13.6	13.9	14.4	14.8	15.4	16.6	18.0	18.8	19.3	20.2	20.9
	51	13.7	14.0	14.6	15.0	15.6	16.8	18.2	19.0	19.6	20.5	21.1
	52	13.8	14.2	14.7	15.1	15.7	17.0	18.4	19.2	19.8	20.8	21.4
	53	14.0	14.3	14.9	15.2	15.9	17.1	18.6	19.4	20.0	21.0	21.7
	54	14.1	14.4	15.0	15.4	16.0	17.3	18.8	19.7	20.3	21.3	22.0
	55	14.2	14.6	15.1	15.5	16.2	17.5	19.0	19.9	20.5	21.6	22.3
	56	14.4	14.7	15.3	15.7	16.3	17.7	19.2	20.1	20.8	21.8	22.6
	57	14.5	14.8	15.4	15.8	16.5	17.8	19.4	20.3	21.0	22.1	22.9
	58	14.6	15.0	15.6	16.0	16.6	18.0	19.6	20.5	21.2	22.4	23.1
	59	14.8	15.1	15.7	16.1	16.8	18.2	19.8	20.8	21.5	22.6	23.4
5	60	14.9	15.3	15.9	16.3	17.0	18.4	20.0	21.0	21.7	22.9	23.7
	61	15.0	15.4	16.0	16.4	17.1	18.5	20.2	21.2	22.0	23.2	24.0
	62	15.2	15.5	16.1	16.6	17.3	18.7	20.4	21.5	22.2	23.4	24.3
	63	15.3	15.7	16.3	16.7	17.4	18.9	20.6	21.7	22.5	23.7	24.6
	64	15.4	15.8	16.4	16.9	17.6	19.1	20.8	21.9	22.7	24.0	24.9
	65	15.6	16.0	16.6	17.0	17.8	19.3	21.0	22.1	22.9	24.3	25.2
	66	15.7	16.1	16.7	17.2	17.9	19.5	21.3	22.4	23.2	24.6	25.5
	67	15.8	16.2	16.9	17.3	18.1	19.7	21.5	22.7	23.5	24.9	25.9
	68	16.0	16.4	17.0	17.5	18.3	19.9	21.7	22.9	23.8	25.2	26.2
	69	16.1	16.5	17.2	17.7	18.4	20.1	22.0	23.2	24.1	25.5	26.6
	70	16.2	16.6	17.3	17.8	18.6	20.2	22.2	23.4	24.4	25.8	26.9
	71	16.4	16.8	17.5	18.0	18.8	20.4	22.5	23.7	24.6	26.2	27.2
6	72	16.5	16.9	17.6	18.1	18.9	20.7	22.7	24.0	24.9	26.5	27.6
	73	16.6	17.1	17.8	18.3	19.1	20.9	23.0	24.3	25.3	26.8	28.0
	74	16.8	17.2	17.9	18.5	19.3	21.1	23.2	24.6	25.6	27.2	28.4
	75	16.9	17.4	18.1	18.6	19.5	21.3	23.5	24.9	25.9	27.5	28.7
	76	17.0	17.5	18.3	18.8	19.7	21.5	23.7	25.1	26.2	27.9	29.1
	77	17.2	17.6	18.4	19.0	19.9	21.7	24.0	25.4	26.5	28.2	29.5
	78	17.3	17.8	18.6	19.1	20.0	22.0	24.3	25.7	26.8	28.6	29.9
	79	17.5	17.9	18.7	19.3	20.2	22.2	24.6	26.0	27.2	29.0	30.3
	80	17.6	18.1	18.9	19.5	20.4	22.4	24.8	26.4	27.5	29.3	30.7
	81	17.7	18.2	19.1	19.7	20.6	22.7	25.1	26.7	27.8	29.7	31.1
	82	17.9	18.4	19.2	19.9	20.8	22.9	25.4	27.0	28.2	30.1	31.5
	83	18.0	18.5	19.4	20.0	21.0	23.1	25.7	27.3	28.5	30.5	31.9

*3세(36개월)부터 「WHO Growth Standards」에서 「2017 소아청소년 성장도표」로 변경

만나이	만나이	체중(kg) 백분위수										
(세)	(개월)	3rd	5th	10th	15th	25th	50th	75th	85th	90th	95th	97th
7	84	18.2	18.7	19.6	20.2	21.2	23.4	26.0	27.6	28.8	30.9	32.3
	85	18.3	18.9	19.8	20.4	21.4	23.6	26.3	28.0	29.2	31.3	32.7
	86	18.5	19.0	19.9	20.6	21.6	23.9	26.6	28.3	29.6	31.7	33.2
	87	18.6	19.2	20.1	20.8	21.9	24.1	26.9	28.6	29.9	32.1	33.6
	88	18.8	19.4	20.3	21.0	22.1	24.4	27.2	29.0	30.3	32.5	34.0
	89	18.9	19.5	20.5	21.2	22.3	24.6	27.5	29.3	30.7	32.9	34.4
	90	19.1	19.7	20.7	21.4	22.5	24.9	27.8	29.7	31.0	33.3	34.9
	91	19.3	19.9	20.9	21.6	22.7	25.2	28.2	30.0	31.4	33.7	35.3
	92	19.4	20.0	21.0	21.8	23.0	25.5	28.5	30.4	31.8	34.1	35.8
	93	19.6	20.2	21.2	22.0	23.2	25.7	28.8	30.7	32.2	34.5	36.2
	94	19.7	20.4	21.4	22.2	23.4	26.0	29.1	31.1	32.6	35.0	36.7
	95	19.9	20.5	21.6	22.4	23.6	26.3	29.5	31.5	32.9	35.4	37.1
8	96	20.1	20.7	21.8	22.6	23.9	26.6	29.8	31.8	33.4	35.8	37.6
	97	20.3	20.9	22.0	22.8	24.1	26.8	30.2	32.2	33.8	36.3	38.1
	98	20.4	21.1	22.2	23.1	24.4	27.1	30.5	32.6	34.2	36.7	38.6
	99	20.6	21.3	22.4	23.3	24.6	27.4	30.8	33.0	34.6	37.2	39.0
	100	20.8	21.5	22.6	23.5	24.8	27.7	31.2	33.4	35.0	37.6	39.5
	101	20.9	21.7	22.8	23.7	25.1	28.0	31.5	33.7	35.4	38.1	40.0
	102	21.1	21.9	23.1	23.9	25.3	28.3	31.9	34.1	35.8	38.5	40.5
	103	21.3	22.1	23.3	24.2	25.6	28.6	32.3	34.5	36.2	39.0	41.0
	104	21.5	22.3	23.5	24.4	25.9	28.9	32.6	35.0	36.7	39.5	41.5
	105	21.7	22.5	23.7	24.7	26.1	29.2	33.0	35.4	37.1	39.9	42.0
	106	21.9	22.7	24.0	24.9	26.4	29.6	33.4	35.8	37.5	40.4	42.5
	107	22.1	22.9	24.2	25.1	26.6	29.9	33.7	36.2	38.0	40.9	43.0
9	108	22.3	23.1	24.4	25.4	26.9	30.2	34.1	36.6	38.4	41.4	43.5
	109	22.5	23.3	24.7	25.6	27.2	30.5	34.5	37.0	38.9	41.9	44.0
	110	22.7	23.5	24.9	25.9	27.5	30.9	34.9	37.5	39.3	42.4	44.5
	111	22.9	23.7	25.1	26.2	27.8	31.2	35.3	37.9	39.8	42.9	45.1
	112	23.1	24.0	25.4	26.4	28.1	31.5	35.7	38.3	40.2	43.4	45.6
	113	23.3	24.2	25.6	26.7	28.3	31.9	36.1	38.7	40.7	43.9	46.1
	114	23.5	24.4	25.9	26.9	28.6	32.2	36.5	39.2	41.2	44.4	46.6
	115	23.7	24.6	26.1	27.2	28.9	32.6	37.0	39.7	41.7	44.9	47.2
	116	23.9	24.8	26.4	27.5	29.2	32.9	37.4	40.1	42.1	45.4	47.7
	117	24.1	25.1	26.6	27.7	29.5	33.3	37.8	40.6	42.6	45.9	48.3
	118	24.3	25.3	26.9	28.0	29.8	33.7	38.2	41.0	43.1	46.4	48.8
	119	24.5	25.5	27.1	28.3	30.1	34.0	38.6	41.5	43.6	46.9	49.3
10	120	24.8	25.8	27.4	28.6	30.4	34.4	39.1	42.0	44.1	47.5	49.9
	121	25.0	26.0	27.7	28.9	30.8	34.8	39.5	42.4	44.6	48.0	50.4
	122	25.2	26.2	27.9	29.1	31.1	35.2	40.0	42.9	45.1	48.5	51.0
	123	25.4	26.5	28.2	29.4	31.4	35.5	40.4	43.4	45.6	49.1	51.5
	124	25.7	26.7	28.5	29.7	31.7	35.9	40.9	43.9	46.1	49.6	52.0
	125	25.9	27.0	28.7	30.0	32.0	36.3	41.3	44.3	46.6	50.1	52.6
	126	26.1	27.2	29.0	30.3	32.4	36.7	41.7	44.8	47.0	50.6	53.1
	127	26.4	27.5	29.3	30.6	32.7	37.1	42.2	45.3	47.5	51.1	53.6
	128	26.6	27.8	29.6	31.0	33.1	37.5	42.6	45.8	48.0	51.6	54.2
	129	26.9	28.0	29.9	31.3	33.4	37.9	43.1	46.2	48.5	52.2	54.7
	130	27.1	28.3	30.2	31.6	33.8	38.3	43.6	46.7	49.0	52.7	55.2
	131	27.4	28.6	30.5	31.9	34.1	38.7	44.0	47.2	49.5	53.2	55.7

여자 3~18세

만나이	만나이	체중(kg) 백분위수										
(세)	(개월)	3rd	5th	10th	15th	25th	50th	75th	85th	90th	95th	97th
11	132	27.7	28.9	30.8	32.2	34.5	39.1	44.4	47.7	50.0	53.7	56.2
	133	27.9	29.2	31.1	32.6	34.8	39.5	44.9	48.1	50.4	54.1	56.7
	134	28.2	29.4	31.5	32.9	35.2	39.9	45.3	48.6	50.9	54.6	57.2
	135	28.5	29.7	31.8	33.2	35.5	40.3	45.8	49.0	51.4	55.1	57.7
	136	28.8	30.0	32.1	33.6	35.9	40.7	46.2	49.5	51.8	55.6	58.2
	137	29.0	30.3	32.4	33.9	36.2	41.1	46.6	49.9	52.3	56.1	58.7
	138	29.3	30.6	32.7	34.2	36.6	41.5	47.0	50.4	52.7	56.5	59.1
	139	29.6	30.9	33.0	34.6	36.9	41.8	47.4	50.8	53.2	56.9	59.5
	140	29.9	31.2	33.4	34.9	37.3	42.2	47.9	51.2	53.6	57.4	60.0
	141	30.2	31.5	33.7	35.2	37.7	42.6	48.3	51.6	54.0	57.8	60.4
	142	30.5	31.8	34.0	35.6	38.0	43.0	48.7	52.0	54.5	58.2	60.8
	143	30.8	32.1	34.3	35.9	38.4	43.4	49.1	52.5	54.9	58.7	61.3
12	144	31.1	32.5	34.7	36.2	38.7	43.7	49.5	52.8	55.3	59.1	61.7
	145	31.4	32.8	35.0	36.6	39.0	44.1	49.8	53.2	55.6	59.4	62.0
	146	31.7	33.1	35.3	36.9	39.4	44.4	50.2	53.6	56.0	59.8	62.4
	147	32.1	33.4	35.7	37.2	39.7	44.8	50.6	53.9	56.4	60.2	62.8
	148	32.4	33.7	36.0	37.6	40.1	45.2	50.9	54.3	56.8	60.6	63.2
	149	32.7	34.1	36.3	37.9	40.4	45.5	51.3	54.7	57.1	60.9	63.6
	150	33.0	34.4	36.6	38.2	40.7	45.8	51.6	55.0	57.4	61.3	63.9
	151	33.3	34.7	36.9	38.5	41.0	46.1	51.9	55.3	57.7	61.6	64.2
	152	33.6	35.0	37.3	38.9	41.3	46.5	52.2	55.6	58.0	61.9	64.5
	153	33.9	35.3	37.6	39.2	41.7	46.8	52.5	55.9	58.4	62.2	64.8
	154	34.3	35.6	37.9	39.5	42.0	47.1	52.8	56.2	58.7	62.5	65.1
	155	34.6	36.0	38.2	39.8	42.3	47.4	53.1	56.5	59.0	62.8	65.4
13	156	34.9	36.3	38.5	40.1	42.6	47.7	53.4	56.8	59.2	63.0	65.6
	157	35.2	36.5	38.8	40.4	42.9	47.9	53.6	57.0	59.4	63.2	65.8
	158	35.5	36.8	39.1	40.7	43.1	48.2	53.9	57.3	59.7	63.5	66.1
	159	35.8	37.1	39.4	40.9	43.4	48.5	54.2	57.5	59.9	63.7	66.3
	160	36.1	37.4	39.6	41.2	43.7	48.7	54.4	57.8	60.2	63.9	66.5
	161	36.4	37.7	39.9	41.5	44.0	49.0	54.7	58.0	60.4	64.2	66.7
	162	36.6	38.0	40.2	41.7	44.2	49.2	54.9	58.2	60.6	64.3	66.9
	163	36.9	38.2	40.4	42.0	44.4	49.4	55.1	58.4	60.8	64.5	67.1
	164	37.1	38.5	40.7	42.2	44.7	49.7	55.3	58.6	61.0	64.7	67.3
	165	37.4	38.7	40.9	42.5	44.9	49.9	55.5	58.8	61.2	64.9	67.5
	166	37.6	39.0	41.2	42.7	45.1	50.1	55.7	59.0	61.4	65.1	67.6
	167	37.9	39.2	41.4	43.0	45.4	50.3	55.9	59.2	61.6	65.3	67.8
14	168	38.1	39.5	41.6	43.2	45.6	50.5	56.1	59.4	61.7	65.4	67.9
	169	38.3	39.7	41.8	43.4	45.8	50.7	56.3	59.5	61.9	65.6	68.1
	170	38.6	39.9	42.1	43.6	46.0	50.9	56.4	59.7	62.0	65.7	68.2
	171	38.8	40.1	42.3	43.8	46.2	51.1	56.6	59.9	62.2	65.8	68.3
	172	39.0	40.3	42.5	44.0	46.4	51.3	56.8	60.0	62.3	66.0	68.5
	173	39.2	40.6	42.7	44.2	46.6	51.5	57.0	60.2	62.5	66.1	68.6
	174	39.4	40.7	42.9	44.4	46.8	51.6	57.1	60.3	62.6	66.2	68.7
	175	39.6	40.9	43.1	44.6	47.0	51.8	57.2	60.4	62.7	66.3	68.8
	176	39.8	41.1	43.2	44.8	47.1	52.0	57.4	60.6	62.8	66.4	68.9
	177	40.0	41.3	43.4	44.9	47.3	52.1	57.5	60.7	63.0	66.5	68.9
	178	40.1	41.5	43.6	45.1	47.5	52.3	57.7	60.8	63.1	66.6	69.0
	179	40.3	41.6	43.8	45.3	47.7	52.4	57.8	61.0	63.2	66.7	69.1

만나이	만나이	체중(kg) 백분위수										
(세)	(개월)	3rd	5th	10th	15th	25th	50th	75th	85th	90th	95th	97th
15	180	40.5	41.8	43.9	45.4	47.8	52.6	57.9	61.0	63.3	66.8	69.2
	181	40.6	41.9	44.1	45.6	47.9	52.7	58.0	61.1	63.4	66.9	69.2
	182	40.8	42.1	44.2	45.7	48.1	52.8	58.1	61.2	63.5	66.9	69.3
	183	40.9	42.2	44.3	45.9	48.2	52.9	58.2	61.3	63.5	67.0	69.4
	184	41.1	42.4	44.5	46.0	48.3	53.0	58.3	61.4	63.6	67.1	69.4
	185	41.2	42.5	44.6	46.1	48.5	53.2	58.4	61.5	63.7	67.1	69.5
	186	41.3	42.6	44.7	46.2	48.5	53.2	58.5	61.6	63.8	67.2	69.5
	187	41.4	42.7	44.8	46.3	48.6	53.3	58.6	61.6	63.8	67.2	69.6
	188	41.5	42.8	44.9	46.4	48.7	53.4	58.6	61.7	63.9	67.3	69.6
	189	41.6	42.9	45.0	46.5	48.8	53.5	58.7	61.8	63.9	67.3	69.6
	190	41.8	43.1	45.1	46.6	48.9	53.6	58.8	61.8	64.0	67.4	69.7
	191	41.9	43.2	45.3	46.7	49.0	53.7	58.9	61.9	64.1	67.4	69.7
16	192	41.9	43.2	45.3	46.8	49.1	53.7	58.9	61.9	64.1	67.5	69.8
	193	42.0	43.3	45.4	46.9	49.2	53.8	58.9	62.0	64.1	67.5	69.8
	194	42.1	43.4	45.5	46.9	49.2	53.8	59.0	62.0	64.1	67.5	69.8
	195	42.2	43.5	45.5	47.0	49.3	53.9	59.0	62.0	64.2	67.5	69.8
	196	42.3	43.5	45.6	47.1	49.3	53.9	59.1	62.1	64.2	67.6	69.8
	197	42.3	43.6	45.7	47.1	49.4	54.0	59.1	62.1	64.2	67.6	69.9
	198	42.4	43.7	45.7	47.2	49.4	54.0	59.1	62.1	64.2	67.6	69.9
	199	42.5	43.7	45.8	47.2	49.5	54.0	59.1	62.1	64.2	67.6	69.9
	200	42.5	43.8	45.8	47.3	49.5	54.0	59.1	62.1	64.3	67.6	69.9
	201	42.6	43.8	45.8	47.3	49.5	54.1	59.1	62.1	64.3	67.6	69.9
	202	42.6	43.9	45.9	47.3	49.5	54.1	59.1	62.1	64.3	67.6	69.9
	203	42.7	43.9	45.9	47.4	49.6	54.1	59.1	62.1	64.3	67.6	69.9
17	204	42.7	44.0	46.0	47.4	49.6	54.1	59.1	62.1	64.3	67.6	69.9
	205	42.8	44.0	46.0	47.4	49.6	54.1	59.1	62.1	64.2	67.6	69.9
	206	42.8	44.0	46.0	47.4	49.6	54.1	59.1	62.1	64.2	67.6	69.9
	207	42.8	44.1	46.0	47.4	49.6	54.1	59.1	62.1	64.2	67.6	69.9
	208	42.9	44.1	46.1	47.5	49.6	54.1	59.1	62.1	64.2	67.6	69.9
	209	42.9	44.1	46.1	47.5	49.6	54.1	59.1	62.1	64.2	67.6	69.9
	210	43.0	44.2	46.1	47.5	49.6	54.1	59.1	62.1	64.2	67.6	69.9
	211	43.0	44.2	46.1	47.5	49.7	54.1	59.1	62.0	64.2	67.6	69.9
	212	43.0	44.2	46.1	47.5	49.7	54.1	59.1	62.0	64.2	67.6	69.9
	213	43.1	44.3	46.2	47.5	49.7	54.0	59.0	62.0	64.2	67.6	69.9
	214	43.1	44.3	46.2	47.6	49.7	54.0	59.0	62.0	64.2	67.6	69.9
	215	43.2	44.3	46.2	47.6	49.7	54.0	59.0	62.0	64.1	67.6	69.9
18	216	43.2	44.3	46.2	47.6	49.7	54.0	59.0	62.0	64.1	67.5	69.9
	217	43.2	44.4	46.3	47.6	49.7	54.0	59.0	62.0	64.1	67.5	69.9
	218	43.3	44.4	46.3	47.6	49.7	54.0	59.0	61.9	64.1	67.5	69.9
	219	43.3	44.4	46.3	47.6	49.7	54.0	58.9	61.9	64.1	67.5	69.9
	220	43.3	44.5	46.3	47.6	49.7	54.0	58.9	61.9	64.1	67.5	69.9
	221	43.4	44.5	46.3	47.6	49.7	54.0	58.9	61.9	64.1	67.5	69.9
	222	43.4	44.5	46.3	47.7	49.7	54.0	58.9	61.9	64.0	67.5	69.9
	223	43.4	44.5	46.4	47.7	49.7	54.0	58.9	61.9	64.0	67.5	69.9
	224	43.5	44.6	46.4	47.7	49.7	53.9	58.9	61.8	64.0	67.5	69.9
	225	43.5	44.6	46.4	47.7	49.7	53.9	58.8	61.8	64.0	67.5	69.9
	226	43.5	44.6	46.4	47.7	49.7	53.9	58.8	61.8	64.0	67.5	69.9
	227	43.6	44.7	46.4	47.7	49.7	53.9	58.8	61.8	64.0	67.5	69.9

신장별 체중 백분위수

남자 0~23개월

신장* (cm)	체중(kg) 백분위수 3rd	5th	10th	15th	25th	50th	75th	85th	90th	95th	97th
45	2.1	2.1	2.2	2.2	2.3	2.4	2.6	2.7	2.8	2.9	2.9
45.5	2.1	2.2	2.3	2.3	2.4	2.5	2.7	2.8	2.8	2.9	3.0
46	2.2	2.3	2.3	2.4	2.5	2.6	2.8	2.9	2.9	3.0	3.1
46.5	2.3	2.3	2.4	2.5	2.5	2.7	2.9	3.0	3.0	3.1	3.2
47	2.4	2.4	2.5	2.5	2.6	2.8	3.0	3.1	3.1	3.2	3.3
47.5	2.4	2.5	2.6	2.6	2.7	2.9	3.0	3.1	3.2	3.3	3.4
48	2.5	2.6	2.6	2.7	2.8	2.9	3.1	3.2	3.3	3.4	3.5
48.5	2.6	2.6	2.7	2.8	2.9	3.0	3.2	3.3	3.4	3.5	3.6
49	2.7	2.7	2.8	2.9	2.9	3.1	3.3	3.4	3.5	3.6	3.7
49.5	2.7	2.8	2.9	2.9	3.0	3.2	3.4	3.5	3.6	3.8	3.8
50	2.8	2.9	3.0	3.0	3.1	3.3	3.5	3.7	3.7	3.9	4.0
50.5	2.9	3.0	3.1	3.1	3.2	3.4	3.6	3.8	3.9	4.0	4.1
51	3.0	3.1	3.2	3.2	3.3	3.5	3.8	3.9	4.0	4.1	4.2
51.5	3.1	3.2	3.3	3.3	3.4	3.6	3.9	4.0	4.1	4.2	4.3
52	3.2	3.3	3.4	3.4	3.5	3.8	4.0	4.1	4.2	4.4	4.5
52.5	3.3	3.4	3.5	3.6	3.7	3.9	4.1	4.3	4.4	4.5	4.6
53	3.4	3.5	3.6	3.7	3.8	4.0	4.3	4.4	4.5	4.6	4.7
53.5	3.5	3.6	3.7	3.8	3.9	4.1	4.4	4.5	4.6	4.8	4.9
54	3.6	3.7	3.8	3.9	4.0	4.3	4.5	4.7	4.8	4.9	5.0
54.5	3.8	3.8	4.0	4.0	4.2	4.4	4.7	4.8	4.9	5.1	5.2
55	3.9	4.0	4.1	4.2	4.3	4.5	4.8	5.0	5.1	5.3	5.4
55.5	4.0	4.1	4.2	4.3	4.4	4.7	5.0	5.1	5.2	5.4	5.5
56	4.1	4.2	4.3	4.4	4.6	4.8	5.1	5.3	5.4	5.6	5.7
56.5	4.3	4.3	4.5	4.6	4.7	5.0	5.3	5.4	5.6	5.7	5.9
57	4.4	4.5	4.6	4.7	4.8	5.1	5.4	5.6	5.7	5.9	6.0
57.5	4.5	4.6	4.7	4.8	5.0	5.3	5.6	5.8	5.9	6.1	6.2
58	4.6	4.7	4.9	5.0	5.1	5.4	5.7	5.9	6.0	6.2	6.4
58.5	4.8	4.9	5.0	5.1	5.3	5.6	5.9	6.1	6.2	6.4	6.5
59	4.9	5.0	5.1	5.2	5.4	5.7	6.0	6.2	6.4	6.6	6.7
59.5	5.0	5.1	5.3	5.4	5.5	5.9	6.2	6.4	6.5	6.7	6.9
60	5.1	5.2	5.4	5.5	5.7	6.0	6.3	6.5	6.7	6.9	7.0
60.5	5.3	5.4	5.5	5.6	5.8	6.1	6.5	6.7	6.8	7.1	7.2
61	5.4	5.5	5.6	5.8	5.9	6.3	6.6	6.8	7.0	7.2	7.4
61.5	5.5	5.6	5.8	5.9	6.1	6.4	6.8	7.0	7.1	7.4	7.5
62	5.6	5.7	5.9	6.0	6.2	6.5	6.9	7.1	7.3	7.5	7.7
62.5	5.7	5.8	6.0	6.1	6.3	6.7	7.0	7.3	7.4	7.6	7.8
63	5.8	5.9	6.1	6.2	6.4	6.8	7.2	7.4	7.6	7.8	8.0
63.5	5.9	6.0	6.2	6.3	6.5	6.9	7.3	7.5	7.7	7.9	8.1
64	6.0	6.2	6.3	6.5	6.6	7.0	7.4	7.7	7.8	8.1	8.2
64.5	6.1	6.3	6.4	6.6	6.8	7.1	7.6	7.8	8.0	8.2	8.4
65	6.3	6.4	6.6	6.7	6.9	7.3	7.7	7.9	8.1	8.3	8.5
65.5	6.4	6.5	6.7	6.8	7.0	7.4	7.8	8.1	8.2	8.5	8.7
66	6.5	6.6	6.8	6.9	7.1	7.5	7.9	8.2	8.4	8.6	8.8
66.5	6.6	6.7	6.9	7.0	7.2	7.6	8.1	8.3	8.5	8.8	8.9

*2세 미만(0~23개월)의 신장은 누운 키로 측정

신장	체중(kg) 백분위수										
(cm)	3rd	5th	10th	15th	25th	50th	75th	85th	90th	95th	97th
67	6.7	6.8	7.0	7.1	7.3	7.7	8.2	8.4	8.6	8.9	9.1
67.5	6.8	6.9	7.1	7.2	7.4	7.9	8.3	8.6	8.7	9.0	9.2
68	6.9	7.0	7.2	7.3	7.5	8.0	8.4	8.7	8.9	9.2	9.3
68.5	7.0	7.1	7.3	7.4	7.7	8.1	8.5	8.8	9.0	9.3	9.5
69	7.1	7.2	7.4	7.5	7.8	8.2	8.7	8.9	9.1	9.4	9.6
69.5	7.1	7.3	7.5	7.6	7.9	8.3	8.8	9.1	9.3	9.5	9.7
70	7.2	7.4	7.6	7.7	8.0	8.4	8.9	9.2	9.4	9.7	9.9
70.5	7.3	7.5	7.7	7.8	8.1	8.5	9.0	9.3	9.5	9.8	10.0
71	7.4	7.6	7.8	8.0	8.2	8.6	9.1	9.4	9.6	9.9	10.1
71.5	7.5	7.7	7.9	8.1	8.3	8.8	9.3	9.6	9.8	10.1	10.3
72	7.6	7.8	8.0	8.2	8.4	8.9	9.4	9.7	9.9	10.2	10.4
72.5	7.7	7.9	8.1	8.3	8.5	9.0	9.5	9.8	10.0	10.3	10.5
73	7.8	8.0	8.2	8.4	8.6	9.1	9.6	9.9	10.1	10.4	10.7
73.5	7.9	8.0	8.3	8.4	8.7	9.2	9.7	10.0	10.2	10.6	10.8
74	8.0	8.1	8.4	8.5	8.8	9.3	9.8	10.1	10.4	10.7	10.9
74.5	8.1	8.2	8.5	8.6	8.9	9.4	9.9	10.3	10.5	10.8	11.0
75	8.2	8.3	8.6	8.7	9.0	9.5	10.1	10.4	10.6	10.9	11.2
75.5	8.2	8.4	8.7	8.8	9.1	9.6	10.2	10.5	10.7	11.0	11.3
76	8.3	8.5	8.7	8.9	9.2	9.7	10.3	10.6	10.8	11.2	11.4
76.5	8.4	8.6	8.8	9.0	9.3	9.8	10.4	10.7	10.9	11.3	11.5
77	8.5	8.7	8.9	9.1	9.4	9.9	10.5	10.8	11.0	11.4	11.6
77.5	8.6	8.7	9.0	9.2	9.5	10.0	10.6	10.9	11.1	11.5	11.7
78	8.7	8.8	9.1	9.3	9.5	10.1	10.7	11.0	11.2	11.6	11.8
78.5	8.7	8.9	9.2	9.3	9.6	10.2	10.8	11.1	11.3	11.7	12.0
79	8.8	9.0	9.2	9.4	9.7	10.3	10.9	11.2	11.4	11.8	12.1
79.5	8.9	9.1	9.3	9.5	9.8	10.4	11.0	11.3	11.5	11.9	12.2
80	9.0	9.1	9.4	9.6	9.9	10.4	11.1	11.4	11.6	12.0	12.3
80.5	9.1	9.2	9.5	9.7	10.0	10.5	11.2	11.5	11.7	12.1	12.4
81	9.1	9.3	9.6	9.8	10.1	10.6	11.3	11.6	11.9	12.2	12.5
81.5	9.2	9.4	9.7	9.9	10.2	10.7	11.4	11.7	12.0	12.3	12.6
82	9.3	9.5	9.8	10.0	10.2	10.8	11.5	11.8	12.1	12.5	12.7
82.5	9.4	9.6	9.9	10.1	10.3	10.9	11.6	11.9	12.2	12.6	12.8
83	9.5	9.7	10.0	10.1	10.4	11.0	11.7	12.0	12.3	12.7	13.0
83.5	9.6	9.8	10.1	10.3	10.6	11.2	11.8	12.2	12.4	12.8	13.1
84	9.7	9.9	10.2	10.4	10.7	11.3	11.9	12.3	12.5	12.9	13.2
84.5	9.8	10.0	10.3	10.5	10.8	11.4	12.0	12.4	12.7	13.1	13.3
85	9.9	10.1	10.4	10.6	10.9	11.5	12.2	12.5	12.8	13.2	13.5
85.5	10.0	10.2	10.5	10.7	11.0	11.6	12.3	12.7	12.9	13.3	13.6
86	10.1	10.3	10.6	10.8	11.1	11.7	12.4	12.8	13.1	13.5	13.7
86.5	10.2	10.4	10.7	10.9	11.2	11.9	12.5	12.9	13.2	13.6	13.9
87	10.3	10.5	10.8	11.0	11.4	12.0	12.7	13.1	13.3	13.7	14.0
87.5	10.4	10.6	10.9	11.2	11.5	12.1	12.8	13.2	13.5	13.9	14.2
88	10.6	10.7	11.1	11.3	11.6	12.2	12.9	13.3	13.6	14.0	14.3
88.5	10.7	10.9	11.2	11.4	11.7	12.4	13.1	13.5	13.7	14.2	14.4

남자 0~23개월

신장	체중(kg) 백분위수										
(cm)	3rd	5th	10th	15th	25th	50th	75th	85th	90th	95th	97th
89	10.8	11.0	11.3	11.5	11.8	12.5	13.2	13.6	13.9	14.3	14.6
89.5	10.9	11.1	11.4	11.6	11.9	12.6	13.3	13.7	14.0	14.4	14.7
90	11.0	11.2	11.5	11.7	12.1	12.7	13.4	13.8	14.1	14.6	14.9
90.5	11.1	11.3	11.6	11.8	12.2	12.8	13.6	14.0	14.3	14.7	15.0
91	11.2	11.4	11.7	11.9	12.3	13.0	13.7	14.1	14.4	14.8	15.1
91.5	11.3	11.5	11.8	12.0	12.4	13.1	13.8	14.2	14.5	15.0	15.3
92	11.4	11.6	11.9	12.2	12.5	13.2	13.9	14.4	14.6	15.1	15.4
92.5	11.5	11.7	12.0	12.3	12.6	13.3	14.1	14.5	14.8	15.2	15.5
93	11.6	11.8	12.1	12.4	12.7	13.4	14.2	14.6	14.9	15.4	15.7
93.5	11.7	11.9	12.2	12.5	12.8	13.5	14.3	14.7	15.0	15.5	15.8
94	11.8	12.0	12.3	12.6	12.9	13.7	14.4	14.9	15.2	15.6	16.0
94.5	11.9	12.1	12.4	12.7	13.1	13.8	14.5	15.0	15.3	15.8	16.1
95	12.0	12.2	12.6	12.8	13.2	13.9	14.7	15.1	15.4	15.9	16.2
95.5	12.1	12.3	12.7	12.9	13.3	14.0	14.8	15.3	15.6	16.0	16.4
96	12.2	12.4	12.8	13.0	13.4	14.1	14.9	15.4	15.7	16.2	16.5
96.5	12.3	12.5	12.9	13.1	13.5	14.3	15.1	15.5	15.8	16.3	16.7
97	12.4	12.6	13.0	13.2	13.6	14.4	15.2	15.7	16.0	16.5	16.8
97.5	12.5	12.7	13.1	13.4	13.7	14.5	15.3	15.8	16.1	16.6	17.0
98	12.6	12.8	13.2	13.5	13.9	14.6	15.5	15.9	16.3	16.8	17.1
98.5	12.7	13.0	13.3	13.6	14.0	14.8	15.6	16.1	16.4	16.9	17.3
99	12.8	13.1	13.4	13.7	14.1	14.9	15.7	16.2	16.6	17.1	17.4
99.5	12.9	13.2	13.6	13.8	14.2	15.0	15.9	16.4	16.7	17.2	17.6
100	13.0	13.3	13.7	13.9	14.4	15.2	16.0	16.5	16.9	17.4	17.8
100.5	13.2	13.4	13.8	14.1	14.5	15.3	16.2	16.7	17.0	17.6	17.9
101	13.3	13.5	13.9	14.2	14.6	15.4	16.3	16.8	17.2	17.7	18.1
101.5	13.4	13.6	14.0	14.3	14.7	15.6	16.5	17.0	17.4	17.9	18.3
102	13.5	13.8	14.2	14.5	14.9	15.7	16.6	17.2	17.5	18.1	18.5
102.5	13.6	13.9	14.3	14.6	15.0	15.9	16.8	17.3	17.7	18.3	18.6
103	13.8	14.0	14.4	14.7	15.2	16.0	17.0	17.5	17.9	18.4	18.8
103.5	13.9	14.1	14.6	14.8	15.3	16.2	17.1	17.7	18.0	18.6	19.0
104	14.0	14.3	14.7	15.0	15.4	16.3	17.3	17.8	18.2	18.8	19.2
104.5	14.1	14.4	14.8	15.1	15.6	16.5	17.4	18.0	18.4	19.0	19.4
105	14.2	14.5	14.9	15.3	15.7	16.6	17.6	18.2	18.6	19.2	19.6
105.5	14.4	14.6	15.1	15.4	15.9	16.8	17.8	18.4	18.7	19.4	19.8
106	14.5	14.8	15.2	15.5	16.0	16.9	18.0	18.5	18.9	19.6	20.0
106.5	14.6	14.9	15.4	15.7	16.2	17.1	18.1	18.7	19.1	19.7	20.2
107	14.8	15.0	15.5	15.8	16.3	17.3	18.3	18.9	19.3	19.9	20.4
107.5	14.9	15.2	15.6	16.0	16.5	17.4	18.5	19.1	19.5	20.1	20.6
108	15.0	15.3	15.8	16.1	16.6	17.6	18.7	19.3	19.7	20.3	20.8
108.5	15.2	15.5	15.9	16.3	16.8	17.8	18.8	19.5	19.9	20.5	21.0
109	15.3	15.6	16.1	16.4	16.9	17.9	19.0	19.6	20.1	20.8	21.2
109.5	15.4	15.7	16.2	16.6	17.1	18.1	19.2	19.8	20.3	21.0	21.4
110	15.6	15.9	16.4	16.7	17.2	18.3	19.4	20.0	20.5	21.2	21.6

여자 0~23개월

신장* (cm)	체중(kg) 백분위수										
	3rd	5th	10th	15th	25th	50th	75th	85th	90th	95th	97th
45	2.1	2.1	2.2	2.2	2.3	2.5	2.6	2.7	2.8	2.9	2.9
45.5	2.2	2.2	2.3	2.3	2.4	2.5	2.7	2.8	2.9	3.0	3.0
46	2.2	2.3	2.3	2.4	2.5	2.6	2.8	2.9	3.0	3.1	3.1
46.5	2.3	2.3	2.4	2.5	2.6	2.7	2.9	3.0	3.1	3.2	3.2
47	2.4	2.4	2.5	2.6	2.6	2.8	3.0	3.1	3.2	3.3	3.3
47.5	2.4	2.5	2.6	2.6	2.7	2.9	3.1	3.2	3.3	3.4	3.4
48	2.5	2.6	2.7	2.7	2.8	3.0	3.2	3.3	3.3	3.5	3.5
48.5	2.6	2.7	2.7	2.8	2.9	3.1	3.3	3.4	3.4	3.6	3.7
49	2.7	2.7	2.8	2.9	3.0	3.2	3.4	3.5	3.6	3.7	3.8
49.5	2.8	2.8	2.9	3.0	3.1	3.3	3.5	3.6	3.7	3.8	3.9
50	2.8	2.9	3.0	3.1	3.2	3.4	3.6	3.7	3.8	3.9	4.0
50.5	2.9	3.0	3.1	3.2	3.3	3.5	3.7	3.8	3.9	4.0	4.1
51	3.0	3.1	3.2	3.2	3.4	3.6	3.8	3.9	4.0	4.2	4.3
51.5	3.1	3.2	3.3	3.4	3.5	3.7	3.9	4.0	4.1	4.3	4.4
52	3.2	3.3	3.4	3.5	3.6	3.8	4.0	4.2	4.3	4.4	4.5
52.5	3.3	3.4	3.5	3.6	3.7	3.9	4.2	4.3	4.4	4.6	4.7
53	3.4	3.5	3.6	3.7	3.8	4.0	4.3	4.4	4.5	4.7	4.8
53.5	3.5	3.6	3.7	3.8	3.9	4.2	4.4	4.6	4.7	4.9	5.0
54	3.6	3.7	3.8	3.9	4.0	4.3	4.6	4.7	4.8	5.0	5.1
54.5	3.7	3.8	3.9	4.0	4.2	4.4	4.7	4.9	5.0	5.2	5.3
55	3.9	3.9	4.1	4.1	4.3	4.5	4.8	5.0	5.1	5.3	5.4
55.5	4.0	4.0	4.2	4.3	4.4	4.7	5.0	5.2	5.3	5.5	5.6
56	4.1	4.2	4.3	4.4	4.5	4.8	5.1	5.3	5.4	5.6	5.8
56.5	4.2	4.3	4.4	4.5	4.7	5.0	5.3	5.5	5.6	5.8	5.9
57	4.3	4.4	4.5	4.6	4.8	5.1	5.4	5.6	5.7	5.9	6.1
57.5	4.4	4.5	4.7	4.8	4.9	5.2	5.6	5.7	5.9	6.1	6.2
58	4.5	4.6	4.8	4.9	5.0	5.4	5.7	5.9	6.0	6.2	6.4
58.5	4.6	4.7	4.9	5.0	5.2	5.5	5.8	6.0	6.2	6.4	6.5
59	4.8	4.9	5.0	5.1	5.3	5.6	6.0	6.2	6.3	6.6	6.7
59.5	4.9	5.0	5.1	5.2	5.4	5.7	6.1	6.3	6.5	6.7	6.9
60	5.0	5.1	5.2	5.4	5.5	5.9	6.3	6.5	6.6	6.9	7.0
60.5	5.1	5.2	5.4	5.5	5.6	6.0	6.4	6.6	6.8	7.0	7.2
61	5.2	5.3	5.5	5.6	5.8	6.1	6.5	6.7	6.9	7.2	7.3
61.5	5.3	5.4	5.6	5.7	5.9	6.3	6.7	6.9	7.0	7.3	7.5
62	5.4	5.5	5.7	5.8	6.0	6.4	6.8	7.0	7.2	7.4	7.6
62.5	5.5	5.6	5.8	5.9	6.1	6.5	6.9	7.2	7.3	7.6	7.8
63	5.6	5.7	5.9	6.0	6.2	6.6	7.0	7.3	7.5	7.7	7.9
63.5	5.7	5.8	6.0	6.1	6.3	6.7	7.2	7.4	7.6	7.9	8.0
64	5.8	5.9	6.1	6.2	6.4	6.9	7.3	7.5	7.7	8.0	8.2
64.5	5.9	6.0	6.2	6.3	6.6	7.0	7.4	7.7	7.9	8.1	8.3
65	6.0	6.1	6.3	6.5	6.7	7.1	7.5	7.8	8.0	8.3	8.5
65.5	6.1	6.2	6.4	6.6	6.8	7.2	7.7	7.9	8.1	8.4	8.6
66	6.2	6.3	6.5	6.7	6.9	7.3	7.8	8.0	8.2	8.5	8.7
66.5	6.3	6.4	6.6	6.8	7.0	7.4	7.9	8.2	8.4	8.7	8.9

*2세 미만(0~23개월)의 신장은 누운 키로 측정

여자 0~23개월

신장	체중(kg) 백분위수									
(cm)	3rd	5th	10th	15th	25th	50th	75th	85th	90th	95th	97th
67	6.4	6.5	6.7	6.9	7.1	7.5	8.0	8.3	8.5	8.8	9.0
67.5	6.5	6.6	6.8	7.0	7.2	7.6	8.1	8.4	8.6	8.9	9.1
68	6.6	6.7	6.9	7.1	7.3	7.7	8.2	8.5	8.7	9.0	9.2
68.5	6.7	6.8	7.0	7.2	7.4	7.9	8.4	8.6	8.8	9.2	9.4
69	6.7	6.9	7.1	7.3	7.5	8.0	8.5	8.8	9.0	9.3	9.5
69.5	6.8	7.0	7.2	7.3	7.6	8.1	8.6	8.9	9.1	9.4	9.6
70	6.9	7.1	7.3	7.4	7.7	8.2	8.7	9.0	9.2	9.5	9.7
70.5	7.0	7.1	7.4	7.5	7.8	8.3	8.8	9.1	9.3	9.6	9.9
71	7.1	7.2	7.5	7.6	7.9	8.4	8.9	9.2	9.4	9.8	10.0
71.5	7.2	7.3	7.6	7.7	8.0	8.5	9.0	9.3	9.5	9.9	10.1
72	7.3	7.4	7.6	7.8	8.1	8.6	9.1	9.4	9.6	10.0	10.2
72.5	7.4	7.5	7.7	7.9	8.2	8.7	9.2	9.5	9.8	10.1	10.3
73	7.4	7.6	7.8	8.0	8.3	8.8	9.3	9.6	9.9	10.2	10.4
73.5	7.5	7.7	7.9	8.1	8.3	8.9	9.4	9.7	10.0	10.3	10.6
74	7.6	7.8	8.0	8.2	8.4	9.0	9.5	9.9	10.1	10.4	10.7
74.5	7.7	7.8	8.1	8.3	8.5	9.1	9.6	10.0	10.2	10.5	10.8
75	7.8	7.9	8.2	8.3	8.6	9.1	9.7	10.1	10.3	10.7	10.9
75.5	7.8	8.0	8.3	8.4	8.7	9.2	9.8	10.2	10.4	10.8	11.0
76	7.9	8.1	8.3	8.5	8.8	9.3	9.9	10.3	10.5	10.9	11.1
76.5	8.0	8.2	8.4	8.6	8.9	9.4	10.0	10.4	10.6	11.0	11.2
77	8.1	8.2	8.5	8.7	9.0	9.5	10.1	10.5	10.7	11.1	11.3
77.5	8.2	8.3	8.6	8.8	9.1	9.6	10.2	10.6	10.8	11.2	11.4
78	8.2	8.4	8.7	8.9	9.1	9.7	10.3	10.7	10.9	11.3	11.5
78.5	8.3	8.5	8.8	8.9	9.2	9.8	10.4	10.8	11.0	11.4	11.7
79	8.4	8.6	8.8	9.0	9.3	9.9	10.5	10.9	11.1	11.5	11.8
79.5	8.5	8.7	8.9	9.1	9.4	10.0	10.6	11.0	11.2	11.6	11.9
80	8.6	8.7	9.0	9.2	9.5	10.1	10.7	11.1	11.3	11.7	12.0
80.5	8.7	8.8	9.1	9.3	9.6	10.2	10.8	11.2	11.5	11.9	12.1
81	8.8	8.9	9.2	9.4	9.7	10.3	10.9	11.3	11.6	12.0	12.2
81.5	8.8	9.0	9.3	9.5	9.8	10.4	11.1	11.4	11.7	12.1	12.4
82	8.9	9.1	9.4	9.6	9.9	10.5	11.2	11.6	11.8	12.2	12.5
82.5	9.0	9.2	9.5	9.7	10.0	10.6	11.3	11.7	11.9	12.4	12.6
83	9.1	9.3	9.6	9.8	10.1	10.7	11.4	11.8	12.1	12.5	12.8
83.5	9.2	9.4	9.7	9.9	10.2	10.9	11.5	11.9	12.2	12.6	12.9
84	9.3	9.5	9.8	10.0	10.3	11.0	11.7	12.1	12.3	12.8	13.1
84.5	9.4	9.6	9.9	10.1	10.5	11.1	11.8	12.2	12.5	12.9	13.2
85	9.5	9.7	10.0	10.2	10.6	11.2	11.9	12.3	12.6	13.0	13.3
85.5	9.6	9.8	10.1	10.4	10.7	11.3	12.1	12.5	12.7	13.2	13.5
86	9.8	9.9	10.3	10.5	10.8	11.5	12.2	12.6	12.9	13.3	13.6
86.5	9.9	10.1	10.4	10.6	10.9	11.6	12.3	12.7	13.0	13.5	13.8
87	10.0	10.2	10.5	10.7	11.0	11.7	12.5	12.9	13.2	13.6	13.9
87.5	10.1	10.3	10.6	10.8	11.2	11.8	12.6	13.0	13.3	13.8	14.1
88	10.2	10.4	10.7	10.9	11.3	12.0	12.7	13.2	13.5	13.9	14.2
88.5	10.3	10.5	10.8	11.0	11.4	12.1	12.9	13.3	13.6	14.1	14.4

신장	체중(kg) 백분위수										
(cm)	3rd	5th	10th	15th	25th	50th	75th	85th	90th	95th	97th
89	10.4	10.6	10.9	11.2	11.5	12.2	13.0	13.4	13.7	14.2	14.5
89.5	10.5	10.7	11.0	11.3	11.6	12.3	13.1	13.6	13.9	14.4	14.7
90	10.6	10.8	11.2	11.4	11.8	12.5	13.3	13.7	14.0	14.5	14.8
90.5	10.7	10.9	11.3	11.5	11.9	12.6	13.4	13.8	14.2	14.6	15.0
91	10.8	11.0	11.4	11.6	12.0	12.7	13.5	14.0	14.3	14.8	15.1
91.5	10.9	11.1	11.5	11.7	12.1	12.8	13.7	14.1	14.4	14.9	15.3
92	11.0	11.2	11.6	11.8	12.2	13.0	13.8	14.2	14.6	15.1	15.4
92.5	11.1	11.3	11.7	12.0	12.3	13.1	13.9	14.4	14.7	15.2	15.6
93	11.2	11.5	11.8	12.1	12.5	13.2	14.0	14.5	14.9	15.4	15.7
93.5	11.3	11.6	11.9	12.2	12.6	13.3	14.2	14.7	15.0	15.5	15.9
94	11.4	11.7	12.0	12.3	12.7	13.5	14.3	14.8	15.1	15.7	16.0
94.5	11.5	11.8	12.1	12.4	12.8	13.6	14.4	14.9	15.3	15.8	16.2
95	11.6	11.9	12.3	12.5	12.9	13.7	14.6	15.1	15.4	16.0	16.3
95.5	11.8	12.0	12.4	12.6	13.0	13.8	14.7	15.2	15.6	16.1	16.5
96	11.9	12.1	12.5	12.7	13.2	14.0	14.9	15.4	15.7	16.3	16.6
96.5	12.0	12.2	12.6	12.9	13.3	14.1	15.0	15.5	15.9	16.4	16.8
97	12.1	12.3	12.7	13.0	13.4	14.2	15.1	15.6	16.0	16.6	16.9
97.5	12.2	12.4	12.8	13.1	13.5	14.4	15.3	15.8	16.2	16.7	17.1
98	12.3	12.5	12.9	13.2	13.6	14.5	15.4	15.9	16.3	16.9	17.3
98.5	12.4	12.7	13.1	13.3	13.8	14.6	15.5	16.1	16.5	17.0	17.4
99	12.5	12.8	13.2	13.5	13.9	14.8	15.7	16.2	16.6	17.2	17.6
99.5	12.6	12.9	13.3	13.6	14.0	14.9	15.8	16.4	16.8	17.4	17.8
100	12.7	13.0	13.4	13.7	14.1	15.0	16.0	16.5	16.9	17.5	17.9
100.5	12.9	13.1	13.5	13.8	14.3	15.2	16.1	16.7	17.1	17.7	18.1
101	13.0	13.2	13.7	14.0	14.4	15.3	16.3	16.9	17.3	17.9	18.3
101.5	13.1	13.4	13.8	14.1	14.5	15.5	16.4	17.0	17.4	18.0	18.5
102	13.2	13.5	13.9	14.2	14.7	15.6	16.6	17.2	17.6	18.2	18.6
102.5	13.3	13.6	14.0	14.4	14.8	15.8	16.8	17.4	17.8	18.4	18.8
103	13.5	13.7	14.2	14.5	15.0	15.9	16.9	17.5	17.9	18.6	19.0
103.5	13.6	13.9	14.3	14.6	15.1	16.1	17.1	17.7	18.1	18.8	19.2
104	13.7	14.0	14.5	14.8	15.3	16.2	17.3	17.9	18.3	19.0	19.4
104.5	13.9	14.1	14.6	14.9	15.4	16.4	17.4	18.1	18.5	19.1	19.6
105	14.0	14.3	14.7	15.1	15.6	16.5	17.6	18.2	18.7	19.3	19.8
105.5	14.1	14.4	14.9	15.2	15.7	16.7	17.8	18.4	18.9	19.5	20.0
106	14.3	14.6	15.0	15.4	15.9	16.9	18.0	18.6	19.1	19.7	20.2
106.5	14.4	14.7	15.2	15.5	16.0	17.1	18.2	18.8	19.3	20.0	20.4
107	14.5	14.8	15.3	15.7	16.2	17.2	18.4	19.0	19.5	20.2	20.6
107.5	14.7	15.0	15.5	15.8	16.4	17.4	18.5	19.2	19.7	20.4	20.9
108	14.8	15.1	15.6	16.0	16.5	17.6	18.7	19.4	19.9	20.6	21.1
108.5	15.0	15.3	15.8	16.2	16.7	17.8	18.9	19.6	20.1	20.8	21.3
109	15.1	15.5	16.0	16.3	16.9	18.0	19.1	19.8	20.3	21.0	21.5
109.5	15.3	15.6	16.1	16.5	17.0	18.1	19.3	20.0	20.5	21.3	21.8
110	15.4	15.8	16.3	16.7	17.2	18.3	19.5	20.2	20.7	21.5	22.0

남자 24~35개월

신장*	체중(kg) 백분위수										
(cm)	3rd	5th	10th	15th	25th	50th	75th	85th	90th	95th	97th
65	6.4	6.5	6.7	6.8	7.0	7.4	7.9	8.1	8.3	8.5	8.7
65.5	6.5	6.6	6.8	6.9	7.1	7.6	8.0	8.2	8.4	8.7	8.9
66	6.6	6.7	6.9	7.1	7.3	7.7	8.1	8.4	8.5	8.8	9.0
66.5	6.7	6.8	7.0	7.2	7.4	7.8	8.2	8.5	8.7	8.9	9.1
67	6.8	6.9	7.1	7.3	7.5	7.9	8.4	8.6	8.8	9.1	9.3
67.5	6.9	7.0	7.2	7.4	7.6	8.0	8.5	8.7	8.9	9.2	9.4
68	7.0	7.1	7.3	7.5	7.7	8.1	8.6	8.9	9.0	9.3	9.5
68.5	7.1	7.2	7.4	7.6	7.8	8.2	8.7	9.0	9.2	9.5	9.7
69	7.2	7.3	7.5	7.7	7.9	8.4	8.8	9.1	9.3	9.6	9.8
69.5	7.3	7.4	7.6	7.8	8.0	8.5	9.0	9.2	9.4	9.7	9.9
70	7.4	7.5	7.7	7.9	8.1	8.6	9.1	9.4	9.6	9.9	10.1
70.5	7.5	7.6	7.8	8.0	8.2	8.7	9.2	9.5	9.7	10.0	10.2
71	7.6	7.7	7.9	8.1	8.3	8.8	9.3	9.6	9.8	10.1	10.3
71.5	7.7	7.8	8.0	8.2	8.4	8.9	9.4	9.7	9.9	10.2	10.5
72	7.8	7.9	8.1	8.3	8.5	9.0	9.5	9.8	10.1	10.4	10.6
72.5	7.8	8.0	8.2	8.4	8.6	9.1	9.7	10.0	10.2	10.5	10.7
73	7.9	8.1	8.3	8.5	8.7	9.2	9.8	10.1	10.3	10.6	10.8
73.5	8.0	8.2	8.4	8.6	8.8	9.3	9.9	10.2	10.4	10.7	11.0
74	8.1	8.3	8.5	8.7	8.9	9.4	10.0	10.3	10.5	10.9	11.1
74.5	8.2	8.4	8.6	8.8	9.0	9.5	10.1	10.4	10.6	11.0	11.2
75	8.3	8.4	8.7	8.9	9.1	9.6	10.2	10.5	10.7	11.1	11.3
75.5	8.4	8.5	8.8	9.0	9.2	9.7	10.3	10.6	10.9	11.2	11.4
76	8.5	8.6	8.9	9.0	9.3	9.8	10.4	10.7	11.0	11.3	11.6
76.5	8.5	8.7	8.9	9.1	9.4	9.9	10.5	10.8	11.1	11.4	11.7
77	8.6	8.8	9.0	9.2	9.5	10.0	10.6	10.9	11.2	11.5	11.8
77.5	8.7	8.9	9.1	9.3	9.6	10.1	10.7	11.0	11.3	11.6	11.9
78	8.8	8.9	9.2	9.4	9.7	10.2	10.8	11.1	11.4	11.7	12.0
78.5	8.8	9.0	9.3	9.5	9.7	10.3	10.9	11.2	11.5	11.9	12.1
79	8.9	9.1	9.4	9.5	9.8	10.4	11.0	11.3	11.6	12.0	12.2
79.5	9.0	9.2	9.4	9.6	9.9	10.5	11.1	11.4	11.7	12.1	12.3
80	9.1	9.3	9.5	9.7	10.0	10.6	11.2	11.5	11.8	12.2	12.4
80.5	9.2	9.3	9.6	9.8	10.1	10.7	11.3	11.6	11.9	12.3	12.5
81	9.3	9.4	9.7	9.9	10.2	10.8	11.4	11.8	12.0	12.4	12.6
81.5	9.3	9.5	9.8	10.0	10.3	10.9	11.5	11.9	12.1	12.5	12.8
82	9.4	9.6	9.9	10.1	10.4	11.0	11.6	12.0	12.2	12.6	12.9
82.5	9.5	9.7	10.0	10.2	10.5	11.1	11.7	12.1	12.3	12.7	13.0
83	9.6	9.8	10.1	10.3	10.6	11.2	11.8	12.2	12.5	12.9	13.1
83.5	9.7	9.9	10.2	10.4	10.7	11.3	12.0	12.3	12.6	13.0	13.3

*2세(24개월) 이상의 신장은 선 키로 측정

신장 (cm)	체중(kg) 백분위수										
	3rd	5th	10th	15th	25th	50th	75th	85th	90th	95th	97th
84	9.8	10.0	10.3	10.5	10.8	11.4	12.1	12.5	12.7	13.1	13.4
84.5	9.9	10.1	10.4	10.6	10.9	11.5	12.2	12.6	12.8	13.3	13.5
85	10.1	10.2	10.5	10.7	11.1	11.7	12.3	12.7	13.0	13.4	13.7
85.5	10.2	10.3	10.6	10.9	11.2	11.8	12.5	12.8	13.1	13.5	13.8
86	10.3	10.5	10.8	11.0	11.3	11.9	12.6	13.0	13.3	13.7	13.9
86.5	10.4	10.6	10.9	11.1	11.4	12.0	12.7	13.1	13.4	13.8	14.1
87	10.5	10.7	11.0	11.2	11.5	12.2	12.9	13.2	13.5	13.9	14.2
87.5	10.6	10.8	11.1	11.3	11.6	12.3	13.0	13.4	13.7	14.1	14.4
88	10.7	10.9	11.2	11.4	11.8	12.4	13.1	13.5	13.8	14.2	14.5
88.5	10.8	11.0	11.3	11.5	11.9	12.5	13.2	13.6	13.9	14.4	14.6
89	10.9	11.1	11.4	11.7	12.0	12.6	13.4	13.8	14.1	14.5	14.8
89.5	11.0	11.2	11.5	11.8	12.1	12.8	13.5	13.9	14.2	14.6	14.9
90	11.1	11.3	11.6	11.9	12.2	12.9	13.6	14.0	14.3	14.8	15.1
90.5	11.2	11.4	11.8	12.0	12.3	13.0	13.7	14.1	14.4	14.9	15.2
91	11.3	11.5	11.9	12.1	12.4	13.1	13.9	14.3	14.6	15.0	15.3
91.5	11.4	11.6	12.0	12.2	12.5	13.2	14.0	14.4	14.7	15.2	15.5
92	11.5	11.7	12.1	12.3	12.7	13.4	14.1	14.5	14.8	15.3	15.6
92.5	11.6	11.8	12.2	12.4	12.8	13.5	14.2	14.7	15.0	15.4	15.7
93	11.7	11.9	12.3	12.5	12.9	13.6	14.4	14.8	15.1	15.6	15.9
93.5	11.8	12.0	12.4	12.6	13.0	13.7	14.5	14.9	15.2	15.7	16.0
94	11.9	12.1	12.5	12.7	13.1	13.8	14.6	15.0	15.4	15.8	16.1
94.5	12.0	12.2	12.6	12.8	13.2	13.9	14.7	15.2	15.5	16.0	16.3
95	12.1	12.4	12.7	12.9	13.3	14.1	14.9	15.3	15.6	16.1	16.4
95.5	12.2	12.5	12.8	13.1	13.4	14.2	15.0	15.4	15.8	16.2	16.6
96	12.3	12.6	12.9	13.2	13.6	14.3	15.1	15.6	15.9	16.4	16.7
96.5	12.4	12.7	13.0	13.3	13.7	14.4	15.2	15.7	16.0	16.5	16.9
97	12.5	12.8	13.1	13.4	13.8	14.6	15.4	15.9	16.2	16.7	17.0
97.5	12.7	12.9	13.3	13.5	13.9	14.7	15.5	16.0	16.3	16.8	17.2
98	12.8	13.0	13.4	13.6	14.0	14.8	15.7	16.1	16.5	17.0	17.3
98.5	12.9	13.1	13.5	13.8	14.2	14.9	15.8	16.3	16.6	17.2	17.5
99	13.0	13.2	13.6	13.9	14.3	15.1	15.9	16.4	16.8	17.3	17.7
99.5	13.1	13.3	13.7	14.0	14.4	15.2	16.1	16.6	16.9	17.5	17.8
100	13.2	13.5	13.8	14.1	14.5	15.4	16.2	16.7	17.1	17.6	18.0
100.5	13.3	13.6	14.0	14.2	14.7	15.5	16.4	16.9	17.3	17.8	18.2
101	13.4	13.7	14.1	14.4	14.8	15.6	16.5	17.1	17.4	18.0	18.4
101.5	13.6	13.8	14.2	14.5	14.9	15.8	16.7	17.2	17.6	18.2	18.5
102	13.7	13.9	14.3	14.6	15.1	15.9	16.9	17.4	17.8	18.3	18.7
102.5	13.8	14.1	14.5	14.8	15.2	16.1	17.0	17.6	17.9	18.5	18.9

남자 24~35개월

신장	체중(kg) 백분위수									
(cm)	3rd	5th	10th	15th	25th	50th	75th	85th	90th	95th	97th
103	13.9	14.2	14.6	14.9	15.3	16.2	17.2	17.7	18.1	18.7	19.1
103.5	14.0	14.3	14.7	15.0	15.5	16.4	17.3	17.9	18.3	18.9	19.3
104	14.2	14.4	14.9	15.2	15.6	16.5	17.5	18.1	18.5	19.1	19.5
104.5	14.3	14.6	15.0	15.3	15.8	16.7	17.7	18.2	18.6	19.2	19.7
105	14.4	14.7	15.1	15.4	15.9	16.8	17.8	18.4	18.8	19.4	19.9
105.5	14.5	14.8	15.3	15.6	16.1	17.0	18.0	18.6	19.0	19.6	20.1
106	14.7	15.0	15.4	15.7	16.2	17.2	18.2	18.8	19.2	19.8	20.3
106.5	14.8	15.1	15.6	15.9	16.4	17.3	18.4	19.0	19.4	20.0	20.5
107	14.9	15.2	15.7	16.0	16.5	17.5	18.5	19.1	19.6	20.2	20.7
107.5	15.1	15.4	15.8	16.2	16.7	17.7	18.7	19.3	19.8	20.4	20.9
108	15.2	15.5	16.0	16.3	16.8	17.8	18.9	19.5	20.0	20.6	21.1
108.5	15.3	15.6	16.1	16.5	17.0	18.0	19.1	19.7	20.2	20.8	21.3
109	15.5	15.8	16.3	16.6	17.1	18.2	19.3	19.9	20.4	21.1	21.5
109.5	15.6	15.9	16.4	16.8	17.3	18.3	19.5	20.1	20.6	21.3	21.7
110	15.8	16.1	16.6	16.9	17.5	18.5	19.7	20.3	20.8	21.5	22.0
110.5	15.9	16.2	16.7	17.1	17.6	18.7	19.9	20.5	21.0	21.7	22.2
111	16.1	16.4	16.9	17.2	17.8	18.9	20.1	20.7	21.2	21.9	22.4
111.5	16.2	16.5	17.0	17.4	18.0	19.1	20.3	20.9	21.4	22.1	22.6
112	16.3	16.7	17.2	17.6	18.1	19.2	20.5	21.1	21.6	22.4	22.9
112.5	16.5	16.8	17.4	17.7	18.3	19.4	20.7	21.4	21.8	22.6	23.1
113	16.6	17.0	17.5	17.9	18.5	19.6	20.9	21.6	22.1	22.8	23.4
113.5	16.8	17.1	17.7	18.1	18.7	19.8	21.1	21.8	22.3	23.1	23.6
114	17.0	17.3	17.8	18.2	18.8	20.0	21.3	22.0	22.5	23.3	23.8
114.5	17.1	17.5	18.0	18.4	19.0	20.2	21.5	22.2	22.7	23.5	24.1
115	17.3	17.6	18.2	18.6	19.2	20.4	21.7	22.4	23.0	23.8	24.3
115.5	17.4	17.8	18.3	18.7	19.4	20.6	21.9	22.7	23.2	24.0	24.6
116	17.6	17.9	18.5	18.9	19.5	20.8	22.1	22.9	23.4	24.3	24.8
116.5	17.7	18.1	18.7	19.1	19.7	21.0	22.3	23.1	23.7	24.5	25.1
117	17.9	18.3	18.8	19.3	19.9	21.2	22.5	23.3	23.9	24.7	25.3
117.5	18.0	18.4	19.0	19.4	20.1	21.4	22.8	23.6	24.1	25.0	25.6
118	18.2	18.6	19.2	19.6	20.3	21.6	23.0	23.8	24.4	25.2	25.8
118.5	18.4	18.7	19.4	19.8	20.4	21.8	23.2	24.0	24.6	25.5	26.1
119	18.5	18.9	19.5	20.0	20.6	22.0	23.4	24.2	24.8	25.7	26.3
119.5	18.7	19.1	19.7	20.1	20.8	22.2	23.6	24.5	25.1	26.0	26.6
120	18.8	19.2	19.9	20.3	21.0	22.4	23.8	24.7	25.3	26.2	26.8

여자 24~35개월

신장* (cm)	체중(kg) 백분위수										
	3rd	5th	10th	15th	25th	50th	75th	85th	90th	95th	97th
65	6.1	6.3	6.5	6.6	6.8	7.2	7.7	8.0	8.2	8.4	8.6
65.5	6.2	6.4	6.6	6.7	6.9	7.4	7.8	8.1	8.3	8.6	8.8
66	6.3	6.5	6.7	6.8	7.0	7.5	7.9	8.2	8.4	8.7	8.9
66.5	6.4	6.5	6.8	6.9	7.1	7.6	8.1	8.3	8.5	8.8	9.0
67	6.5	6.6	6.9	7.0	7.2	7.7	8.2	8.5	8.7	9.0	9.2
67.5	6.6	6.7	6.9	7.1	7.3	7.8	8.3	8.6	8.8	9.1	9.3
68	6.7	6.8	7.0	7.2	7.4	7.9	8.4	8.7	8.9	9.2	9.4
68.5	6.8	6.9	7.1	7.3	7.5	8.0	8.5	8.8	9.0	9.3	9.5
69	6.9	7.0	7.2	7.4	7.6	8.1	8.6	8.9	9.1	9.4	9.7
69.5	7.0	7.1	7.3	7.5	7.7	8.2	8.7	9.0	9.2	9.6	9.8
70	7.0	7.2	7.4	7.6	7.8	8.3	8.8	9.1	9.4	9.7	9.9
70.5	7.1	7.3	7.5	7.7	7.9	8.4	8.9	9.3	9.5	9.8	10.0
71	7.2	7.4	7.6	7.8	8.0	8.5	9.0	9.4	9.6	9.9	10.1
71.5	7.3	7.4	7.7	7.9	8.1	8.6	9.2	9.5	9.7	10.0	10.3
72	7.4	7.5	7.8	7.9	8.2	8.7	9.3	9.6	9.8	10.1	10.4
72.5	7.5	7.6	7.9	8.0	8.3	8.8	9.4	9.7	9.9	10.3	10.5
73	7.6	7.7	8.0	8.1	8.4	8.9	9.5	9.8	10.0	10.4	10.6
73.5	7.6	7.8	8.0	8.2	8.5	9.0	9.6	9.9	10.1	10.5	10.7
74	7.7	7.9	8.1	8.3	8.6	9.1	9.7	10.0	10.2	10.6	10.8
74.5	7.8	8.0	8.2	8.4	8.7	9.2	9.8	10.1	10.3	10.7	10.9
75	7.9	8.0	8.3	8.5	8.7	9.3	9.9	10.2	10.4	10.8	11.1
75.5	8.0	8.1	8.4	8.6	8.8	9.4	10.0	10.3	10.5	10.9	11.2
76	8.0	8.2	8.5	8.6	8.9	9.5	10.1	10.4	10.6	11.0	11.3
76.5	8.1	8.3	8.5	8.7	9.0	9.6	10.2	10.5	10.7	11.1	11.4
77	8.2	8.4	8.6	8.8	9.1	9.6	10.3	10.6	10.8	11.2	11.5
77.5	8.3	8.4	8.7	8.9	9.2	9.7	10.4	10.7	11.0	11.3	11.6
78	8.4	8.5	8.8	9.0	9.3	9.8	10.5	10.8	11.1	11.4	11.7
78.5	8.4	8.6	8.9	9.1	9.4	9.9	10.6	10.9	11.2	11.6	11.8
79	8.5	8.7	9.0	9.2	9.4	10.0	10.7	11.0	11.3	11.7	11.9
79.5	8.6	8.8	9.1	9.2	9.5	10.1	10.8	11.1	11.4	11.8	12.1
80	8.7	8.9	9.1	9.3	9.6	10.2	10.9	11.2	11.5	11.9	12.2
80.5	8.8	9.0	9.2	9.4	9.7	10.3	11.0	11.4	11.6	12.0	12.3
81	8.9	9.1	9.3	9.5	9.8	10.4	11.1	11.5	11.7	12.2	12.4
81.5	9.0	9.2	9.4	9.6	9.9	10.6	11.2	11.6	11.9	12.3	12.6
82	9.1	9.3	9.5	9.7	10.1	10.7	11.3	11.7	12.0	12.4	12.7
82.5	9.2	9.4	9.6	9.9	10.2	10.8	11.5	11.9	12.1	12.5	12.8
83	9.3	9.5	9.8	10.0	10.3	10.9	11.6	12.0	12.3	12.7	13.0
83.5	9.4	9.6	9.9	10.1	10.4	11.0	11.7	12.1	12.4	12.8	13.1

*2세(24개월) 이상의 신장은 선 키로 측정

여자 24~35개월

신장	체중(kg) 백분위수										
(cm)	3rd	5th	10th	15th	25th	50th	75th	85th	90th	95th	97th
84	9.5	9.7	10.0	10.2	10.5	11.1	11.8	12.2	12.5	13.0	13.3
84.5	9.6	9.8	10.1	10.3	10.6	11.3	12.0	12.4	12.7	13.1	13.4
85	9.7	9.9	10.2	10.4	10.7	11.4	12.1	12.5	12.8	13.2	13.5
85.5	9.8	10.0	10.3	10.5	10.9	11.5	12.2	12.7	12.9	13.4	13.7
86	9.9	10.1	10.4	10.6	11.0	11.6	12.4	12.8	13.1	13.5	13.8
86.5	10.0	10.2	10.5	10.8	11.1	11.8	12.5	12.9	13.2	13.7	14.0
87	10.1	10.3	10.6	10.9	11.2	11.9	12.6	13.1	13.4	13.8	14.1
87.5	10.2	10.4	10.8	11.0	11.3	12.0	12.8	13.2	13.5	14.0	14.3
88	10.3	10.5	10.9	11.1	11.4	12.1	12.9	13.3	13.7	14.1	14.4
88.5	10.4	10.6	11.0	11.2	11.6	12.3	13.0	13.5	13.8	14.3	14.6
89	10.5	10.8	11.1	11.3	11.7	12.4	13.2	13.6	13.9	14.4	14.7
89.5	10.6	10.9	11.2	11.4	11.8	12.5	13.3	13.8	14.1	14.6	14.9
90	10.8	11.0	11.3	11.5	11.9	12.6	13.4	13.9	14.2	14.7	15.0
90.5	10.9	11.1	11.4	11.7	12.0	12.8	13.6	14.0	14.4	14.9	15.2
91	11.0	11.2	11.5	11.8	12.1	12.9	13.7	14.2	14.5	15.0	15.3
91.5	11.1	11.3	11.6	11.9	12.3	13.0	13.8	14.3	14.6	15.1	15.5
92	11.2	11.4	11.7	12.0	12.4	13.1	14.0	14.4	14.8	15.3	15.6
92.5	11.3	11.5	11.9	12.1	12.5	13.3	14.1	14.6	14.9	15.4	15.8
93	11.4	11.6	12.0	12.2	12.6	13.4	14.2	14.7	15.1	15.6	15.9
93.5	11.5	11.7	12.1	12.3	12.7	13.5	14.4	14.9	15.2	15.7	16.1
94	11.6	11.8	12.2	12.4	12.8	13.6	14.5	15.0	15.3	15.9	16.2
94.5	11.7	11.9	12.3	12.6	13.0	13.8	14.6	15.1	15.5	16.0	16.4
95	11.8	12.0	12.4	12.7	13.1	13.9	14.8	15.3	15.6	16.2	16.5
95.5	11.9	12.1	12.5	12.8	13.2	14.0	14.9	15.4	15.8	16.3	16.7
96	12.0	12.3	12.6	12.9	13.3	14.1	15.0	15.6	15.9	16.5	16.9
96.5	12.1	12.4	12.8	13.0	13.4	14.3	15.2	15.7	16.1	16.6	17.0
97	12.2	12.5	12.9	13.1	13.6	14.4	15.3	15.8	16.2	16.8	17.2
97.5	12.3	12.6	13.0	13.3	13.7	14.5	15.5	16.0	16.4	16.9	17.3
98	12.4	12.7	13.1	13.4	13.8	14.7	15.6	16.1	16.5	17.1	17.5
98.5	12.6	12.8	13.2	13.5	13.9	14.8	15.7	16.3	16.7	17.3	17.7
99	12.7	12.9	13.3	13.6	14.1	14.9	15.9	16.4	16.8	17.4	17.8
99.5	12.8	13.0	13.5	13.8	14.2	15.1	16.0	16.6	17.0	17.6	18.0
100	12.9	13.2	13.6	13.9	14.3	15.2	16.2	16.8	17.2	17.8	18.2
100.5	13.0	13.3	13.7	14.0	14.5	15.4	16.4	16.9	17.3	17.9	18.3
101	13.1	13.4	13.8	14.1	14.6	15.5	16.5	17.1	17.5	18.1	18.5
101.5	13.3	13.5	14.0	14.3	14.7	15.7	16.7	17.2	17.7	18.3	18.7
102	13.4	13.7	14.1	14.4	14.9	15.8	16.8	17.4	17.8	18.5	18.9
102.5	13.5	13.8	14.2	14.5	15.0	16.0	17.0	17.6	18.0	18.7	19.1

신장 (cm)	체중(kg) 백분위수										
	3rd	5th	10th	15th	25th	50th	75th	85th	90th	95th	97th
103	13.6	13.9	14.4	14.7	15.2	16.1	17.2	17.8	18.2	18.8	19.3
103.5	13.8	14.1	14.5	14.8	15.3	16.3	17.3	17.9	18.4	19.0	19.5
104	13.9	14.2	14.7	15.0	15.5	16.4	17.5	18.1	18.6	19.2	19.7
104.5	14.0	14.3	14.8	15.1	15.6	16.6	17.7	18.3	18.7	19.4	19.9
105	14.2	14.5	14.9	15.3	15.8	16.8	17.9	18.5	18.9	19.6	20.1
105.5	14.3	14.6	15.1	15.4	15.9	16.9	18.1	18.7	19.1	19.8	20.3
106	14.5	14.8	15.2	15.6	16.1	17.1	18.2	18.9	19.3	20.0	20.5
106.5	14.6	14.9	15.4	15.7	16.3	17.3	18.4	19.1	19.5	20.2	20.7
107	14.7	15.1	15.6	15.9	16.4	17.5	18.6	19.3	19.7	20.5	21.0
107.5	14.9	15.2	15.7	16.1	16.6	17.7	18.8	19.5	20.0	20.7	21.2
108	15.0	15.4	15.9	16.2	16.8	17.8	19.0	19.7	20.2	20.9	21.4
108.5	15.2	15.5	16.0	16.4	16.9	18.0	19.2	19.9	20.4	21.1	21.6
109	15.4	15.7	16.2	16.6	17.1	18.2	19.4	20.1	20.6	21.4	21.9
109.5	15.5	15.8	16.4	16.7	17.3	18.4	19.6	20.3	20.8	21.6	22.1
110	15.7	16.0	16.5	16.9	17.5	18.6	19.8	20.6	21.1	21.8	22.4
110.5	15.8	16.2	16.7	17.1	17.7	18.8	20.1	20.8	21.3	22.1	22.6
111	16.0	16.3	16.9	17.3	17.8	19.0	20.3	21.0	21.5	22.3	22.8
111.5	16.2	16.5	17.1	17.4	18.0	19.2	20.5	21.2	21.7	22.6	23.1
112	16.3	16.7	17.2	17.6	18.2	19.4	20.7	21.5	22.0	22.8	23.4
112.5	16.5	16.8	17.4	17.8	18.4	19.6	20.9	21.7	22.2	23.1	23.6
113	16.7	17.0	17.6	18.0	18.6	19.8	21.2	21.9	22.5	23.3	23.9
113.5	16.8	17.2	17.8	18.2	18.8	20.0	21.4	22.2	22.7	23.6	24.1
114	17.0	17.4	17.9	18.4	19.0	20.2	21.6	22.4	23.0	23.8	24.4
114.5	17.2	17.5	18.1	18.5	19.2	20.5	21.8	22.6	23.2	24.1	24.7
115	17.3	17.7	18.3	18.7	19.4	20.7	22.1	22.9	23.4	24.3	24.9
115.5	17.5	17.9	18.5	18.9	19.6	20.9	22.3	23.1	23.7	24.6	25.2
116	17.7	18.1	18.7	19.1	19.8	21.1	22.5	23.4	23.9	24.9	25.5
116.5	17.9	18.3	18.9	19.3	20.0	21.3	22.8	23.6	24.2	25.1	25.7
117	18.0	18.4	19.1	19.5	20.2	21.5	23.0	23.8	24.4	25.4	26.0
117.5	18.2	18.6	19.2	19.7	20.4	21.7	23.2	24.1	24.7	25.6	26.3
118	18.4	18.8	19.4	19.9	20.6	22.0	23.5	24.3	25.0	25.9	26.5
118.5	18.6	19.0	19.6	20.1	20.8	22.2	23.7	24.6	25.2	26.2	26.8
119	18.7	19.1	19.8	20.3	21.0	22.4	23.9	24.8	25.5	26.4	27.1
119.5	18.9	19.3	20.0	20.5	21.2	22.6	24.2	25.1	25.7	26.7	27.4
120	19.1	19.5	20.2	20.6	21.4	22.8	24.4	25.3	26.0	27.0	27.6

연령별 머리둘레 백분위수

남자 0~35개월

만나이 (세)	만나이 (개월)	머리둘레(cm) 백분위수										
		3rd	5th	10th	15th	25th	50th	75th	85th	90th	95th	97th
0	0	32.1	32.4	32.8	33.1	33.6	34.5	35.3	35.8	36.1	36.6	36.9
	1	35.1	35.4	35.8	36.1	36.5	37.3	38.1	38.5	38.8	39.2	39.5
	2	36.9	37.2	37.6	37.9	38.3	39.1	39.9	40.3	40.6	41.1	41.3
	3	38.3	38.6	39.0	39.3	39.7	40.5	41.3	41.7	42.0	42.5	42.7
	4	39.4	39.7	40.1	40.4	40.8	41.6	42.4	42.9	43.2	43.6	43.9
	5	40.3	40.6	41.0	41.3	41.7	42.6	43.4	43.8	44.1	44.5	44.8
	6	41.0	41.3	41.8	42.1	42.5	43.3	44.2	44.6	44.9	45.3	45.6
	7	41.7	42.0	42.4	42.7	43.1	44.0	44.8	45.3	45.6	46.0	46.3
	8	42.2	42.5	42.9	43.2	43.7	44.5	45.4	45.8	46.1	46.6	46.9
	9	42.6	42.9	43.4	43.7	44.2	45.0	45.8	46.3	46.6	47.1	47.4
	10	43.0	43.3	43.8	44.1	44.6	45.4	46.3	46.7	47.0	47.5	47.8
	11	43.4	43.7	44.1	44.4	44.9	45.8	46.6	47.1	47.4	47.9	48.2
1	12	43.6	44.0	44.4	44.7	45.2	46.1	46.9	47.4	47.7	48.2	48.5
	13	43.9	44.2	44.7	45.0	45.5	46.3	47.2	47.7	48.0	48.5	48.8
	14	44.1	44.4	44.9	45.2	45.7	46.6	47.5	47.9	48.3	48.7	49.0
	15	44.3	44.7	45.1	45.5	45.9	46.8	47.7	48.2	48.5	49.0	49.3
	16	44.5	44.8	45.3	45.6	46.1	47.0	47.9	48.4	48.7	49.2	49.5
	17	44.7	45.0	45.5	45.8	46.3	47.2	48.1	48.6	48.9	49.4	49.7
	18	44.9	45.2	45.7	46.0	46.5	47.4	48.3	48.7	49.1	49.6	49.9
	19	45.0	45.3	45.8	46.2	46.6	47.5	48.4	48.9	49.2	49.7	50.0
	20	45.2	45.5	46.0	46.3	46.8	47.7	48.6	49.1	49.4	49.9	50.2
	21	45.3	45.6	46.1	46.4	46.9	47.8	48.7	49.2	49.6	50.1	50.4
	22	45.4	45.8	46.3	46.6	47.1	48.0	48.9	49.4	49.7	50.2	50.5
	23	45.6	45.9	46.4	46.7	47.2	48.1	49.0	49.5	49.9	50.3	50.7
2	24	45.7	46.0	46.5	46.8	47.3	48.3	49.2	49.7	50.0	50.5	50.8
	25	45.8	46.1	46.6	47.0	47.5	48.4	49.3	49.8	50.1	50.6	50.9
	26	45.9	46.2	46.7	47.1	47.6	48.5	49.4	49.9	50.3	50.8	51.1
	27	46.0	46.3	46.8	47.2	47.7	48.6	49.5	50.0	50.4	50.9	51.2
	28	46.1	46.5	47.0	47.3	47.8	48.7	49.7	50.2	50.5	51.0	51.3
	29	46.2	46.6	47.1	47.4	47.9	48.8	49.8	50.3	50.6	51.1	51.4
	30	46.3	46.6	47.1	47.5	48.0	48.9	49.9	50.4	50.7	51.2	51.6
	31	46.4	46.7	47.2	47.6	48.1	49.0	50.0	50.5	50.8	51.3	51.7
	32	46.5	46.8	47.3	47.7	48.2	49.1	50.1	50.6	50.9	51.4	51.8
	33	46.6	46.9	47.4	47.8	48.3	49.2	50.2	50.7	51.0	51.5	51.9
	34	46.6	47.0	47.5	47.8	48.3	49.3	50.3	50.8	51.1	51.6	52.0
	35	46.7	47.1	47.6	47.9	48.4	49.4	50.3	50.8	51.2	51.7	52.0

여자 0~35개월

만나이 (세)	만나이 (개월)	머리둘레(cm) 백분위수										
		3rd	5th	10th	15th	25th	50th	75th	85th	90th	95th	97th
0	0	31.7	31.9	32.4	32.7	33.1	33.9	34.7	35.1	35.4	35.8	36.1
	1	34.3	34.6	35.0	35.3	35.8	36.5	37.3	37.8	38.0	38.5	38.8
	2	36.0	36.3	36.7	37.0	37.4	38.3	39.1	39.5	39.8	40.2	40.5
	3	37.2	37.5	37.9	38.2	38.7	39.5	40.4	40.8	41.1	41.6	41.9
	4	38.2	38.5	39.0	39.3	39.7	40.6	41.4	41.9	42.2	42.7	43.0
	5	39.0	39.3	39.8	40.1	40.6	41.5	42.3	42.8	43.1	43.6	43.9
	6	39.7	40.1	40.5	40.8	41.3	42.2	43.1	43.5	43.9	44.3	44.6
	7	40.4	40.7	41.1	41.5	41.9	42.8	43.7	44.2	44.5	45.0	45.3
	8	40.9	41.2	41.7	42.0	42.5	43.4	44.3	44.7	45.1	45.6	45.9
	9	41.3	41.6	42.1	42.4	42.9	43.8	44.7	45.2	45.5	46.0	46.3
	10	41.7	42.0	42.5	42.8	43.3	44.2	45.1	45.6	46.0	46.4	46.8
	11	42.0	42.4	42.9	43.2	43.7	44.6	45.5	46.0	46.3	46.8	47.1
1	12	42.3	42.7	43.2	43.5	44.0	44.9	45.8	46.3	46.6	47.1	47.5
	13	42.6	42.9	43.4	43.8	44.3	45.2	46.1	46.6	46.9	47.4	47.7
	14	42.9	43.2	43.7	44.0	44.5	45.4	46.3	46.8	47.2	47.7	48.0
	15	43.1	43.4	43.9	44.2	44.7	45.7	46.6	47.1	47.4	47.9	48.2
	16	43.3	43.6	44.1	44.4	44.9	45.9	46.8	47.3	47.6	48.1	48.5
	17	43.5	43.8	44.3	44.6	45.1	46.1	47.0	47.5	47.8	48.3	48.7
	18	43.6	44.0	44.5	44.8	45.3	46.2	47.2	47.7	48.0	48.5	48.8
	19	43.8	44.1	44.6	45.0	45.5	46.4	47.3	47.8	48.2	48.7	49.0
	20	44.0	44.3	44.8	45.1	45.6	46.6	47.5	48.0	48.4	48.9	49.2
	21	44.1	44.5	45.0	45.3	45.8	46.7	47.7	48.2	48.5	49.0	49.4
	22	44.3	44.6	45.1	45.4	46.0	46.9	47.8	48.3	48.7	49.2	49.5
	23	44.4	44.7	45.3	45.6	46.1	47.0	48.0	48.5	48.8	49.3	49.7
2	24	44.6	44.9	45.4	45.7	46.2	47.2	48.1	48.6	49.0	49.5	49.8
	25	44.7	45.0	45.5	45.9	46.4	47.3	48.3	48.8	49.1	49.6	49.9
	26	44.8	45.2	45.7	46.0	46.5	47.5	48.4	48.9	49.2	49.8	50.1
	27	44.9	45.3	45.8	46.1	46.6	47.6	48.5	49.0	49.4	49.9	50.2
	28	45.1	45.4	45.9	46.3	46.8	47.7	48.7	49.2	49.5	50.0	50.3
	29	45.2	45.5	46.0	46.4	46.9	47.8	48.8	49.3	49.6	50.1	50.5
	30	45.3	45.6	46.1	46.5	47.0	47.9	48.9	49.4	49.7	50.2	50.6
	31	45.4	45.7	46.2	46.6	47.1	48.0	49.0	49.5	49.8	50.4	50.7
	32	45.5	45.8	46.3	46.7	47.2	48.1	49.1	49.6	49.9	50.5	50.8
	33	45.6	45.9	46.4	46.8	47.3	48.2	49.2	49.7	50.0	50.6	50.9
	34	45.7	46.0	46.5	46.9	47.4	48.3	49.3	49.8	50.1	50.7	51.0
	35	45.8	46.1	46.6	47.0	47.5	48.4	49.4	49.9	50.2	50.7	51.1

2. 2020 한국인 영양소 섭취기준

연령·체위기준

연령	2020 체위기준					
	신장(cm)		체중(kg)		BMI(kg/m²)	
0-5(개월)	58.3		5.5		16.2	
6-11	70.3		8.4		17.0	
1-2(세)	85.8		11.7		15.9	
3-5	105.4		17.6		15.8	
	남자	여자	남자	여자	남자	여자
6-8(세)	124.6	123.5	25.6	25.0	16.7	16.4
9-11	141.7	142.1	37.4	36.6	18.7	18.1
12-14	161.2	156.6	52.7	48.7	20.5	20.0
15-18	172.4	160.3	64.5	53.8	21.9	21.0
19-29	174.6	161.4	68.9	55.9	22.6	21.4
30-49	173.2	159.8	67.8	54.7	22.6	21.4
50-64	168.9	156.6	64.5	52.5	22.6	21.4
65-74	166.2	152.9	62.4	50.0	22.6	21.4
75 이상	163.1	146.7	60.1	46.1	22.6	21.4

에너지적정비율

영양소		에너지적정비율(%)						
		영아	유아		남녀		임신부	수유부
		0-11개월	1-2세	3-5세	6-18세	19세 이상		
탄수화물		-	55-65	55-65	55-65	55-65	55-65	55-65
단백질		-	7-20	7-20	7-20	7-20	7-20	7-20
지질[1]	지방	-	20-35	15-30	15-30	15-30	15-30	15-30
	포화지방산	-	-	8 미만	8 미만	7 미만		
	트랜스지방산	-	-	1 미만	1 미만	1 미만		

[1] 콜레스테롤: 19세 이상 300 mg/일 미만 권고

당류

총당류 섭취량을 총에너지 섭취량의 10～20%로 제한하고, 특히 식품의 조리 및 가공 시 첨가되는 첨가당은 총에너지 섭취량의 10% 이내로 섭취하도록 한다. 첨가당의 주요 급원으로는 설탕, 액상과당, 물엿, 당밀, 꿀, 시럽, 농축과일주스 등이 있다.

자료 : 보건복지부. 2020 한국인 영양소 섭취기준, 2020

에너지와 다량 영양소

성별	연령	에너지(kcal/일)				탄수화물(g/일)				식이섬유(g/일)				지방(g/일)			
		필요 추정량	권장 섭취량	충분 섭취량	상한 섭취량	평균 필요량	권장 섭취량	충분 섭취량	상한 섭취량	평균 필요량	권장 섭취량	충분 섭취량	상한 섭취량	평균 필요량	권장 섭취량	충분 섭취량	상한 섭취량
영아	0-5(개월)	500						60								25	
	6-11	600						90								25	
유아	1-2(세)	900				100	130					15					
	3-5	1,400				100	130					20					
남자	6-8(세)	1,700				100	130					25					
	9-11	2,000				100	130					25					
	12-14	2,500				100	130					30					
	15-18	2,700				100	130					30					
	19-29	2,600				100	130					30					
	30-49	2,500				100	130					30					
	50-64	2,200				100	130					30					
	65-74	2,000				100	130					25					
	75 이상	1,900				100	130					25					
여자	6-8(세)	1,500				100	130					20					
	9-11	1,800				100	130					25					
	12-14	2,000				100	130					25					
	15-18	2,000				100	130					25					
	19-29	2,000				100	130					20					
	30-49	1,900				100	130					20					
	50-64	1,700				100	130					20					
	65-74	1,600				100	130					20					
	75 이상	1,500				100	130					20					
임신부[1]		+0 +340 +450				+35	+45					+5					
수유부		+340				+60	+80					+5					

성별	연령	리놀레산(g/일)				알파-리놀렌산(g/일)				EPA+DHA(mg/일)				단백질(g/일)			
		평균 필요량	권장 섭취량	충분 섭취량	상한 섭취량	평균 필요량	권장 섭취량	충분 섭취량	상한 섭취량	평균 필요량	권장 섭취량	충분 섭취량	상한 섭취량	평균 필요량	권장 섭취량	충분 섭취량	상한 섭취량
영아	0-5(개월)			5.0				0.6				200[2]				10	
	6-11			7.0				0.8				300[2]		12	15		
유아	1-2(세)			4.5				0.6						15	20		
	3-5			7.0				0.9						20	25		
남자	6-8(세)			9.0				1.1				200		30	35		
	9-11			9.5				1.3				220		40	50		
	12-14			12.0				1.5				230		50	60		
	15-18			14.0				1.7				230		55	65		
	19-29			13.0				1.6				210		50	65		
	30-49			11.5				1.4				400		50	65		
	50-64			9.0				1.4				500		50	60		
	65-74			7.0				1.2				310		50	60		
	75 이상			5.0				0.9				280		50	60		
여자	6-8(세)			7.0				0.8				200		30	35		
	9-11			9.0				1.1				150		40	45		
	12-14			9.0				1.2				210		45	55		
	15-18			10.0				1.1				100		45	55		
	19-29			10.0				1.2				150		45	55		
	30-49			8.5				1.2				260		40	50		
	50-64			7.0				1.2				240		40	50		
	65-74			4.5				1.0				150		40	50		
	75 이상			3.0				0.4				140		40	50		
임신부[3]				+0				+0				+0		+12 +25	+15 +30		
수유부				+0				+0				+0		+20	+25		

[1] 열량: 1, 2, 3분기별 부가량 [2] DHA [3] 단백질: 2, 3분기별 부가량

성별	연령	메티오닌+시스테인(g/일)				류신(g/일)				이소류신(g/일)				발린(g/일)				라이신(g/일)			
		평균 필요량	권장 섭취량	충분 섭취량	상한 섭취량	평균 필요량	권장 섭취량	충분 섭취량	상한 섭취량	평균 필요량	권장 섭취량	충분 섭취량	상한 섭취량	평균 필요량	권장 섭취량	충분 섭취량	상한 섭취량	평균 필요량	권장 섭취량	충분 섭취량	상한 섭취량
영아	0-5(개월)			0.4				1.0				0.6				0.6				0.7	
	6-11	0.3	0.4			0.6	0.8			0.3	0.4			0.3	0.5			0.6	0.8		
유아	1-2(세)	0.3	0.4			0.6	0.8			0.3	0.4			0.4	0.5			0.6	0.7		
	3-5	0.3	0.4			0.7	1.0			0.3	0.4			0.4	0.5			0.6	0.8		
남자	6-8(세)	0.5	0.6			1.1	1.3			0.5	0.6			0.6	0.7			1.0	1.2		
	9-11	0.7	0.8			1.5	1.9			0.7	0.8			0.9	1.1			1.4	1.8		
	12-14	1.0	1.2			2.2	2.7			1.0	1.2			1.2	1.6			2.1	2.5		
	15-18	1.2	1.4			2.6	3.2			1.2	1.4			1.5	1.8			2.3	2.9		
	19-29	1.0	1.4			2.4	3.1			1.0	1.4			1.4	1.7			2.5	3.1		
	30-49	1.1	1.4			2.4	3.1			1.1	1.4			1.4	1.7			2.4	3.1		
	50-64	1.1	1.3			2.3	2.8			1.1	1.3			1.3	1.6			2.3	2.9		
	65-74	1.0	1.3			2.2	2.8			1.0	1.3			1.3	1.6			2.2	2.9		
	75 이상	0.9	1.1			2.1	2.7			0.9	1.1			1.1	1.5			2.2	2.7		
여자	6-8(세)	0.5	0.6			1.0	1.3			0.5	0.6			0.6	0.7			0.9	1.3		
	9-11	0.6	0.7			1.5	1.8			0.6	0.7			0.9	1.1			1.3	1.6		
	12-14	0.8	1.0			1.9	2.4			0.8	1.0			1.2	1.4			1.8	2.2		
	15-18	0.8	1.1			2.0	2.4			0.8	1.1			1.2	1.4			1.8	2.2		
	19-29	0.8	1.0			2.0	2.5			0.8	1.1			1.1	1.3			2.1	2.6		
	30-49	0.8	1.0			1.9	2.4			0.8	1.0			1.0	1.4			2.0	2.5		
	50-64	0.8	1.1			1.9	2.3			0.8	1.1			1.1	1.3			1.9	2.4		
	65-74	0.7	0.9			1.8	2.2			0.7	0.9			0.9	1.3			1.8	2.3		
	75 이상	0.7	0.9			1.7	2.1			0.7	0.9			0.9	1.1			1.7	2.1		
임신부		1.1	1.4			2.5	3.1			1.1	1.4			1.4	1.7			2.3	2.9		
수유부		1.1	1.5			2.8	3.5			1.3	1.7			1.6	1.9			2.5	3.1		

성별	연령	페닐알라닌+티로신(g/일)				트레오닌(g/일)				트립토판(g/일)				히스티딘(g/일)				수분(mL/일)					
		평균 필요량	권장 섭취량	충분 섭취량	상한 섭취량	평균 필요량	권장 섭취량	충분 섭취량	상한 섭취량	평균 필요량	권장 섭취량	충분 섭취량	상한 섭취량	평균 필요량	권장 섭취량	충분 섭취량	상한 섭취량	음식	물	음료	충분섭취량		상한 섭취량
																					액체	총수분	
영아	0-5(개월)			0.9				0.5				0.2				0.1					700	700	
	6-11	0.5	0.7			0.3	0.4			0.1	0.1			0.2	0.3			300			500	800	
유아	1-2(세)	0.5	0.7			0.3	0.4			0.1	0.1			0.2	0.3			300	362	0	700	1,000	
	3-5	0.6	0.7			0.3	0.4			0.1	0.1			0.2	0.3			400	491	0	1,100	1,500	
남자	6-8(세)	0.9	1.0			0.5	0.6			0.1	0.2			0.3	0.4			900	589	0	800	1,700	
	9-11	1.3	1.6			0.7	0.9			0.2	0.2			0.5	0.6			1,100	686	1.2	900	2,000	
	12-14	1.8	2.3			1.0	1.3			0.3	0.3			0.7	0.9			1,300	911	1.9	1,100	2,400	
	15-18	2.1	2.6			1.2	1.5			0.3	0.4			0.9	1.0			1,400	920	6.4	1,200	2,600	
	19-29	2.8	3.6			1.1	1.5			0.3	0.3			0.8	1.0			1,400	981	262	1,200	2,600	
	30-49	2.9	3.5			1.2	1.5			0.3	0.3			0.7	1.0			1,300	957	289	1,200	2,500	
	50-64	2.7	3.4			1.1	1.4			0.3	0.3			0.7	0.9			1,200	940	75	1,000	2,200	
	65-74	2.5	3.3			1.1	1.3			0.2	0.3			0.7	1.0			1,100	904	20	1,000	2,100	
	75 이상	2.5	3.1			1.0	1.3			0.2	0.3			0.7	0.8			1,000	662	12	1,100	2,100	
여자	6-8(세)	0.8	1.0			0.5	0.6			0.1	0.2			0.3	0.4			800	514	0	800	1,600	
	9-11	1.2	1.5			0.6	0.9			0.2	0.2			0.4	0.5			1,000	643	0	900	1,900	
	12-14	1.6	1.9			0.9	1.2			0.2	0.3			0.6	0.7			1,100	610	0	900	2,000	
	15-18	1.6	2.0			0.9	1.2			0.2	0.3			0.6	0.7			1,100	659	7.3	900	2,000	
	19-29	2.3	2.9			0.9	1.1			0.2	0.3			0.6	0.8			1,100	709	126	1,000	2,100	
	30-49	2.3	2.8			0.9	1.2			0.2	0.3			0.6	0.8			1,000	772	124	1,000	2,000	
	50-64	2.2	2.7			0.8	1.1			0.2	0.3			0.6	0.7			900	784	27	1,000	1,900	
	65-74	2.1	2.6			0.8	1.0			0.2	0.2			0.5	0.7			900	624	9	900	1,800	
	75 이상	2.0	2.4			0.7	0.9			0.2	0.2			0.5	0.7			800	552	5	1,000	1,800	
임신부		3.0	3.8			1.2	1.5			0.3	0.4			0.8	1.0							+200	
수유부		3.7	4.7			1.3	1.7			0.4	0.5			0.8	1.1						+500	+700	

아미노산: 임신부, 수유부 - 부가량 아닌 절대필요량임.

지용성 비타민

성별	연령	비타민 A(μg RAE/일)				비타민 D(μg/일)			
		평균 필요량	권장 섭취량	충분 섭취량	상한 섭취량	평균 필요량	권장 섭취량	충분 섭취량	상한 섭취량
영아	0-5(개월)			350	600			5	25
	6-11			450	600			5	25
유아	1-2(세)	190	250		600			5	30
	3-5	230	300		750			5	35
남자	6-8(세)	310	450		1,100			5	40
	9-11	410	600		1,600			5	60
	12-14	530	750		2,300			10	100
	15-18	620	850		2,800			10	100
	19-29	570	800		3,000			10	100
	30-49	560	800		3,000			10	100
	50-64	530	750		3,000			10	100
	65-74	510	700		3,000			15	100
	75 이상	500	700		3,000			15	100
여자	6-8(세)	290	400		1,100			5	40
	9-11	390	550		1,600			5	60
	12-14	480	650		2,300			10	100
	15-18	450	650		2,800			10	100
	19-29	460	650		3,000			10	100
	30-49	450	650		3,000			10	100
	50-64	430	600		3,000			10	100
	65-74	410	600		3,000			15	100
	75 이상	410	600		3,000			15	100
임신부		+50	+70		3,000			+0	100
수유부		+350	+490		3,000			+0	100

성별	연령	비타민 E(mg α-TE/일)				비타민 K(μg/일)			
		평균 필요량	권장 섭취량	충분 섭취량	상한 섭취량	평균 필요량	권장 섭취량	충분 섭취량	상한 섭취량
영아	0-5(개월)			3				4	
	6-11			4				6	
유아	1-2(세)			5	100			25	
	3-5			6	150			30	
남자	6-8(세)			7	200			40	
	9-11			9	300			55	
	12-14			11	400			70	
	15-18			12	500			80	
	19-29			12	540			75	
	30-49			12	540			75	
	50-64			12	540			75	
	65-74			12	540			75	
	75 이상			12	540			75	
여자	6-8(세)			7	200			40	
	9-11			9	300			55	
	12-14			11	400			65	
	15-18			12	500			65	
	19-29			12	540			65	
	30-49			12	540			65	
	50-64			12	540			65	
	65-74			12	540			65	
	75 이상			12	540			65	
임신부				+0	540			+0	
수유부				+3	540			+0	

수용성 비타민

성별	연령	비타민 C(mg/일)				티아민(mg/일)				리보플라빈(mg/일)				니아신(mg NE/일)[1]			
		평균 필요량	권장 섭취량	충분 섭취량	상한 섭취량	평균 필요량	권장 섭취량	충분 섭취량	상한 섭취량	평균 필요량	권장 섭취량	충분 섭취량	상한 섭취량	평균 필요량	권장 섭취량	충분 섭취량	상한섭취량 니코틴산/니코틴아미드
영아	0-5(개월)			40				0.2				0.3				2	
	6-11			55				0.3				0.4				3	
유아	1-2(세)	30	40		340	0.4	0.4			0.4	0.5			4	6		10/180
	3-5	35	45		510	0.4	0.5			0.5	0.6			5	7		10/250
남자	6-8(세)	40	50		750	0.5	0.7			0.7	0.9			7	9		15/350
	9-11	55	70		1,100	0.7	0.9			0.9	1.1			9	11		20/500
	12-14	70	90		1,400	0.9	1.1			1.2	1.5			11	15		25/700
	15-18	80	100		1,600	1.1	1.3			1.4	1.7			13	17		30/800
	19-29	75	100		2,000	1.0	1.2			1.3	1.5			12	16		35/1000
	30-49	75	100		2,000	1.0	1.2			1.3	1.5			12	16		35/1000
	50-64	75	100		2,000	1.0	1.2			1.3	1.5			12	16		35/1000
	65-74	75	100		2,000	0.9	1.1			1.2	1.4			11	14		35/1000
	75 이상	75	100		2,000	0.9	1.1			1.1	1.3			10	13		35/1000
여자	6-8(세)	40	50		750	0.6	0.7			0.6	0.8			7	9		15/350
	9-11	55	70		1,100	0.8	0.9			0.8	1.0			9	12		20/500
	12-14	70	90		1,400	0.9	1.1			1.0	1.2			11	15		25/700
	15-18	80	100		1,600	0.9	1.1			1.0	1.2			11	14		30/800
	19-29	75	100		2,000	0.9	1.1			1.0	1.2			11	14		35/1000
	30-49	75	100		2,000	0.9	1.1			1.0	1.2			11	14		35/1000
	50-64	75	100		2,000	0.9	1.1			1.0	1.2			11	14		35/1000
	65-74	75	100		2,000	0.8	1.0			0.9	1.1			10	13		35/1000
	75 이상	75	100		2,000	0.7	0.8			0.8	1.0			9	12		35/1000
임신부		+10	+10		2,000	+0.4	+0.4			+0.3	+0.4			+3	+4		35/1000
수유부		+35	+40		2,000	+0.3	+0.4			+0.4	+0.5			+2	+3		35/1000

성별	연령	비타민 B_6(mg/일)				엽산(μg DFE/일)[2]				비타민 B_{12}(μg/일)				판토텐산(mg/일)				비오틴(μg/일)			
		평균 필요량	권장 섭취량	충분 섭취량	상한 섭취량	평균 필요량	권장 섭취량	충분 섭취량	상한 섭취량[3]	평균 필요량	권장 섭취량	충분 섭취량	상한 섭취량	평균 필요량	권장 섭취량	충분 섭취량	상한 섭취량	평균 필요량	권장 섭취량	충분 섭취량	상한 섭취량
영아	0-5(개월)			0.1				65				0.3				1.7				5	
	6-11			0.3				90				0.5				1.9				7	
유아	1-2(세)	0.5	0.6		20	120	150		300	0.8	0.9					2				9	
	3-5	0.6	0.7		30	150	180		400	0.9	1.1					2				12	
남자	6-8(세)	0.7	0.9		45	180	220		500	1.1	1.3					3				15	
	9-11	0.9	1.1		60	250	300		600	1.5	1.7					4				20	
	12-14	1.3	1.5		80	300	360		800	1.9	2.3					5				25	
	15-18	1.3	1.5		95	330	400		900	2.0	2.4					5				30	
	19-29	1.3	1.5		100	320	400		1,000	2.0	2.4					5				30	
	30-49	1.3	1.5		100	320	400		1,000	2.0	2.4					5				30	
	50-64	1.3	1.5		100	320	400		1,000	2.0	2.4					5				30	
	65-74	1.3	1.5		100	320	400		1,000	2.0	2.4					5				30	
	75 이상	1.3	1.5		100	320	400		1,000	2.0	2.4					5				30	
여자	6-8(세)	0.7	0.9		45	180	220		500	1.1	1.3					3				15	
	9-11	0.9	1.1		60	250	300		600	1.5	1.7					4				20	
	12-14	1.2	1.4		80	300	360		800	1.9	2.3					5				25	
	15-18	1.2	1.4		95	330	400		900	2.0	2.4					5				30	
	19-29	1.2	1.4		100	320	400		1,000	2.0	2.4					5				30	
	30-49	1.2	1.4		100	320	400		1,000	2.0	2.4					5				30	
	50-64	1.2	1.4		100	320	400		1,000	2.0	2.4					5				30	
	65-74	1.2	1.4		100	320	400		1,000	2.0	2.4					5				30	
	75 이상	1.2	1.4		100	320	400		1,000	2.0	2.4					5				30	
임신부		+0.7	+0.8		100	+200	+220		1,000	+0.2	+0.2					+1.0				+0	
수유부		+0.7	+0.8		100	+130	+150		1,000	+0.3	+0.4					+2.0				+5	

[1] 1 mg NE(니아신 당량) = 1 mg 니아신 = 60 mg 트립토판

[2] Dietary Folate Equivalents, 가임기 여성의 경우 400 μg/일의 엽산보충제 섭취를 권장함.

[3] 엽산의 상한섭취량은 보충제 또는 강화식품의 형태로 섭취한 μg/일에 해당됨.

다량 무기질

성별	연령	칼슘(mg/일)				인(mg/일)				나트륨(mg/일)			
		평균 필요량	권장 섭취량	충분 섭취량	상한 섭취량	평균 필요량	권장 섭취량	충분 섭취량	상한 섭취량	평균 필요량	권장 섭취량	충분 섭취량	만성질환위험 감소섭취량
영아	0-5(개월)			250	1,000			100				110	
	6-11			300	1,500			300				370	
유아	1-2(세)	400	500		2,500	380	450		3,000			810	1,200
	3-5	500	600		2,500	480	550		3,000			1,000	1,600
남자	6-8(세)	600	700		2,500	500	600		3,000			1,200	1,900
	9-11	650	800		3,000	1,000	1,200		3,500			1,500	2,300
	12-14	800	1,000		3,000	1,000	1,200		3,500			1,500	2,300
	15-18	750	900		3,000	1,000	1,200		3,500			1,500	2,300
	19-29	650	800		2,500	580	700		3,500			1,500	2,300
	30-49	650	800		2,500	580	700		3,500			1,500	2,300
	50-64	600	750		2,000	580	700		3,500			1,500	2,300
	65-74	600	700		2,000	580	700		3,500			1,300	2,100
	75 이상	600	700		2,000	580	700		3,000			1,100	1,700
여자	6-8(세)	600	700		2,500	480	550		3,000			1,200	1,900
	9-11	650	800		3,000	1,000	1,200		3,500			1,500	2,300
	12-14	750	900		3,000	1,000	1,200		3,500			1,500	2,300
	15-18	700	800		3,000	1,000	1,200		3,500			1,500	2,300
	19-29	550	700		2,500	580	700		3,500			1,500	2,300
	30-49	550	700		2,500	580	700		3,500			1,500	2,300
	50-64	600	800		2,000	580	700		3,500			1,500	2,300
	65-74	600	800		2,000	580	700		3,500			1,300	2,100
	75 이상	600	800		2,000	580	700		3,000			1,100	1,700
임신부		+0	+0		2,500	+0	+0		3,000			1,500	2,300
수유부		+0	+0		2,500	+0	+0		3,500			1,500	2,300

성별	연령	염소(mg/일)				칼륨(mg/일)				마그네슘(mg/일)			
		평균 필요량	권장 섭취량	충분 섭취량	상한 섭취량	평균 필요량	권장 섭취량	충분 섭취량	상한 섭취량	평균 필요량	권장 섭취량	충분 섭취량	상한 섭취량[1]
영아	0-5(개월)			170				400				25	
	6-11			560				700				55	
유아	1-2(세)			1,200				1,900		60	70		60
	3-5			1,600				2,400		90	110		90
남자	6-8(세)			1,900				2,900		130	150		130
	9-11			2,300				3,400		190	220		190
	12-14			2,300				3,500		260	320		270
	15-18			2,300				3,500		340	410		350
	19-29			2,300				3,500		300	360		350
	30-49			2,300				3,500		310	370		350
	50-64			2,300				3,500		310	370		350
	65-74			2,100				3,500		310	370		350
	75 이상			1,700				3,500		310	370		350
여자	6-8(세)			1,900				2,900		130	150		130
	9-11			2,300				3,400		180	220		190
	12-14			2,300				3,500		240	290		270
	15-18			2,300				3,500		290	340		350
	19-29			2,300				3,500		230	280		350
	30-49			2,300				3,500		240	280		350
	50-64			2,300				3,500		240	280		350
	65-74			2,100				3,500		240	280		350
	75 이상			1,700				3,500		240	280		350
임신부				2,300				+0		+30	+40		350
수유부				2,300				+400		+0	+0		350

[1] 식품외 급원의 마그네슘에만 해당

미량 무기질

성별	연령	철(mg/일)				아연(mg/일)				구리(μg/일)				불소(mg/일)			
		평균 필요량	권장 섭취량	충분 섭취량	상한 섭취량	평균 필요량	권장 섭취량	충분 섭취량	상한 섭취량	평균 필요량	권장 섭취량	충분 섭취량	상한 섭취량	평균 필요량	권장 섭취량	충분 섭취량	상한 섭취량
영아	0-5(개월)			0.3	40			2				240				0.01	0.6
	6-11	4	6		40	2	3					330				0.4	0.8
유아	1-2(세)	4.5	6		40	2	3		6	220	290		1,700			0.6	1.2
	3-5	5	7		40	3	4		9	270	350		2,600			0.9	1.8
남자	6-8(세)	7	9		40	5	5		13	360	470		3,700			1.3	2.6
	9-11	8	11		40	7	8		19	470	600		5,500			1.9	10.0
	12-14	11	14		40	7	8		27	600	800		7,500			2.6	10.0
	15-18	11	14		45	8	10		33	700	900		9,500			3.2	10.0
	19-29	8	10		45	9	10		35	650	850		10,000			3.4	10.0
	30-49	8	10		45	8	10		35	650	850		10,000			3.4	10.0
	50-64	8	10		45	8	10		35	650	850		10,000			3.2	10.0
	65-74	7	9		45	8	9		35	600	800		10,000			3.1	10.0
	75 이상	7	9		45	7	9		35	600	800		10,000			3.0	10.0
여자	6-8(세)	7	9		40	4	5		13	310	400		3,700			1.3	2.5
	9-11	8	10		40	7	8		19	420	550		5,500			1.8	10.0
	12-14	12	16		40	6	8		27	500	650		7,500			2.4	10.0
	15-18	11	14		45	7	9		33	550	700		9,500			2.7	10.0
	19-29	11	14		45	7	8		35	500	650		10,000			2.8	10.0
	30-49	11	14		45	7	8		35	500	650		10,000			2.7	10.0
	50-64	6	8		45	6	8		35	500	650		10,000			2.6	10.0
	65-74	6	8		45	6	7		35	460	600		10,000			2.5	10.0
	75 이상	5	7		45	6	7		35	460	600		10,000			2.3	10.0
임신부		+8	+10		45	+2.0	+2.5		35	+100	+130		10,000			+0	10.0
수유부		+0	+0		45	+4.0	+5.0		35	+370	+480		10,000			+0	10.0

성별	연령	망간(mg/일)				요오드(μg/일)				셀레늄(μg/일)				몰리브덴(μg/일)				크롬(μg/일)			
		평균 필요량	권장 섭취량	충분 섭취량	상한 섭취량	평균 필요량	권장 섭취량	충분 섭취량	상한 섭취량	평균 필요량	권장 섭취량	충분 섭취량	상한 섭취량	평균 필요량	권장 섭취량	충분 섭취량	상한 섭취량	평균 필요량	권장 섭취량	충분 섭취량	상한 섭취량
영아	0-5(개월)			0.01				130	250			9	40							0.2	
	6-11			0.8				180	250			12	65							4.0	
유아	1-2(세)			1.5	2.0	55	80		300	19	23		70	8	10		100			10	
	3-5			2.0	3.0	65	90		300	22	25		100	10	12		150			10	
남자	6-8(세)			2.5	4.0	75	100		500	30	35		150	15	18		200			15	
	9-11			3.0	6.0	85	110		500	40	45		200	15	18		300			20	
	12-14			4.0	8.0	90	130		1,900	50	60		300	25	30		450			30	
	15-18			4.0	10.0	95	130		2,200	55	65		300	25	30		550			35	
	19-29			4.0	11.0	95	150		2,400	50	60		400	25	30		600			30	
	30-49			4.0	11.0	95	150		2,400	50	60		400	25	30		600			30	
	50-64			4.0	11.0	95	150		2,400	50	60		400	25	30		550			30	
	65-74			4.0	11.0	95	150		2,400	50	60		400	23	28		550			25	
	75 이상			4.0	11.0	95	150		2,400	50	60		400	23	28		550			25	
여자	6-8(세)			2.5	4.0	75	100		500	30	35		150	15	18		200			15	
	9-11			3.0	6.0	80	110		500	40	45		200	15	18		300			20	
	12-14			3.5	8.0	90	130		1,900	50	60		300	20	25		400			20	
	15-18			3.5	10.0	95	130		2,200	55	65		300	20	25		500			20	
	19-29			3.5	11.0	95	150		2,400	50	60		400	20	25		500			20	
	30-49			3.5	11.0	95	150		2,400	50	60		400	20	25		500			20	
	50-64			3.5	11.0	95	150		2,400	50	60		400	20	25		450			20	
	65-74			3.5	11.0	95	150		2,400	50	60		400	18	22		450			20	
	75 이상			3.5	11.0	95	150		2,400	50	60		400	18	22		450			20	
임신부				+0	11.0	+65	+90			+3	+4		400	+0	+0		500			+5	
수유부				+0	11.0	+130	+190			+9	+10		400	+3	+3		500			+20	

3. 약물과 영양소의 상호작용

자료 : 약과 음식, 어떻게 먹어야 하나요?, 식약청, 2007.

영양상담 시 피상담자의 ABCD 데이터를 분석하고 판정하는 것 이외에 피상담자의 질환에 따라 처방된 약물이 적절한 복용 방법을 준수하는지 평가하는 것도 매우 중요하다. 예를 들어 변비치료제인 비사코딜(bisacodyl)인 경우 유제품을 섭취하였다면 유제품이 위산을 중화시켜 약의 보호막을 손상시켜 대장에서 약효를 낼 수 없게 하거나 위를 자극시켜 복통, 위경련 등의 부작용을 일으킬 수 있으므로 식후 한 시간쯤 뒤에 약을 복용하는 것이 바람직하다. 한편 관절염 및 통증에 처방되는 부신피질호르몬제(코르티코스테로이드제)는 위장관 부작용을 줄이기 위해 음식이나 우유와 함께 복용하는 것이 좋다. 그러므로 우리가 복용하는 약이 우리 신체 내에서 최대한의 효과를 내기 위해서는 약과 음식물 간의 밀접한 상호작용을 이해하고 이에 따라 약을 복용하는 동안 세심한 음식 조절과 적합한 식습관이 필요하다.

또한 약은 식품이나 알코올뿐만 아니라 함께 복용하는 다른 약물과도 서로 영향을 줄 수 있으므로 평소에 복용 중인 약이 있다면 병원에서 새로운 약물을 처방을 받기 전이나 새로운 약물을 구입할 때에는 반드시 약사나 의사와 상담을 해야 한다.

질환에 따른 치료약의 종류와 음식물 간의 상호작용 및 약 복용 시 바른 식사습관에 관하여 알아보도록 한다.

1) 감염성 질환

약의 종류	대표적인 약물	약 복용 시 바른 식사습관
항생제	페니실린계 : 페니실린, 암피실린 세팔로스포린계 : 세파클로, 세픽심 마크롤라이드계 : 에리스로마이신 설폰아마이드계	• 식사 1시간 전이나 2시간 후, 즉 공복 상태에서 복용하는 것이 좋다. 그러나 위장 장애가 나타나면 음식과 함께 복용한다.
	퀴놀론계 : 시프로플록사신 레보플록사신 오플록사신 트로바플록사신	• 식사 1시간 전이나 2시간 후, 즉 공복 상태에서 복용하는 것이 좋다. 그러나 위장 장애가 나타나면 음식과 함께 복용한다. • 우유, 낙농제품, 제산제, 철을 함유하고 있는 비타민과 함께 복용할 경우 약 성분이 체내에 흡수되지 않고 배출되어 약효과가 떨어진다. 그러므로 이런 약품들은 약물을 복용한 후 2시간 이후에 섭취하는 것이 좋다. • 카페인 함유식품(커피, 콜라, 차, 초콜릿 등)과 함께 약물을 복용할 경우, 이 약물이 카페인 배설을 억제하여 심장이 심하게 두근거리며 신경이 예민해지고 불면증상이 나타날 수 있으므로 주의해야 한다.
	테트라사이클린계 : 테트라사이클린 독시사이클린 미노사이클린	• 식사 1시간 전이나 2시간 후, 즉 공복 상태에서 복용하는 것이 좋다. 그러나 위장 장애가 나타나면 음식과 함께 복용한다. • 우유, 낙농제품, 제산제, 철을 함유하고 있는 비타민과 함께 복용할 경우 약 성분이 체내에 흡수되지 않고 배출되어 약효가 떨어진다. 그러므로 이런 식품들은 약물을 복용한 후 2시간 이후에 섭취하는 것이 좋다.
	니트로이미다졸계	• 약을 복용하면서 술을 마실 경우에는 오심, 구토, 복부경련, 두통, 홍조를 일으킬 수 있으므로 복용 후 적어도 3일 동안은 음주를 피해야 한다.
진균감염 치료제	플루코나졸 그리세오풀빈 케토코나졸 이트라코	• 유제품(우유, 치즈, 요구르트, 아이스크림 등)이나 제산제와 함께 복용할 경우 약효 성분이 체내에 흡수되지 않고 배출되어 약효가 떨어진다. 그러므로 이러한 식품들은 약 복용 후 2시간 이후에 섭취하는 것이 좋다. • 그리세오풀빈, 이트라코나졸과 같은 지용성 약물은 식후에 복용하면 음식 중 지방에 녹아 흡수가 촉진되므로 식사 직후 복용하는 것이 좋다. • 케토코나졸을 복용하면서 술을 마실 경우에는 오심, 구토, 복부경련, 두통, 홍조를 일으킬 수 있으므로 항진균제를 복용할 때나 복용 후 적어도 3일 동안은 음주를 피해야 한다.
결핵 치료제	아이소니아지드	• 아이소니아지드는 티라민[1]과 히스타민[2]을 분해하는 효소를 억제하므로 치즈 또는 등푸른생선 등을 함께 먹으면 얼굴이 화끈거리고 오한, 두통이 생길 수 있으므로 주의한다.

1. 티라민이 많이 함유된 식품: 치즈, 요구르트, 청어, 소나 닭의 간, 소시지, 상어알, 말린 생선, 건포도, 초콜릿, 바나나, 효모추출물, 간장, 두부, 소금이나 식초에 절인 식품
2. 히스타민 : 우리 몸이 스트레스를 받거나 염증, 알레르기가 있을 때 신체조직에서 분비되는 물질로서, 등푸른생선에 많이 함유되어 있다.

2) 감정 장애(우울증, 정서 장애, 불안 장애)

감정 장애의 심각성 정도에 따라 다양한 약들이 처방되는데 정서 장애를 치료하기 위하여 약물을 복용할 경우 의사의 지시에 따라야 한다.

분류	대표적 약물	효능	약 복용 시 바른 식사습관 및 음주습관
우울증 치료제	모노아민 산화효소 억제제(MAO 억제제) 모클로베미드 페넬진 트라닐시프로민	세로토닌과 같은 모노아민 신경전달물질의 활성을 증가시키는 물질	• 청어, 치즈, 소나 닭의 간 등에 많이 함유되어 있는 티라민 성분이 혈압을 상승시키는 작용을 하는 것으로 알려져 있다. 평상시에는 티라민을 함유한 식품을 먹더라도 MAO 효소의 작용으로 분해되어 인체에 영향을 미치지 않으나 MAO 억제제를 복용하면서 티라민이 다량 함유된 음식이나 알코올성 음료를 마시는 경우 치명적인 혈압 상승을 일으킬 수 있으므로 고혈압 환자의 경우 특별한 주의가 요구된다. • **음주습관** : 맥주, 와인, 기타 알코올성 음료 등과 함께 복용하는 경우 약효가 과도하게 증가되므로 복용 기간 동안 금주해야 한다.
	세로토닌 재흡수 억제제 플루옥세틴 파록세틴 설트랄린	세로토닌이 신경 말단으로 재흡수되는 것을 차단하는 약물	• 알코올을 섭취하게 되면 약효가 과도하게 증가되어 중추신경계를 억제하게 되므로 음주는 피하는 것이 좋다.
항불안제	디아제팜 알프라졸람 로라제팜	과도한 흥분, 공포감 등의 증상을 없애고 진정 효과를 준다.	• 디아제팜, 알프라졸람 등은 자몽주스와 함께 복용할 경우 약효와 독성이 증가될 수 있다. • 커피, 콜라 등에 함유된 카페인은 예상하지 못한 흥분작용을 일으켜 약물의 항불안작용이 감소될 수 있으므로 주의가 필요하다. ※이 약을 복용 중에는 운전이나 기계조작과 같이 섬세한 작업은 삼가는 것이 좋다.

3) 관절염 및 통증

관절염을 비롯하여 통증이 있는 경우 사용할 수 있는 약물에는 의사의 처방 없이 약국에서 구입할 수 있는 복합진통제부터 의사의 처방이 필요한 마약성 진통제까지 다양하다.

분류	대표적 약물	효능	약 복용 시 바른 식사습관 및 음주습관
해열 진통제	아세트아미노펜	경미한 통증부터 중간정도의 통증을 완화하고 열을 내리는 데 사용하는 대표적인 약물이다.	• 음식물은 아세트아미노펜의 흡수를 지연시키므로 신속한 효과를 위해서는 공복 시 복용하면 좋다. • **음주습관** : 부작용으로 간 손상과 위장관 출혈이 알려져 있으므로 만성적으로 알코올을 섭취하게 되면 이러한 부작용의 위험성이 증가될 수 있다. 그러므로 약물을 복용할 때에는 음주를 피하는 것이 좋으며, 평소에 알코올을 자주 섭취하는 경우에는 의사 또는 약사와 반드시 상담한다.
소염 진통제	비스테로이드성(NSAIDs) 아스피린 이부프로펜 케토프로펜 피록시캄 나프록센 설린닥 아세클로페낙	통증과 염증을 감소시키며 열을 내려준다. 부작용은 약물에 따라 다르게 나타나며 환자에 따라서도 차이가 있으므로 환자마다 각자 맞는 약물을 사용한다.	• 위를 자극할 수 있으므로 음식이나 우유와 함께 복용하는 것이 좋다. • 복합진통제의 경우 카페인이 함유되어 있는 경우가 많다. 따라서 복용 시 카페인이 함유된 커피나 드링크류 등을 너무 많이 마시게 되면 카페인 과잉 상태가 되어 가슴이 두근거리고 다리에 힘이 없어지는 증상이 나타나기도 하므로 주의한다. • **음주습관** : 만성적인 알코올 섭취는 간 손상과 위장관 출혈 등의 부작용 발생을 더욱 증가시킬 수 있다. 따라서 음주를 피하는 것이 좋으며 알코올을 자주 섭취하는 사람의 경우에는 약물 복용 전에 의사 또는 약사와 반드시 상담한다.
부신피질 호르몬제	코르티코스테로이드제 프레드니솔론 코티손 트리암시놀론 덱사메타손 메칠프레드니솔론	염증 부위를 완화시키는 약물로서 가려움, 붓기 등을 가라앉히고 알레르기, 류머티즘 등의 증상을 완화시켜 준다.	• 위장관 부작용을 줄이기 위해 음식이나 우유와 함께 복용하는 것이 좋다.
마약성 진통제	코데인 옥시코돈 모르핀 히드로코돈	매우 심한 통증에 사용하며, 중독이나 심각한 부작용을 야기할 수 있다. 의사의 처방 혹은 의사와 약사 지도하에 복용한다.	• 알코올은 약물의 진정 효과를 증가시키므로 알코올과 함께 복용하지 않도록 한다. ※복용 시 운전이나 기계조작과 같이 섬세하고 세심한 작업은 삼가는 것이 바람직하다.

4) 골다공증

칼슘보충제 : 골다공증 예방을 위해 복용하는 약물이다.

약 복용 시 바른 식사습관

- 하루 1,000~1,500 mg의 칼슘과 비타민 D(간, 간유구, 생선, 달걀 등에 많이 함유)를 섭취하고 햇빛을 많이 쬐도록 한다.
- 적당량의 단백질, 비타민 D는 칼슘의 흡수를 촉진하므로 단백질과 비타민 D의 섭취가 부족하지 않도록 한다.
- 커피, 콜라, 홍차 등 카페인을 많이 함유한 음료는 신장에서 칼슘 배설을 증가시켜 골다공증에 좋지 않은 영향을 주므로 삼가는 것이 좋다. 또한 인이 다량 함유되어 있는 탄산음료는 뼈의 칼슘을 빼내는 작용을 하므로 피하는 것이 좋다.
- 고지방 식이도 칼슘의 흡수를 저하하고 칼슘의 배설을 증가시키므로 피하는 것이 좋다.
- **음주습관** : 알코올은 칼슘 배설을 촉진시켜 골다공증을 악화시킬 수 있으므로 삼간다.

5) 알레르기

(1) 항히스타민제

감기로 인한 증상과 꽃가루로 인한 가려움, 콧물, 재채기 등 다양한 알레르기 증상을 완화하고 예방하기 위한 약물이다.

① 인체가 알레르기 반응을 일으키는 물질에 노출되었을 때 체내에서 만들어지는 히스타민이라는 물질의 분비와 작용을 억제한다.

② 일부 항히스타민제는 처방전 없이도 구입할 수 있으나 약물에 따라 졸음, 어지러움 등의 부작용을 초래할 수 있으므로 복용 시 주의한다. 졸음이나 어지러움의 정도에 따라 1세대, 2세대 약물로 분류하며 2세대 약물은 1세대에 비해서 이런 부작용이 감소된 약물이다.

(2) 대표적인 약물

① 1세대 항히스타민제 : 클로르페니라민, 디펜히드라민, 브롬페니라민, 트리프롤리딘

② 2세대 항히스타민제 : 세티리진, 펙소페나딘, 아젤라스틴, 로라타딘

약 복용 시 바른 식사습관

- 항히스타민제를 식품과 함께 복용할 경우 흡수가 저해될 수 있으므로, 공복에 복용하는 것이 좋다.
- **음주습관** : 1세대 항히스타민제들은 졸음과 중추신경 억제 효과가 나타나므로 술과 함께 복용할 경우에는 이러한 증상이 더욱 심해질 수 있다.

6) 심혈관계 질환

고혈압, 협심증, 부정맥, 고콜레스테롤혈증과 같은 심혈관계 질환을 치료하기 위하여 많은 약물들이 사용되고 있다.

<table>
<tr><th colspan="2">분류</th><th>대표적 약물</th><th>효능</th><th>약 복용 시 바른 식사습관 및 음주습관</th></tr>
<tr><td rowspan="3">고혈압 치료제</td><td>베타차단제</td><td>아테놀올
메트프로롤
프로프라놀롤
나도롤</td><td>심장과 혈관에 대한 신경의 전기적 자극을 감소시킴으로써 심장박동 수와 심장 부담을 감소시켜 준다.</td><td>• 고기와 함께 복용 시 약효가 증가되어 어지럼증이나 저혈압을 발생시킬 수 있으므로 공복 시 복용한다.
• 프로프라놀롤 복용 시, 알코올은 혈압 감소 효과를 증가시키므로 음주는 피한다.</td></tr>
<tr><td>질산염</td><td>아이소소르비드
나이트로글리세린</td><td>혈관을 이완시킴으로써 심장의 산소요구량을 줄여준다.</td><td>• 알코올과 함께 복용할 경우 질산염의 혈관 확장 작용이 증가되어 심각한 저혈압이 발생할 수 있으므로 함께 복용하지 않도록 한다.</td></tr>
<tr><td>이뇨제</td><td>• 치아지드계 이뇨제
• 고리 이뇨제
푸로세미드
부메타니드
• 칼륨 보충 이뇨제
트리암테렌
스피노로락톤</td><td>체내의 물과 나트륨, 염소의 배설을 촉진시켜 순환되는 체액의 양을 줄여줌으로써 혈압을 낮추어 주는 약물이다.</td><td>• 치아지드계 및 고리이뇨제들은 체내의 칼륨, 칼슘, 마그네슘의 손실을 유발한다.
• 치아지드나 고리이뇨제와 알로에를 같이 복용하는 경우에는 체내의 칼륨량이 지나치게 감소될 수 있으므로 주의한다.
• 치아지드나 고리이뇨제를 복용할 때에는 과일과 채소를 많이 먹도록 한다.
• 치아지드계 이뇨제는 MSG(화학조미료)의 작용을 증가시켜 두통, 어지럼증, 입 주위 마비, 가슴이나 배의 통증 등의 증상을 나타낼 수 있으므로 주의한다.
• 푸로세미드는 위장관계 부작용을 일으킬 수 있으므로 음식과 같이 복용하는 것이 바람직하다.
• 칼륨 보충 이뇨제는 신장에서 칼륨이 배설되는 것을 억제하여 고칼륨혈증을 유발할 수 있다.
• 오렌지 또는 푸른잎 채소와 같이 칼륨이 풍부한 식품이나 칼륨을 함유하는 식염 대용품의 섭취를 피한다.</td></tr>
</table>

(계속)

분류		대표적 약물	효능	약 복용 시 바른 식사습관 및 음주습관
고혈압 치료제	안지오텐신 전환효소 저해제 (ACE 저해제)	캅토프릴 에날라프릴 리시노프릴 퀴나프릴 모엑시프릴	안지오텐신 I 이 안지오텐신 II 로 전환되는 것을 억제하여 혈관을 이완시켜 준다.	• ACE 저해제는 체내 칼륨의 양을 증가시키므로 과량의 칼륨 섭취를 피한다. • 바나나, 오렌지, 푸른잎 채소와 같이 칼륨이 풍부한 식품이나 칼륨을 함유한 식용대용품의 섭취를 피한다. • 식사는 캅토프릴, 모엑시프릴의 흡수를 감소시키므로 공복 시 복용을 권장한다.
	알파차단제	프라조신 독사조신	우리 몸에 카테콜아민은 혈관을 수축하여 혈압을 높인다. 알파차단제는 카테콜아민의 혈관 수축 작용을 억제하여 혈압을 낮춘다.	• 갑자기 혈압이 떨어지는 것을 막기 위하여 음식이나 음료수와 함께 복용하는 것이 좋다.
	칼슘채널 차단제	암로디핀 니페디핀 니카르디핀	혈관과 심장 세포막에는 칼슘채널이 존재하며 이 채널을 통하여 칼슘이 유입되어 혈관이 수축한다. 이 계통의 약물은 칼슘채널을 차단하여 칼슘이 유입되는 것을 억제함으로써 혈관을 확장시켜 혈압을 낮춘다.	• 자몽주스와 복용할 경우 약효가 지나치게 증가하여 독성이 나타날 수 있으므로 함께 복용하지 않으며, 적어도 약 복용 후 2시간 이후에 자몽주스를 마시는 것이 좋다. • 니카르핀은 음식물과 같이 섭취하면 흡수가 저하되므로 공복 시 복용한다.
고지혈증 치료제 (HMG-CoA 환원효소 저해제)		심바스타틴 로바스타틴 아토르바스타틴	우리 몸의 LDL-콜레스테롤이 만들어지는 속도를 늦추는 작용을 하며, 약물에 따라 중성지방을 낮추는 작용도 함께 한다.	• 자몽주스와 복용할 경우 약효가 지나치게 증가하여 독성이 나타날 수 있으므로 함께 복용하지 않으며, 적어도 약 복용 후 2시간 이후에 자몽주스를 마시는 것이 좋다. • 로바스타틴은 흡수를 증가시키기 위해 밤에 음식과 함께 섭취해야 한다. • 이 계통의 약물들은 부작용으로 간 손상이 유발될 수 있으므로 과도한 음주는 피한다.
항응고제		와파린	혈액에서 혈전이 생성되는 것을 예방해 주는 약물이다.	• 비타민 K는 피가 잘 응고하도록 도와주어 와파린과 반대 작용을 하므로 비타민 K의 양에 따라 와파린의 작용이 영향을 받게 된다. 그러므로 비타민 K의 섭취에 특히 주의해야 한다. • 비타민 K가 많이 함유된 식품(녹색채소, 양배추, 아스파라거스, 케일, 간, 녹차, 콩류 등)을 갑자기 많이 섭취하지 않도록 주의한다. • 고용량의 비타민 E(400 I U)를 섭취하면 혈액응고 시간이 연장되어 출혈의 위험성이 증가된다. 따라서 와파린 복용 중 비타민 E 보충제를 복용하려면 의사 또는 약사와 상의한다. • **주의해야 할 천연물 섭취** : 인삼, 녹차의 경우 와파린 효과를 감소시킬 수 있다. 당귀, 백지, 감초, 정향, 양파, 마늘, 생강, 은행, 잎제제, 동규자 등은 와파린과 병행하면 출혈 위험이 증가될 수 있다.

7) 위장 장애

산역류, 속쓰림, 소화 장애 및 복부에 가스가 차는 증상 등은 위장 장애 시 흔하게 나타날 수 있는 증상이다. 이러한 증상에 대한 치료제는 체내에서 만들어지는 위산을 줄이거나 위산으로부터 위를 보호함으로써 염증과 통증을 완화시키는 것을 목적으로 한다.

분류	대표적 약물	효능	약 복용 시 바른 식사습관 및 음주습관
히스타민 억제제	시메티딘 라니티딘 파모티딘 니자티딘	히스타민은 위산을 분비하도록 신호를 전달하는 물질이다. 히스타민 억제제는 히스타민의 작용을 억제하여 위산의 분비를 줄여준다.	• 커피, 콜라, 차, 초코릿 등에 함유된 카페인은 위의 염증을 악화시킬 수 있으므로 히스타민 억제제를 복용할 때에는 피한다. • 알코올은 위의 염증을 악화시켜 치료를 어렵게 할 수 있으므로 삼가는 것이 좋다.
제산제	알루미늄을 포함하는 약물 : 수산화 알루미늄겔	위산을 중화시키고 위산에 의한 복통을 완화시키기 위해 사용된다.	• 오렌지 주스를 알루미늄이 들어 있는 제산제와 함께 마실 경우 알루미늄 성분이 체내로 흡수될 수 있으므로 함께 복용하지 않는다. • 과일 주스 및 콜라 등과 함께 복용하는 경우 위의 산도를 높여 약효가 효과적으로 발효되지 못하므로 함께 복용하지 않는다.

8) 변비

변비 치료제는 대장에서 약효를 나타내야 하기 때문에 위장에서는 녹지 않도록 코팅되어 있는 경우가 많다. 대표약물은 비사코딜이다.

약 복용 시 바른 식사법

약알칼리성인 우유는 위산을 중화시켜 약의 보호막을 손상시킴으로써 약물이 대장으로 가기 전에 위장에서 녹게 만든다. 이런 경우 약효가 떨어지거나 위를 자극시켜 복통, 위경련 등의 부작용이 발생할 수 있다. 따라서 만약 유제품을 섭취하였다면 한 시간쯤 후에 약을 복용하는 것이 바람직하다.

9) 천식

기관지 확장제 : 기관지천식, 만성기관지염과 폐기종 치료에 사용되는 약물이다. 이러한 약은 폐로 이어진 공기 통로를 열어 주어 숨가쁨, 호흡 곤란, 천명 등과 같은 증상

을 진정시켜 준다.

대표적인 약물로는 테오필린, 클렌부테롤, 밤부테롤, 에피네프린 등이 있다.

약 복용 시 바른 식사법 및 음주습관

- 테오필린의 경우 음식의 영향은 매우 다양하게 나타난다. 고지방 식사는 테오필린의 흡수량을 증가시켜 약효를 증가시키는 반면, 고탄수화물 식사는 테오필린의 흡수량을 감소시켜 약효를 저하시킨다. 또한 제형에 따라 음식의 영향이 다르기 때문에 복용 중인 제형을 약사와 상의하도록 한다.
- 카페인과 테오필린은 둘 다 중추신경계를 자극시키므로 테오필린 복용중 카페인을 함유하고 있는 식품(초콜릿, 콜라, 커피, 차)과 음료를 많이 섭취하는 것은 피한다.
- 알코올과 테오필린을 동시에 복용할 경우 구역, 구토, 두통, 과민 반응과 같은 부작용이 나타날 수 있으므로 음주를 피한다.

10) 통풍

통풍은 요산나트륨 결정이 관절과 연골에 침착되는 요산대사 이상으로 요산이 과다 생성되거나 요산 배설이 부족해서 생기는 대사성 질환이다. 통풍을 치료하기 위해서는 요산의 생성을 억제하고 배설을 촉진하는 약물을 사용한다. 대표적인 약물로는 콜키신, 비스테로이드성 소염, 알로푸리놀, 프로베네시드, 설핀피라존 등이 있다.

약 복용 시 바른 식사 및 음주습관

- 푸린이 많은 음식을 과다 섭취할 경우 요산의 농도가 증가되어 통풍이 악화될 수 있으므로 푸린이 많이 함유된 식품은 피한다.

※ 100g당 푸린이 150mg 이상으로 많이 함유된 식품

- 소 또는 돼지 등 동물의 장기(심장, 간, 콩팥, 자라, 뇌 등), 고기국물, 베이컨
- 등푸른생선(참치, 정어리, 고등어, 꽁치, 청어 등), 연어, 생선알
- 조개, 멸치, 새우, 메주, 효모

※ 푸린 함유량이 적은 식품으로서 보통 때처럼 섭취해도 되는 식품

- 달걀, 우유, 치즈, 도정한 곡류, 국수, 빵, 팝콘, 마카로니, 과일, 땅콩

- 물을 많이 마시면 요산 결정이 배설되는 데 큰 도움이 되므로 물을 많이 마시는 것이 좋다.

- 알칼리성 식품은 소변을 알칼리화하여 소변에 녹을 수 있는 요산의 양을 늘려주므로 약물 치료 효과를 높이는 데 도움이 될 수 있다.
- 알코올은 체내에서 요산 합성을 증가시키고 소변으로의 요산배설을 억제하므로 피해야 한다.
- 술 중에서도 특히 맥주나 효모가 들어 있는 막걸리 같은 곡주에는 푸린이 많이 함유되어 있어 혈중 요산치를 현저히 증가시키므로 더욱 주의한다.

참고문헌

강금지 외. **쉽게 배우는 영양판정**. 수학사. 2011

고지혈증자료지침 제정위원회. **고지혈증의 진단과 치료**. 2000

국가청소년위원회. **2006 청소년백서**. 2006

김기량 · 백인경 · 손정민 · 심재은 · 이승민 · 이정은. **영양연구방법론**. 한국영양교육평가원. 2017

김미연. 전주지역 일부 비만 및 비비만 초등학생들의 식이섭취비교조사. 전북대학교 교육대학원 석사학위논문. 2003

김석원 · 권재현 · 윤정금 · 이혁기 · 이근미 · 정승필. 성인 비만 여성에서 허리둘레/신장비와 심혈관 질환 위험인자 사이의 연관성. **가정의학회지**, 25:740-745. 2004

김영혜. **영양판정 자료집**. 2001

김유리 외. **영양판정**. 파워북. 2016

김헌수 · 김옥엽 · 원유미 · 이난. **상담심리학**. 학술정보. 2001

농촌진흥청 국립농업과학원. 국가표준식품성분 DB 9.3. 2021

당뇨병 환자를 위하여. 국립의료원 당뇨병 교실, 15판. 2004

대한당뇨학회 식품위원회. **당뇨병 식사요법 지침서**. 대한당뇨학회 · 대한영양사회 · 한국영양학회. 1995

대한소아과학회 보건통계위원회. 1998년 한국 소아 및 청소년 신체발육 표준치 세부자료. 2000

대한소아과학회 영양위원회. **소아 청소년 비만: 진료실에서 유용한 안내서**. 2006

대한소아과학회. 한국 소아 및 청소년 신체발육 표준치 측정. 추계학술대회초록집. 1998

대한영양사협회. **영양상담 지침서**. 2002

대한지역사회영양학회. 노년기의 식사지침과 급식방향. 춘계학술대회초록집. 1999

문경래. 소아 비만의 진단과 치료. **대한소아소화기영양학회지**, 제2권 제1호. 1999

보건복지부 한국보건사회연구원. **고등학생을 위한 건강지침서 1618 건강파일**. 2001

보건복지부 한국보건산업진흥원. 1998년도 국민건강영양조사 심층・연계분석(Ⅰ) (영양조사부분). 2000

보건복지부. 2005년도 건강증진사업안내. 2005

보건복지부. 국민건강영양조사 진행보고서. 2004

보건복지부・질병관리본부. 국민건강영양조사 제1기(2005) 영양조사. 2006

보건복지부・질병관리본부. 국민건강영양조사 제3기(2005) 검진조사. 2006

보건복지부・질병관리본부. 국민건강영양조사 제6기(2013-2015) 영양조사 지침서. 2016

보건복지부・질병관리본부. 국민건강영양조사 제7기(2016-2018) 원시자료 이용지침서. 2021

보건복지부・질병관리청. 2019 국민건강통계. 보건복지부. 2020

보건복지부・한국영양학회. 2020 한국인 영양소 섭취기준. 보건복지부. 2020

서정숙・이종현・윤진숙・조성희・최영선. **영양판정 및 실습,** 제5판. 파워북. 2017

승정자 외. **영양판정 이론 및 실습**. 청구문화사. 2004

육성민・박소희・문현경・김기랑・심재은・황지윤. 국민건강영양조사자료를 이용한 한국 성인의 식생활평가지수 개발. **한국영양학회지**, 48(5):419-428. 2015

윤미은 외. **보건영양학**. 지구문화사. 2014

윤성하・오경원. 국민건강영양조사 기반의 식생활평가지수 개발 및 현황. **주간 건강과 질병**, 11(52):1764-1772. 2018

이문규. 대사증후군의 정의. **대한의사협회지**, 48(8): 707-714. 2005

이미숙・김정희・이보숙・손숙미・이윤나・김원경. **영양판정**, 5판. 교문사. 2021

이수옥. 비만클리닉 외래방문자 중 폭식 및 야식을 보이는 대상자들의 특성. 연세대학교 석사학위논문. 2005

이영남・정은자・박란숙・허채옥・김현오・백희준・노성윤. **영양교육 및 상담**. 수학사. 2007

이정숙・김혜영(A)・황지윤・권세혁・정해랑・곽동경・강명희・최영선. 한국 성인을 위한 영양지수 개발과 타당도 검증. **한국영양학회지**, 51(4):340~356. 2018

이정원 외. **영양판정**. 교문사. 2011

이행신. ICT 기반 영양관리서비스 지속적 성장 전망. **보건산업동향**, Vol.48:16-19. 2015

임상영양가이드. 서울중앙병원. 2005

임상영양관리지침서. 대한영양사회, 제3판. 2008

장유경 · 정영진 · 문현경 · 윤진숙 · 박혜련. **영양판정**. 신광출판사. 2006

정현숙 · 민정기 · 허채옥 · 이난희 · 원선임 · 이경연. **새로운 생애주기 영양학**. 수학사. 2007

조여원 · 정구명. **영양판정**. 광문각. 2006

질병관리본부. 한국인유전체역학조사사업 활용지침서- 식품섭취빈도조사. 2019

최영선 외. **최신영양학**. 도서출판효일. 2006

한국농촌경제연구원. 2019 식품수급표. 한국농촌경제연구원. 2020

한국산업안전공단. 직장여성의 건강관리. 2005

한양대학교 의과대학 건강증진사업지원단. 고위험 임신부의 효율적 관리방안 연구. 2005

홍순명. **영양상태판정 및 영양상담**. 내하출판사. 2005

Willett W. 한국역학회 영양역학연구회 옮김. **영양역학**, 제3판. 교문사. 2013

Albert K, Zimmet P. Definition. diagnosis and classication of diabetes mellitus and its complications. *Diabetes Med*. 15:539-553. 1998

American Society for Parenteral and Enteral Nutrition. *The ASPEN Nutrition Support Practice Manual*. 1998

Annalynn Skipper. *Nutrition Support: Policies, Procedures, Forms, and Formulas.* ASPEN. 1995

Anne Grant, Susan DeHoog. *Nutritional assessment and support*, 4th ed. 1991

ASPEN. *Nutrition support Dietetics*. 1994

Bray GA, Gray DS. *Western Medical Journal*, 149: 429-441. 1988

Burke BS. The dietary history as a tool in research. *Journal of the American Dietetic Association*, 23:1041-1046. 1947

Detsky AS, McLaughlin JR, Baker JP, Johnston N, Whittaker S, Mendelson RA, Jeejeebhoy KN. What is subjective global assessment of nutritional status? *JPEN(J Parenter Enteral Nutr.) 11*(1):8-13. Jan-Feb 1987

Expert panel on Detection, Evaluation, and treatment of high cholesterol in adults: summary of the third report of the national cholesterol education program(NCEP): *JAMA* 285:2486-2490. 2001

Frances J. Zeman. *Clinical Nutrition and Dietetics*, 2nd ed. 1991

Gersovitz M, Madden JP, Smiciklas-Wright H. Validity of the 24-hr. dietary recall and seven-day record for group comparisons. *J Am Diet Assoc.* 73(1):48-55. 1978

Gibson RS. *Nutritional assessment: a laboratory manual*. Oxford University Press. 1993

Gibson RS. *Principles of Nutritional Assessment*, 2nd ed. Oxford University Press. 2005

Health and Welfare Canada. *Promoting healthy weights: A Discussion Paper*. Ottawa, Health Services. 1988b

Ho Yeon Chung. Osteoporosis Diagnosis and Treatment. **대한내분비학회지** 제23권 제2호. 2008

Institute of Medicine. *Dietary Reference Intakes: Applications in Dietary Assessment*. Washington, DC: The National Academies Press. 2000

Jequier E. Energy, obesity, and body weight standards, *Am J Clin Nutr.* 45, 1035. 1987

Jun Sung Moon, Kyu Chang Won. The Diagnosis and Treatment of Osteoporosis. *Yeungnam Univ. J. of Med.* Vol.25 No.1 pp.19-30. June 2008

Kant AK, Block G, Schatzkin A, Ziegler RG, Nestle M. Dietary diversity in the US population, NHANES II, 1976-1980 *J Am Diet Assoc.* 91: 1526-1531. 1991a

Kant AK, Block G, Schatzkin A, Ziegler RG, Nestle M. Food group intake patterns and associated nutrient profiles of the US population. *J Am Diet Assoc.* 91: 1532-1537. 1991b

Kim S, Haines PS, Siega-Riz AM, Popkin BM. The Diet Quality Index-International (DQI-I) provides an effective tool for cross-national comparison of diet quality as illustrated by China and the United States. *J Nutr.* 133:3476-3483. 2003

Laura EM, Michele MG. *Contemporary Nutrition Support Practice*. WB Saunders. 1998

Lee RD, Nieman DC. *Nutritional Assessment*, 4th ed. McGraw Hill, New York. 2006

Machlin LJ. *Handbook of Vitamins*. Marcel Dekker Inc. 1991

National cholesterol education program. Third report of the expert panel on detection, evaluation, and treatment of high blood cholesterol in adults. *JAMA* 285:2486-2497. 2001

Pipes PL, Trahms CM. *Nutrition in infancy and childhood*, 5th ed. Mosby. 1993

Simko MD, Cowell CC, Gilbride JA. *Nutrition assessment a comprehensive guide for planning intervention*, 2nd ed. An Aspen Publication. 1995

Simko MD, Cowell CC, Gilbride JA. *Nutrition assessment*, 2nd ed. An Aspen publication. 1995

Siris ES, et al. *Osteoporos Int.* 25:1439-43. 2014

The Metropolitan Life Insurance Company. Metropolitan height and weight tables. *Stat. Bull*. 1983

The seventh report of the Joint National committee on prevention, detection, evaluation, and treatment of high blood pressure. *JAMA* 289:2500-2572. 2003

Walker HK, Hall WD, Hurst JW. *Clinical methods*. Butterworth Publishers. 1990

Weisier RL, Morgan SL, Perrin VG. *Fundamentals of clinical nutrition*. St. Louis: Mosby. 1993

Whitney EN, Cataldo CB, Rolfes SR. *Understanding normal and clinical nutrition*, 5th ed. West/Wadsworth. 1998

WHO/UNICEF. *Iron deficiency anemia assessment, prevention and control: A guide for program managers*. 2001

World Health Organization Western Pacific Region. International Association for the Study of Obesity. International Obesity Task Force. *The Asia-Pacific perspective: Redefining obesity and its treatment*. Sydney: Health Communications Australia. 2000

Wright AL, Holberg C, Taussing LH. The Group Health Medical Associates Pediatricians. Infant-feeding practice among middle-class Anglos and Hispanics. *Pediatr*. 82:496-503. 1998

Yeungnam Univ. *J. of Med*. Vol.25 No.1 pp.19-30. June 2008

웹사이트

농촌진흥청 국립농업과학원 농식품종합정보시스템(http://koreanfood.rda.go.kr)

식품의약품안전처 식품영양성분 데이터베이스(https://www.foodsafetykorea.go.kr/fcdb)

질병관리청 국민건강영양조사(https://knhanes.kdca.go.kr/knhanes/main.do)

한국영양학회(https://www.kns.or.kr)

사진 출처

그림 5-1 마라스무스

자료 : https://www.flickr.com/photos/58588349@N00/125642296 (왼쪽)
http://www.pearltrees.com/felicitymaher/food-selection-and-health/id7858534/item74868534 (오른쪽)

그림 5-3 **비타민 A 결핍증(안구건조증)**

자료 : https://www.ophthalmologytimes.com/view/focusing-xerophthalmia-vitamin-deficiency

그림 5-4 **비타민 D 결핍증(구루병)**

자료 : http://medicaljournalonline.blogspot.com/2012/04/vitamin-d-deficiency-symptoms-and.html

그림 5-5 **니아신 결핍증(펠라그라)**

자료 : https://www.aocd.org/page/Pellagra

그림 5-6 **리보플라빈, 니아신, 비타민 B_6, 엽산, 비타민 B_{12} 결핍증**

자료 : https://creamchoco.tistory.com/80

그림 5-7 **비타민 C 결핍증(괴혈병)**

자료 : https://www.cancertherapyadvisor.com/home/decision-support-in-medicine/pediatrics/vitamin-c-deficiency-scurvy/

그림 5-8 **스푼형 손톱(철 결핍증)**

자료 : https://www.mayoclinic.org/healthy-lifestyle/adult-health/multimedia/nails/sls-20076131?s=3

찾아보기

ㄱ

가슴 피부두겹두께 52
각기병 160
각막건조증 158
각막연화증 158
간접평가 17
갑상선종 165
개인 간 변이 93
개인 내 변이 93
거대적아구성 162
거대적아구성빈혈 162
거식증 184
건강설문조사 84
건성각기병 160
검진조사 84
견갑골 하부 피부두겹두께 50
결막상피세포 검사 135
경관급식 203
경구피임약 161, 162
경도인지장애 198
계통 오차 94
고단백식이 162
고칼슘혈증 159, 164
골격 크기 44
골다공증 223
골량 223
골연화증 159
골질 223
과잉증 159
광과민성 162
괴혈병 163
구각염 161
구루병 159
구토 163
국민건강영양조사 82
권장섭취량 107
근육단백질 130
근육소모증 160
기능검사 126
기울기 둔화 현상 69
기형아 162
기호도 18

ㄴ

낭포성섬유증 160
노인 161, 162
누운 키 29, 169
니아신 161

ㄷ

다량 무기질 164
단면 연구 88
단백뇨 194
단백질 160
단백질 결핍 155
단백질-에너지 영양불량 172
단순(비정량적) 식품섭취빈도법 73
당뇨병 215
당화혈색소 216
대두증 170
대사영양프로필 207
대사증후군 219
데옥시유리딘 억제 검사법 141
두통 163

ㄹ

레티놀 결합 단백질 131
로러지수 40
리보플라빈 160

ㅁ

마구먹기장애 184
마라스무스 156
마라스무스-콰시오커 복합 156
만성질환위험감소섭취량 108
만성피로 163
머리둘레 43, 170
메티오닌 162
메티오닌 부하 검사 139
무릎높이 197
무산증 198
무작위 오차 94
미량 무기질 164
민감도 23

ㅂ

바세도우씨병 165
바이어스 67
반정량 식품섭취빈도법 73
백분위 20
병력 152, 153
보건통계분석조사 19
복부 지방률 173
복부 피부두겹두께 50
부종 157, 170
브로카법 42
비만도 42
비체중 172
비타민 A 158
비타민 B_6 162
비타민 B_{12} 162
비타민 C 163
비타민 C 포화도 검사 144
비타민 D 159
비타민 E 159
비타민 K 160
비토반점 159
빈혈 161

ㅅ

삼두근 피부두겹두께 49

삼두박근 169
상대체중 43
상완근육 17
상완근육둘레 58
상완근육면적 58
상완둘레 57
상한섭취량 107
생체전기저항법 173
생체전기저항 측정법 60
생화학적 검사 17
설사 161
설염 161
섭취 14
섭취 식품 가짓수 115
성분검사 126
소두증 170
소아대사증후군 176
소아청소년 성장도표 171
손목둘레 44
손실 증가 16
수유기 162
수중 체중 측정법 62
스푼형 손톱 165
습성각기병 160
식사기록법 71, 190
식사력 152, 153
식사력조사법 77, 190
식사섭취조사 17, 66
식생태조사 19
식생활평가지수 115
식품계정조사 80
식품공급상황조사 19
식품군 점수 115
식품섭취빈도법 73, 190
식품성분표 95
식품수급표 80
식품재고조사 82
신경독성 162
신뢰도 23, 92
신생아 163
신장 29
신장별 체중 35
신체계측 26, 168
신체계측조사 17
실링 테스트 142

ㅇ

아연 결핍증 165
악성빈혈 163
알레르기 18
알코올중독자 161
암 적응력 검사 135
야맹증 158
에너지적정비율 107
HDL-콜레스테롤 189
X증후군 219
연령별 체중 34
엽산 162
영양 감시 11, 13
영양검색 11, 14, 168
영양 과잉 21
영양관리과정 12
영양 모니터링 13
영양밀도 114
영양밀도 지수 114
영양 불균형 22
영양불량 21
영양선별검사 14

영양소 결핍증 22
영양소 적정섭취비 113
영양위험지표 195
영양조사 11, 13, 84
영양 중재 12
영유아기 168
옆중심선 부분 피부두겹두께 52
요구량 증가 16
요단백 216
우울증 162
우울증 자가 검사 183
유당불내증 190
유아기 162
이두근 피부두겹두께 50
24시간 회상법 67, 190, 195
이용 감소 16
이차적 영양 결핍 21
인슐린저항증후군 219
일차적 영양 결핍 21
임상영양치료 203
임상조사 17, 152
임상 진단 152, 153
임신기 162

ㅈ

자기공명영상법 63
장골 상부 피부두겹두께 50
장딴지둘레 59
장딴지 피부두겹두께 53
저체중아 163
적혈구 162
적혈구 용혈 160
적혈구 용혈검사 136
정량적 식품섭취빈도법 73
정맥영양 203
정확도 23
제지방 47
중재 연구 89
지방 160
지방간 157
지연형 피부 반응 검사 132
직접분석법 78
직접평가 17
질소평형 132

ㅊ

참고치 경계 11, 20
참고치 분포 11, 20
철결핍성빈혈 176
청소년 161
체격지수 188
체단백질량 170
체중 31
체중 변화 35
체지방 47, 170
체지방량 추정 53
체질량지수 38
초음파 진단법 62
총림프구 수 17, 132
총체수분량 측정법 62
총칼륨량 측정법 63
충분섭취량 107
치매 161

ㅋ

카우프지수 41
컴퓨터 단층촬영법 63
Cut Point 방법 112

케톤뇨 216
코발트 162
코호트 연구 89
콜라겐 163
콰시오커 156
크레아티닌 189
크레아티닌 배설량 129

ㅌ

타당도 23, 92
탄수화물 160
탈색 157
탈수 170
토코페롤 159
통풍 164
투약-반응 검사 134
트랜스페린 포화도 144
트렌스페린 193
트립토판 161
트립토판 부하 검사 139
특이성 23
티아민 160
T점수 224

ㅍ

팔꿈치두께 46
펠라그라 161
평균 영양소 적정섭취비 113
평균 적혈구 용적 146
평균필요량 106
폭식증 184
폰더럴지수 40
표준성장도표 37
표준체중 41
풍진 192
피부두겹두께 17, 48
피부염 161

ㅎ

한계치 11, 20
한국인 영양소 섭취기준 102
항불임 인자 159
항산화제 159, 163
허리-엉덩이둘레비 55
허벅지둘레 59
허벅지 피부두겹두께 51
헤마토크릿 145, 176, 193
헤모글로빈 144, 176, 193
혈액응고 160
혈중 중성지방 133
혈중 콜레스테롤 133
혈청 단백질 130
혈청 알부민 17, 130
혈청 알칼리인산분해효소 136
혈청 트랜스페린 17, 131
혈청 페리틴 144
호모시스테인 162
혼수 162
확률적 접근법 111
환자-대조군 연구 88
황달 221
흡수 14
히스티딘 부하 검사 141

A

abodomen skinfold thickness 50
absorption 14
accuracy 23
anthropometric assessment 26
anthropometric method 17
antisterility factor 159

B

beriberi 160
bias 67
biceps skinfold thickness 50
biochemical method 17
Bitot's spot 159
BMI 38
Body Mass Index 38
BUN 189

C

chest or pectoral skinfold thickness 52
clinical method 17
corneal xerosis 158
cut-off point 11
cystic fibrosis 160

D

decreased utilization 16
dementia 161
dermatitis 161
DEXA 224
diabetes mellitus 215
diarrhea 161
dietary history 152, 153
dietary method 17
dry beriberi 160

E

erythrocyte hemolysis 160

F

fat free mass 47
fat mass 47

H

hypercalcemia 159

I

increased losses 16
increased requirements 16
intake 14

K

Kaup index 41
keratomalacia 158
kwashiorkor 156

L

length 169

M

macrominerals 164
marasmic-kwashiorkor 156
marasmus 156
MCV 176
medial calf skinfold thickness 53
medical history 152, 153
microminerals 164
midawilary skinfold thickness 52

muscle wasting 160

N

night blindness 158

nutritional imbalance 22

nutrition monitering 13

nutrition screening 14

nutrition surveillance 13

nutrition survey 13

O

osteomalacia 159

overnutrition 21

P

pellagra 161

physical examination 152

PLP 162

Ponderal index 40

primary malnutrition 21

Q

Quetelet' index 38

R

reliability 23

rickets 159

Róhrer index 40

S

secondary malnutrition 21

sensitivity 23

SGOT 189, 221

SGPT 189, 221

specificity 23

specific nutrient deficienc 22

subscapular skinfold thickness 50

suprailiac skinfold thickness 50

syndrome X 219

T

thigh skinfold thickness 51

tocopherol 159

triceps skinfold thickness 49

U

undernutrition 21

V

validity 23

S

wet beriberi 160

저자 소개

류혜숙 숙명여자대학교 식품영양학과 석사
숙명여자대학교 식품영양학과 박사
현재 상지대학교 보건의료과학대학 식품영양학과 교수
저서 『이해하기 쉬운 영양교육과 상담-이론과 실제-』
『4차 산업시대의 식생활가이드』, 『생활 속의 유기화학』
『식생활관리』, 『보건영양학』, 『식품 유기화학』
『알수록 건강해지는 영양이야기』,
『쉽게 배우는 영양판정』, 『재미있는 영양이야기』

노성윤 덕성여자대학교 식품영양학과 석사
경희대학교 식품영양학과 박사
현재 대법원 보건사무관
서울특별시 영양사회 회장
대한민국 조리기능장
저서 『쉽게 배우는 영양판정』, 『재미있는 영양교육 및 상담』

배윤정 숙명여자대학교 식품영양학과 석사
숙명여자대학교 식품영양학과 박사
현재 한국교통대학교 보건생명대학 식품영양학전공 교수
저서 『생애주기영양학』, 『공중보건학』
『현대인의 질환과 생애주기에 맞춘 영양과 식사관리』
『식사요법 및 실습』

윤미은 이화여자대학교 식품영양학과 석사
숙명여자대학교 식품영양학과 박사
현재 삼육대학교 보건복지대학 식품영양학과 교수
저서 『New 보건영양학』, 『보건영양학』
『호박의 인체생리활성 기능』, 『기초영양학』
『영양학 실험』, 『노인영양』

최은영 덕성여자대학교 식품영양학과 석사
덕성여자대학교 식품영양학과 박사
현재 부천대학교 식품영양학과 교수
저서 『조리원리 이론과 실습』

실무를 위한 영양판정

2022년 3월 1일 초판 인쇄
2022년 3월 5일 초판 발행

지은이 류혜숙 · 노성윤 · 배윤정 · 윤미은 · 최은영
발행인 이 영 호
발행처 **수 학 사**
10881 경기도 파주시 회동길 56 기한재 1층
출판등록 1953년 7월 23일 제2020-000143호
전화번호 031) 946-4642(代) 팩스 031) 944-1457
http://www.soohaksa.co.kr
디자인 북큐브

값 24,000원
ISBN 978-89-7140-739-4 93590